Write Great Code, Volume 3
Engineering Software

编程卓越之道（卷3）

软件工程化

[美] Randall Hyde 著　张若飞 译

電子工業出版社
Publishing House of Electronics Industry
北京·BEIJING

内 容 简 介

本书深入介绍了从开发方法、生产力到面向对象的设计需求和系统文档的方方面面。通过本书，你将学习到：为什么遵循软件匠艺模型可以让你做到最好；如何利用可追溯性来加强文档的一致性；如何通过用例分析来创建自己的 UML 需求；如何利用 IEEE 文档标准开发出更好的软件。

通过对高质量软件开发中技能、态度和道德方面的深入讲解，本书揭示了如何将工程原理应用于编程的正确方法。在这个过程中，Hyde 不仅会教给你规则，还会告诉你什么时候该打破规则。他不仅会启发你认识什么是最佳实践，同时还会让你发现适合自己的最佳实践。

本书中包含了大量的资源和示例，它是你编写代码的首选指南，将让你从同行中脱颖而出。

图书在版编目（CIP）数据

编程卓越之道. 卷 3，软件工程化 /（美）兰德尔 • 海德（Randall Hyde）著；张若飞译. —北京：电子工业出版社，2022.9

书名原文：Write Great Code，Volume 3：Engineering Software

ISBN 978-7-121-43993-3

Ⅰ. ①编…　Ⅱ. ①兰…　②张…　Ⅲ. ①程序设计　Ⅳ. ①TP311.1

中国版本图书馆 CIP 数据核字（2022）第 128010 号

责任编辑：张春雨
印　　刷：天津千鹤文化传播有限公司
装　　订：天津千鹤文化传播有限公司
出版发行：电子工业出版社
　　　　　北京市海淀区万寿路 173 信箱　邮编：100036
开　　本：787×980　1/16　印张：24.25　字数：423 千字
版　　次：2022 年 9 月第 1 版
印　　次：2022 年 9 月第 1 次印刷
定　　价：128.00 元

凡所购买电子工业出版社图书有缺损问题，请向购买书店调换。若书店售缺，请与本社发行部联系，联系及邮购电话：（010）88254888，88258888。

质量投诉请发邮件至 zlts@phei.com.cn，盗版侵权举报请发邮件至 dbqq@phei.com.cn。

本书咨询联系方式：（010）51260888-819，faq@phei.com.cn。

推荐序 1

我刚做软件开发工作时，特别关注"编程"这件事，以为最重要的工作就是写代码，对于写代码之外的事情，比如文档、测试、修复缺陷等，都比较排斥，觉得它们都是额外开销，浪费时间。但随着参与的项目越来越复杂，尤其是做了软件研发经理之后，认知发生了很大变化，我意识到，编程只是软件开发众多环节中的一环，仅仅完成它，距离顺利交付完整的软件系统，还有十万八千里的距离。

此时，我也发现，团队里的多数程序员和当初的我一样，过于关注"编码"环节，对编码之外的事情，诸如设计、文档、测试、软件开发方法论等，不是一知半解，就是主动忽略，这严重影响了个人生产力和团队生产力。我曾试着寻找一些接地气的软件工程类图书来改善这个问题，但一直没找到合适的。后来我因个人兴趣，转去做了生涯咨询工作，这件事就搁置了。

一个偶然的机会，我看到了《编程卓越之道（卷 3)：软件工程化》这本书，大受震撼，这就是我当年要找的图书啊！

之所以这么说，有三个方面的原因。

第一，这本书的作者 Randall Hyde 一直从事嵌入式软件及硬件工程师的工作，有丰富的工程实践，同时 Randall Hyde 又有丰富的计算机科学教学经验，能把复杂的事情深入浅出地讲出来。

第二，这本书选择的主题，诸如生产力、软件开发模型、系统需求文档、软件需求规范、软件设计描述文档等，都是软件开发当中极重要、极难讲清楚，因而极易被忽略的内容。

第三，更重要的是，这本书让我重新理解了原来做软件开发和研发管理时遇到的 4 个相关问题。

1. 为什么 LOC 度量指标如此流行

业界有很多度量生产力的指标，比如可执行文件大小、机器指令、代码行数、语句数量、功能点分析、圈复杂度、操作符数量、令牌数量等。为什么最终 LOC（代码行数）度量指标成功了呢？

原因有两点：一是采用 LOC 度量指标，统计极其方便，使用现成的工具（比如 UNIX 下的 wc）就可以完成，而采用其他度量指标，通常需要编写一个依赖于某种编程语言的应用程序；二是现行的各种度量指标都不能完全有效地反映出程序员的生产力，选择一个“更好的”度量指标也不会有更好的结果，这就使得大家更愿意采用既易用又不那么糟糕的指标，即 LOC。

不过，我们在用 LOC 时，一定要意识到几个缺陷：一是用代码行数无法很好地说明程序员完成了多少工作；二是用代码行数无法测量出编写代码所耗费的脑力劳动有多少；三是优秀程序员的代码行数可能偏少（他们常常重构以精简代码）；四是不同环境的代码行数无法直接比较（10 行汇编代码与 10 行 Go 语言代码完成的工作可能相差巨大）。

2. 估算开发时间为何总有巨大偏差

但凡有过商业项目开发经验的程序员都在开发时间估算方面遇到过各种状况，其中最常见的是——实际的开发时间总比估算的多很多。

很多人说不清楚为什么会这样，而《编程卓越之道（卷 3）：软件工程化》用了很短的篇幅就把这件事说明白了。

首先，作者指出软件开发项目的工作分为两类：一类是与项目直接相关的工作，比如编写代码、测试、发现与修复缺陷、编写文档等；另一类是与项目间接相关的工作，比如会议、阅读和回复电子邮件、更新日程安排等。程序员在估算开发时间时，一般都会把第一类工作所需的时间计算出来，但往往忘记第二类工作可能耗费的时间。

然后，在第一类工作中，又有一些需要先做大量探索才能确认的工作，在估算开发时间时还没有办法清晰定义，这就使得一个软件项目在一开始时并不能被彻底拆解成多个可以估算的子任务，最终就导致类 WBS 估算法难以顺畅实施。

接下来，第一类工作中关于缺陷的发现和修复这部分，也难以估算，因为你既不知道会出现多少缺陷，也不知道是否会出现一些迟迟无法修复的缺陷。

最后，大中型项目会有许多意外情况，比如掌握关键知识的程序员休假或生病，耽误了依赖他的工程师开展工作；比如一些有经验的程序员离开了，另一些人不得不接手他们的任务；比如必须等待一些硬件设备到位……很少有人能准确预测出这些情况会消耗多少时间。

如果你看了这本书，理解了开发时间估算的问题，就能更为现实和灵活地看待开发计划和进度估算。

3. 文档到底有哪些作用

我接触过的多数程序员都讨厌撰写软件需求规范、软件设计描述等文档，因为大家认为这些文档对确保当前项目顺利进行、提升软件项目质量等并没有什么帮助，属于纯开销。其实这只是我们没有意识到而已。《编程卓越之道（卷 3）：软件工程化》指出，文档至少有如下这些作用：

- 文档是软件项目开发各个团队和各阶段协同工作的基础，比如系统需求文档可以在客户、管理层、利益相关方之间同步及确认需求；比如软件需求规范（SRS）可以产生软件设计描述文档和软件测试用例文档。
- 文档可以降低开发成本。在需求阶段，通过确认系统需求文档和软件需求规范，能够确保不做客户不需要的需求，并确保解决的是客户所面临的问题。软件需求规范和软件设计描述文档的验证过程，会确保你按项目规范开发了产品。确认和验证，能够让团队开发正确的产品并用正确的方式开发产品，可以大幅降低开发成本。
- 文档可以帮助新加入项目的程序员快速获取项目信息，有效提升他们的生产力。同时，文档还可以减少项目中的老程序员向他人普及项目相关信息带来的生产力下降。

- 文档能够帮助软件研发团队在未来的项目中预测和提高生产力。

4. 到底该选择哪一种软件开发模型

许多程序员（包括我）对软件开发模型都会有明显的偏好，比如总用增量模型，总是嫌弃瀑布模型。但实际上，没有哪个模型好到可以适用任何类型的软件项目，也没有哪个模型不好到一无是处，我们应当理性评估，选择更适合项目的模型。

《编程卓越之道（卷 3）：软件工程化》给出了非正式模型、瀑布模型、V 模型、迭代模型、螺旋模型、快速应用程序开发模型、增量模型等常见软件开发模型的优点、缺点及适用边界，你只要比对一下项目情况，就可以做出自己的选择。比如很多人嫌弃的瀑布模型，其实很适合需求稳定的小项目或者超大型项目（如开发一款操作系统）；比如很多受过规范化训练的程序员讨厌非正式模型，但实际上，非正式模型对于开发小型项目的原型或向潜在客户演示正在开发的程序效果就很有用。

以上，我提到了 4 个问题，但这只是软件开发过程中众多问题的一小部分，还有大量的问题，在这时或那时，在这里或那里，令程序员和软件研发管理人员深陷“焦油坑”。Randall Hyde 的《编程卓越之道（卷 3）：软件工程化》，凝聚了作者多年的软件工程实践经验和深刻认知，可以给你系统的指导，帮助你找到属于自己的最佳实践，应对此起彼伏的问题。

最后，我想说，无论是作为程序员想要寻找更好的软件开发实践，走向卓越，还是作为管理者想要带领团队践行更好的方法，更有效地交付高质量软件，这本书都可以带给你启发。

安晓辉

资深软件开发工程师，职业规划师

《这本书能帮你成功转行》《大话程序员》《Qt Quick 核心编程》作者

推荐序 2

初次阅读本书令我十分意外。意外之处有两点：

第一，根据作者的介绍，这一系列书按计划至少写到卷 6。倘若如此，本系列将成为编程领域的又一部鸿篇巨制。

第二，本书虽然以探讨软件工程、软件开发的一般方法作为主线，但是却以培养优秀的开发者、激发程序员的创造力为最终目标。讲软件工程方法的书有很多，但是意识到激发创造力之重要性的人不多，能够以此为目标去实践的作者更是罕见。

如何培养一位“卓越的程序员”，这个问题就像如何培养一位武林高手一样，是一件复杂而难以言说的庞大话题。以此为目标，总结出一般性的软件方法论相当困难。因为无论从哪个角度描述，总有一些实践中的反例，或者作者知识面触及不到的盲区。更多的技术作者（包括本人），宁可退一步，讲一些具体的经验、知识和技巧，也不敢去讲解一般性的思维方法，或者直接讲解大型软件工程的开发方法。

当然，软件行业始终有这方面的需求，我们需要让新一代开发者具备更广阔的视野，对实际的大型软件工程有更多的了解，以及更全面的技术素养。虽然传统的软件工程理论给了我们一部分答案，但由于软件行业依然是一个新兴的、蓬勃发展的行业，新的编程语言、新的技术方案以及新的硬件平台层出不穷，让传统软件工程理论越来越显得不合时宜。按本书作者的说法，软件工程经常“阻止程序员发挥他们的才能”。

要把这种庞大的问题讲解清楚，不仅需要深厚的技术储备和丰富的大型工程经验，还需要充分的自信与数以年计的耐心。通过本书我们看到，作者已经证明了他的勇气与耐心。

本系列图书本身就是一个“大型工程”，不仅篇幅庞大，而且涉及的知识点和理论十分庞杂。通过目录，可以看出本书内容翔实，重点面面俱到。但作为读者来说，由于自身的技术积累有限，且不同软件领域的侧重点有差异，只能有所侧重地去理解。

在我看来，本书第 1 部分——个人软件工程，适合细读。特别是作者对“生产力”的解释十分精彩。作者由软件生产力引申出一些讨论，以事实为基础，让读者快速了解现实软件开发中的各种问题。进一步，本书介绍了实践中正在应用的多种软件开发模型，以及它们的优缺点。这些内容对于读者建立软件工程的观念很有帮助。

本书第 2 部分——UML，贴近软件工程实践。由于本人从事游戏开发行业，UML 的应用经验很少，能力有限，无法做出准确的评价。

本书第 3 部分——文档，在我个人看来，这是本书最有价值的一部分内容。文档并不是设计师和产品经理的专利，程序员其实更有必要掌握编写文档的技术。从一定程度上讲，文档就是不能运行的代码。文档的结构是否清晰、详略是否得当、描述是否准确，能在很大程度上表现出产品设计水平，进而决定了软件开发的成败。软件开发者可以遵循书中所讲的要点，参考书中的文档实例，去为自己的项目编写产品文档或技术文档，切身体会书中的精华。而且你会发现，一份思路清晰的文档，与优秀的代码距离非常近。

本书第 3 部分也适合所有置身于软件工程中的人员阅读，包括但不限于设计师、产品经理、测试人员或运营人员。阅读第 3 部分有助于建立良好的文档编写观念，而文档是软件工程中高效协作的最佳方式之一。

阅读本书之后，我们要做的就是在实践中应用和检验书中所讲的各种知识点。书中所讲未必绝对正确，实践才是检验真理的唯一标准。在实践中，我们还会有新的创造和突破。祝愿本书的读者最终都能成为卓越的软件开发者。

皮皮关 马遥

2022 年 8 月 2 日于成都

推荐语

从手机点外卖，到运营银行，再到发射人造卫星，整个世界的运作都已经离不开各种软件系统的支持。软件行业的蓬勃发展，复杂需求场景的不断涌现，使得软件开发逐渐从早年的手工作坊演变成聚集大量专业人员智慧的浩大工程，需要应用专业的软件工程知识来进行规划管理。过去这些年，我们国家在互联网应用类软件上取得了举世瞩目的成就，但在基础架构、商业软件等方面还有很多值得向先进软件大国学习借鉴的地方。这本来自拥有行业 40 多年经验的大咖 Randall Hyde 的书就是一本非常优秀的软件工程领域著作，既有坚实的理论基础，也有作者丰富经验的思考总结，还给出了很多具有参考价值的工程设计、文档实例，对不同读者的偏好都有一定的覆盖。如果你有志于成为一名优秀的软件工程师，希望设计开发出历久弥新、持续为业务场景产生价值的软件系统，为国家的软件产业进步贡献一份自己的力量，那么将此书常备案头，勤加实践会是一个很好的选择。

——周远　观远数据联合创始人兼首席科学家

软件开发是一项系统工程，绝非很多初学者想象的那样，把自己关在房间里埋头捣鼓代码就完事儿了，而是涉及方方面面与很多不同的人和事打交道。如果你之前没有参与过大型商业软件的开发，立志要成为一名专业的产品经理、软件工程师、测试工程师、SCM 或项目经理，那么千万别错过《编程卓越之道（卷 3）：软件工程化》这本书。通过本书，你可以快速掌握涵盖软件开发全生命周期的关键知识点，对面临的挑战准确评估，与他人的沟通也会事半功倍。

——高宇翔　《Scala 编程》译者，资深软件开发工程师和系统架构师自敏捷运动以来，在软件开发中编写源代码之外的工作似乎越来越被人嫌弃，编写文档尤其如此。然而，真正有经验的人可不这么想——他们考虑的是如何适时写出适当的文档。让我们一起来看看 Randall Hyde 这个“老江湖”是怎么想、怎么做的。

——董越 《软件交付通识》作者，DevOps 资深专家

我参与开发过从零开始的项目，也维护过有将近三十年历史的遗留代码，在项目的推进过程中多次经历需求、人员等的变更。这些年我一直在学习和思考，什么样的软件开发模型能够有效应对软件生命周期里的各种不确定性，如何提高代码以及文档的可读性和可维护性并确保它们之间的一致性。最近我有幸阅读了《编程卓越之道（卷 3）：软件工程化》，作者 Randall Hyde 在书中对这些问题进行了深入的探讨。我相信其他读者和我一样，都能从这本书中汲取软件工程的宝贵经验，为以后的职业发展奠定基础。

——何海涛　畅销经典《剑指 Offer》作者，美国微软前资深开发专家

本书为卓越的职业软件工程师提供了一份翔实的“硬技能”指南。本系列的书虽然称为《编程卓越之道》，但内容已经远远超出编程本身。本书提供了一份完整的卓越软件工程师知识技能大纲，让你从软件工程的角度重新认识编程，帮助你快速了解并掌握当今世界上卓越软件工程师必备的专业技能和知识体系。虽然本系列书都是“大部头”，但每个章节的内容都不容错过。

——顾宇 《卓有成效的工程师》译者，腾讯 T11 专家

本书对软件工程的概念和领域做了精彩的介绍，详略得当，重点集中在最为经典与实用的软件工程知识上，在此基础上论述了如何平衡团队合作上的考虑、程序员个人的卓越贡献，以及程序员自身的成长之路，是对软件工程体系在更广阔层面上的重新思考与理解。本书文字简练，译文准确、流畅，十分值得细读。

——苏丹（网名 su27） 《Python 一行流》译者，豆瓣用户产品后端负责人

《编程卓越之道（卷3）：软件工程化》对程序设计流程的基本范式和最佳实践做了系统性的归纳，对项目管理中的人员配备、度量指标、进度安排、文档设计等进行了深入探讨，并配有详尽用例。软件工程与管理人员可以从中获得有益的参考。

——田渊栋　Meta（原美国“脸书”公司）人工智能研究院（FAIR）研究员及资深经理

对很多初学编程的人来说，从学会编程语言后，到完成一个真实的软件，整个过程仍然有着巨大的鸿沟。就像那个有名的段子，一个例子程序是可以成功运行一次的，而一个要交付给用户的软件则是要在任何时候都能运行的。把一个例子程序变成可交付的软件，就需要软件工程学的帮助。《编程卓越之道（卷3）：软件工程化》就是回答这个问题的一本书。本书从古典软件工程开始，讨论软件开发效率的度量方法、曾经流行的开发方法，一直到现在正在流行的敏捷开发等。使得读者可以一览软件工程的发展史，并了解不同发展阶段的进步。其后的UML和软件工程文档，则从可操作层面介绍了各种实用的软件工程技术。人类之间的沟通效率是非常低的，而UML和文档就是提高沟通效率、降低重复而无效沟通的便捷手段。相信通过本书，读者可以学习到软件工程领域的诸多方法和技巧，并在未来的软件开发项目中获得更高的效率。

——刘晓明（gashero）　软件开发专家

现代的编程工作早已不是单打独斗的个人英雄主义时代，而是更强调团队集体的输出。这本书将现代软件工程中的经典模型，以及各种细节都讲到了——流程上，如黑客马拉松式的编程、瀑布模型、迭代模型等；细节上，如专注能提高工作效率，站立会能避免无休止地拖延会议时间。除此之外，还介绍了应该如何编写需求文档、软件设计文档、测试文档。无论你是一个技术负责人、项目经理，还是一个普通员工，了解现代软件工程都很重要。只有这样，个人才能更好地在团队中发挥价值。

——张彦飞　《深入理解Linux网络》作者，
公众号“开发内功修炼”创办人，前搜狗专家开发工程师

前　言

在 20 世纪 60 年代后期，人们对计算机软件的需求已经超过了技术学校、学院和大学培养计算机专业人员开发软件的能力——这种现象后来被称为软件危机。提高高校的人才产出并不是一个切实可行的方法，因为报考计算机科学专业的合格学生太少，无法满足实际的需求。当时，研究人员认为，一种更好的解决方案是提高现有计算机程序员的生产力。由于注意到软件开发和其他工程活动之间的相似之处，这些研究人员得出结论，其他工程学科中的流程和策略可以用来帮助解决软件危机。因此，软件工程（software engineering）诞生了。

在软件工程蓬勃发展之前，软件开发一直是一门神秘的手艺，掌握在拥有不同能力和成就的大师们手中。当时，一个软件项目的成功完全取决于一两个关键程序员的能力，而不是整个团队的能力。而软件工程的出现，正是为了平衡软件团队成员之间的各种技能，使他们更加具有生产力，并且减少对那一两个关键程序员的依赖。

在很大程度上，软件工程的实践已经被证明是成功的。由众多程序员团队构建的大型项目，不可能再使用过去那种特别的组织方式来完成。但与此同时，一些重要的品质也丢失了。软件工程以牺牲个人的创造力、技能和成长为代价，来提高团队的生产力。尽管软件工程技术有可能将糟糕的程序员变成优秀的程序员，但它们也会限制优秀程序员发挥最佳的工作能力。毕竟，这个世界上卓越的程序员太少了。我们最不愿意做的事情就是阻止程序员去发挥他们的潜能，然而，这正是软件工程经常会做的事情。

《编程卓越之道》系列图书，旨在恢复一些已经失去的个人创造力、技能和成长性。它涵盖了我称之为个人软件工程的内容，或者说一个程序员应该如何提高他的代码质量。具体来说，它会告诉你如何编写出卓越的代码——易于维护、扩展、测试和调试、文档化、可部署的代码，甚至是易于丢弃的代码。卓越的代码会避免代码拼凑和使用奇技淫巧，而这些会给工程师和管理者带来不可预料的压力或者错误的计划。卓越的代码应该是那些你可以引以为豪的代码。

当我编写完《编程卓越之道 第二卷：运用底层语言思想编写高级语言代码》（张菲译，电子工业出版社出版）一书时，我打算在第 3 卷中加入更多的内容。在第 2 卷的最后一章中，我写下了以下内容：

> 《编程卓越之道（卷 3）：软件工程化》会开始讨论编程领域的“个人软件工程”。软件工程领域主要关注管理大型软件系统，而个人软件工程主要关注个体层面如何编写卓越的代码，即创作中的技巧、艺术和愉悦感。我们将在第 3 卷中通过对软件开发、软件开发人员以及系统文档（重点添加）的讨论，来详细剖析个人软件工程的各个方面。

系统文档（包括需求文档、测试过程文档、设计文档等）是软件工程的重要组成部分。因此，一本关于这些主题的书，至少应该提供对它们的概要介绍。但是，在编写了 7 章内容之后，我开始意识到无法在一本书里涵盖所有这些内容。因此，最后我把《软件工程化》这本书又分成了 4 卷。其中第 1 卷就是这本书，它是《编程卓越之道》系列的第 3 卷，主要介绍软件开发模型和系统文档。该系列的第 4 卷主要介绍软件设计，第 5 卷将进一步介绍如何编写卓越的代码，第 6 卷主要介绍有关测试的内容。

在我编写本书时，距离我完成《编程卓越之道》系列的第 2 卷已经过去了 10 年。现在是完成第 3 卷的时候了，即使这意味着要将原来的内容拆分成两卷甚至更多卷。如果你读过我早期出版的书，就会知道我喜欢深入探讨一些话题，我对编写那些只介绍皮毛的书不感兴趣。因此，我所面临的问题是，要么将一本书的内容拆分到多本书中，要么制作一本超过 2000 页的大部头，历史证明，这本大部头很可能永远无法完成。我向那些期待本书应该涵盖更多内容的人道歉，但是请不用担心，这些内容都会被包含在陆续出版的分卷中。在本书中，你会更快地了解第一部分内容。

假设和前提

为了专注于介绍软件工程化的相关内容，本书必须先进行一些假设。虽然我已经尽力减少这些假设条件，但是如果你的个人技能可以满足一些前提条件，那么你将从本书中得到更多的收获。

你应该至少精通一种命令式（过程式）或面向对象的编程语言，包括 C 和 C++、C#、Swift、Pascal、BASIC、Java 以及汇编语言。你应该知道如何描述一个小问题，并通过软件的设计和实现来解决它。对于本书而言，如果你在大学中学习过一个学期或一个季度的专业课程，或者有过几个月的实际编程经验，应该就足够了。

你还应该对计算机原理和数据结构有基本的了解。例如，你应该了解十六进制和二进制编码，以及计算机如何在内存中表示各种高级数据类型，如有符号整数、字符和字符串。如果你觉得自己在这方面的知识比较薄弱，请阅读《编程卓越之道 第一卷：深入理解计算机》中对计算机原理的介绍。尽管我可能会偶尔引用第 1 卷中的内容，但是你应该也可以独立阅读本书。

什么是卓越的代码

卓越的代码是按照一套可以指导程序员在编码时做出决策的规则，所编写出来的软件。在和其他程序员一起编写卓越的代码时，时刻要注意编写相关文档，使得其他人也可以阅读、理解和维护软件。我认为这套规则是软件开发的黄金法则，是软件工程的关键核心。

具体一点，卓越的代码就是：

- 运行速度快，可以有效地利用 CPU、系统资源和内存的代码。
- 文档良好，易于阅读、维护和扩展的代码。
- 遵循一套统一编程风格的代码。
- 经过明确的设计，遵循已建立的软件工程约定的代码。
- 经过良好的测试，运行稳定的代码。
- 效率高、成本低的代码。

虽然《编程卓越之道》系列的第 1 卷和第 2 卷都讨论了卓越代码的许多方面，但是本系列的其余分卷（从本卷开始）会特别关注如何编写满足上述标准的代码。

程序员分类

为了理解是什么造就了卓越的程序员，让我们首先来思考业余程序员、不同级别的程序员和软件工程师之间的区别。

业余程序员

业余程序员是指自学成才、只有很少编程经验的人，因此与我们说的卓越的程序员相反。在计算机行业发展的早期阶段，这些程序员被称为黑客。现在这个术语已经演变出一些不同的含义，不一定用来描述一个没有足够教育背景或者编程经验，但是从事专业级别软件工程的程序员。

业余程序员编写的代码的问题在于，他们通常只为自己或者朋友编写代码，因此，这些代码通常不符合现代软件工程的项目标准。但是，业余程序员可以通过少量的培训教育（正如《编程卓越之道》系列图书所提供的帮助）来提高他们的水平。

程序员

计算机程序员涵盖了广泛的经验和职责范围，通常可以从初级程序员、编码人员、一级程序员和二级程序员、分析师/系统分析师以及系统架构师等岗位头衔上反映出来。这里我们将探讨其中的一些角色以及它们之间的区别。

实习生

实习生通常是指做兼职工作的学生，他们会被分配一些所谓的烦琐工作，比如运行一套固定的测试程序，或者为软件编写文档。

初级程序员

刚毕业的学生通常会填补初级程序员的岗位。通常，他们会从事测试或者维护的工作。他们很少有机会从事新项目的开发；相反，他们的大部分编程时间都花在重新编写已有的代码逻辑，或者处理遗留代码上。

编码人员

当初级程序员获得了足够的经验，让管理层信任他们可以为项目开发新的代码时，他们就可以晋升为编码人员。较资深的程序员会将一个大项目的一些（不太复杂的）子模块分配给这些编码人员，以帮助自己更快地完成项目。

一级程序员和二级程序员

当程序员获得了更多的经验，并且能够自己编写复杂的代码时，他们会从编码人员晋升为一级程序员，然后晋升为二级程序员。系统分析师通常会向一级程序员和二级程序员提供他们的一个大概设想，而一级程序员和二级程序员能够帮助补充所缺少的细节部分，并且开发出符合系统分析师期望的应用程序。

系统分析师

系统分析师会研究某个问题，并且确定实现某种解决方案的最佳方法。通常，系统分析师会选择要使用的主要算法，以及组建最终开发应用程序的团队。

系统架构师

系统架构师会根据系统分析师设计的多个组件，选择如何让它们在一个更大的系统中协同工作。通常，系统架构师会指定软件开发流程、硬件，以及其他与软件无关的事项，作为整个解决方案的一部分。

终极程序员

终极程序员是所有这些细分职责的组合。也就是说，终极程序员能够研究一个问题，设计一种解决方案，用某种编程语言实现该解决方案，并且测试最终的结果。

程序员分类的问题

实际上，大多数对程序员的分类都是人为决定的，只是为了证明对新手程序员和有经验的程序员提供不同的工资标准是合理的。例如，系统分析师为指定的应用程序设计算法和总体数据流，然后将设计交给编码人员，由编码人员用特定的编程语言来实现该设计。我们通常不会将这两项工作与编程联系起来，因为尽管初级程序员完全有能力将一个设计转换成一种合适的编程语言，但是他们没有从头开始设计大型系统的经验。系统分析师和系统架构师通常具有负责整个项目的经验和能力，但是管理层通常会发现，在项目中让系统分析师和系统架构师发挥他们的经验，要比让他们做一个毕业生可以做的低层次的编码工作更划算（因为成本更低）。

软件工程师

在传统工程领域，工程师通常会遵循一套既定的规则，通过组合已知的解决方案来建立一种新的解决方案，从而达到解决某个特定问题的目的。这种方法甚至可以让普通的工程师有效地解决问题，而不必从头开发一个系统。软件工程将传统的工程理念应用到软件开发领域，从而最大化整个开发团队的价值。在很大程度上，“软件工程革命”是成功的。拥有适当培训和领导能力的软件工程师，可以用比以前更少的时间和更低的成本，编写出更高质量的代码。

纯粹的软件工程并不鼓励发散思维，因为它有浪费时间并将工程师引向失败之路的风险（会导致更高的开发成本和更长的开发时间）。一般来说，软件工程更关心的是如何在预算范围内按时开发完成应用程序，而不是尽可能用最好的方式来编写代码。但是，如果软件工程从业者们从来没有尝试过任何新的东西，那么他们常常会错过产生伟大设计的机会，永远无法在规则手册中增加任何实践原则，也永远无法成为卓越的程序员。

卓越的程序员

卓越的程序员能够认识到成本问题，但是他们也能够意识到，探索新的想法和方法论对于推进这一领域很重要。他们知道什么时候必须遵守规则，也知道什么时候可以打破（或至少绕过）规则。最重要的是，卓越的程序员会将他们的技能发挥到极限，取得那些不是通过简单思考就能够达到的成就。黑客是天生的，软件工程师是后天培养的，而卓越的程序员则两者兼而有之。他们有三个主要的特征：对工作真正地热爱，持续不断地接受教育和培训，以及拥有在解决问题时跳出思维定式的能力。

热爱你的工作，做你热爱的工作

人们往往擅长做自己喜欢的工作，而不擅长做自己不喜欢的工作。最重要的是，如果你讨厌计算机编程，那么你就不可能成为一个很好的计算机程序员。如果你天生没有解决问题和克服挑战的欲望，那么再多的教育和培训也改变不了你的性格。因此，如果你想成为一个卓越的程序员，那么最重要的先决条件就是你真的喜欢编写计算机程序。

优先接受教育和培训

卓越的程序员喜欢挑战这个领域中各种类型的问题，但他们还需要其他一些东西——正规的教育和培训。我们将在后面的章节中更深入地讨论教育和培训的作用，但就目前而言，我们知道卓越的程序员一定是受过良好教育的（也许受过高等以上教育），并且他们在整个职业生涯中持续接受教育就足够了。

跳出思维定式

如上所述，遵循一套预先定义的规则来开发代码，是软件工程师的典型特征。然而，正如你将在第 1 章中所看到的，要想成为一个卓越的程序员（“编程大师”），你需要愿意并且能够设计出新的编程技术，而这些技术只能来自发散的思维，而非盲目地循规蹈矩。卓越的程序员有一种内在的欲望去突破他们的极限，不断探索新的解决方案。

如果你想成为一个卓越的程序员

总而言之，如果你想成为一个真正卓越的程序员，并获得同行的尊敬，你需要拥有以下几个特点：

- 对计算机编程和解决问题热爱。
- 在专科或者本科的基础上[1]，拥有广泛的计算机科学知识。
- 终身接受教育和培训。
- 具有在探索解决方案时能够跳出固有思维定式的能力和意愿。
- 具有总是以最好的方式完成某项任务和工作的愿望与动力。

在拥有以上这些特点之后，唯一能够阻止你成为一个卓越的程序员的就是新的知识，而这也是本书的价值所在。

最后一点关于道德和个人性格的说明

软件工程师的工作是在面临众多相互冲突的需求的情况下，通过在系统设计中做出适当的妥协来创造出最好的产品。在此过程中，软件工程师必须对需求的优先级进行排序，并根据项目的约束条件来选择解决问题的最佳方案。在较为复杂的项

---

1 或者同等程度的自学学历，但是在现实中，除非有坚定的毅力，否则很少有人能完成。

目，尤其是压力较大的项目中，道德和个人性格通常会影响他们的决策。理智上的不诚实（例如，夸大项目评估，或者声称软件的某一部分没有经过完全测试）、使用盗版软件开发工具（或者其他软件）、未经许可在软件中引入没有文档的功能（比如后门程序），或者态度傲慢（认为自己比其他团队成员都好），这些都是软件工程道德缺失的例子。遵守良好的道德准则和践行良好的道德规范，将使你成为一个更好的人，以及一个更好的程序员。

获取更多信息

Robert N Barger 编写的 *Computer Ethics: A Case-Based Approach*，英国剑桥大学出版社，2008 年。

Floridi Luciano 编写的 *The Cambridge Handbook of Information and Computer Ethics*，英国剑桥大学出版社，2006 年。

Tom Forester 和 Perry Morrison 编写的 *Computer Ethics: Cautionary Tales and Ethical Dilemmas in Computing 2nd*，麻省理工学院出版社，1993 年。

Donn B Parker 的 Rules *of Ethics in Information Processing*，发表于《ACM 通讯》杂志 1968 年第 11 卷第 3 期，第 198-201 页。

Norbert Wiener 编写的 *The Human Use of Human Beings: Cybernetics and Society*，波士顿霍顿米夫林出版公司，1950 年。

WikiWikiWeb 上的文章 *Grand Master Programmer*，最后更新于 2014 年 11 月 23 日。

目　　录

第1部分　个人软件工程

第 2 部分 UML

第 3 部分 文档

第 1 部分

个人软件工程

1

软件开发的比喻

我们如何定义软件开发过程？这看上去似乎是一个愚蠢的问题。为什么不直接说"软件开发就是软件开发"，然后置之不理呢？其实，如果将软件开发的工作与其他专业性质的工作进行对比，就可以深入了解软件开发的过程。然后通过研究相关领域的过程改进，来优化软件开发的过程。为此，本章将会探讨理解软件开发的一些常见方式。

1.1 什么是软件

为了更好地理解程序员是如何开发软件的，我们可以将软件比喻为人们创造的其他东西。这样做，是为了让我们更好地理解软件开发是什么，以及不是什么。

Robert Pressman 在他的 *Software Engineering: A Beginner's Approach* 一书中指出了软件的几个特征。本节会通过探讨这些特征来阐明软件的本质，以及如何定义一个计算机程序员的工作。

1.1.1 软件不是被制造出来的

软件是被开发或者设计出来的，它不是传统意义上被制造出来的。

——Robert Pressman

与硬件产品相比，软件产品的生产制造成本非常低，例如，刻录一张 CD 或者 DVD 只需几元钱，再加上少量的运输和人工费用（如果是电子分销，则会更便宜）。此外，软件设计对生产出来的 CD/DVD 的质量或者最终成本影响很小。假设生产工厂有合理的质量控制，那么程序员在设计软件应用程序时，很少需要考虑生产制造的问题[1]。相比之下，在其他工程行业中，工程师必须根据产品的可制造性来进行设计。

1.1.2 软件不会磨损

无论是软件还是硬件，在产品的早期都会因为糟糕的设计而面临失败。然而，如果我们能够解决产品中的设计缺陷（也就是说，交付一个没有缺陷的软件或者硬件），那么两者之间的差异就会变得非常明显。一旦某个软件是可以正确运行的，它就永远不会失败或者“耗尽”。只要底层的操作系统运作正常，软件就会一直工作[2]。与硬件工程师不同的是，软件工程师在设计时，不必考虑应该如何轻松地替换那些随着时间推移而失效的组件。

1.1.3 大多数软件都是定制化的

大多数软件都是定制化的，而不是由已有的（标准）组件组装而成的。

——Robert Pressman

尽管人们已经做了很多尝试，希望能够创建类似于标准化的软件组件，再由软

1 在软件开发中，可能只有当程序变得非常庞大，需要使用多张 CD、DVD 或者其他媒体介质来发行时，才会有这种考虑。

2 当软件所需要的硬件已经过时，并且没有任何替代方式而导致软件运行失效时，我们就可以说这个软件“磨损”了。

件工程师将其组装成一个大型的应用程序，但是软件 IC（相当于电子集成电路）的概念从未被实现过。软件库和面向对象的编程技术鼓励重用已经编写好的代码，但是通过组装较小的预定义组件来构建大型软件系统的想法，始终未能像硬件设计一样产生出类似的东西。

1.1.4 软件可以很容易升级

在许多情况下，我们无须投入很大的成本，就可以将一个已有的软件应用程序用一个新的版本（甚至是一个完全不相关的应用程序）替换掉[1]。应用程序的最终用户可以轻易地将旧的软件替换为新的软件，并且享受新版本所带来的各种好处。事实上，大多数现代的软件系统和应用程序都会通过互联网进行自动升级，而不需要一般的人工操作。

1.1.5 软件不是一个独立的实体

软件不是一个独立的产品。电气工程师可以设计一个硬件设备，它可以完全独立地运行。然而，软件的正常运行依赖其他许多东西（通常是某个计算机系统）。因此，在设计和实现软件应用程序时，软件开发人员必须接受其他外部系统（例如，计算机系统、操作系统、编程语言等）所带来的约束。

1.2 与其他领域的相似性

计算机程序员经常被比作艺术家、工匠、工程师、建筑师或者技术员。虽然计算机编程与这些职业中的任何一个都不完全一样，但是可以通过与这些行业进行对比，从它们所使用的技术中获得经验，来帮助我们更好地理解程序员这个职业。

1.2.1 程序员像艺术家一样

在计算机编程的早期，软件开发被认为是一门艺术。编写软件的能力——将如此

---

1 在这里，我们将忽略开发、营销和升级的费用，而只考虑对某个软件进行本地升级的成本。

多的废话弄明白，然后创建一个可以工作的程序——这似乎是上帝赐予的天赋，只有经过挑选的少数人才能具有这种能力，类似于绘画大师或者音乐大师。（事实上，相当多的证据表明，音乐家和计算机程序员使用相同的大脑区域来进行创造性活动，而且有相当比例的程序员曾经或者现在是音乐家[1]。）

但是软件开发真的是一种艺术形式吗？艺术家通常被定义为拥有某些天赋和以创造性的方式使用这些天赋的人。这里的关键词是*天赋*，这是一种与生俱来的能力。因为不是每个人天生都有同样的天赋，所以不是每个人都能成为艺术家。与此类比，如果你想成为一个程序员，那么你应该天生就是程序员，的确，有些人似乎天生就有编程的天赋。

“程序员像艺术家一样”的比喻似乎更适用于评价那些最好的程序员。尽管艺术家们遵循他们自己的一套规则创作出高质量的艺术作品，但是当他们打破规则并探索新的创作领域时，往往能创作出最杰出的艺术作品。同样，最优秀的程序员虽然熟悉好的软件开发规则，但是也愿意尝试用新的技术来改进软件开发过程。正如真正的艺术家不满足于重复现有的工作或者风格一样，“程序员像艺术家一样”指的是程序员更喜欢创建新的应用程序，而不是在一个旧的版本上一直打磨。

> **注意**：最受尊敬的计算机科学系列教材之一是 Donald Knuth 编写的 *The Art of Computer Programming*（《计算机程序设计艺术》）。显然，编程作为一种艺术形式的观念在计算机科学领域已经根深蒂固。

1.2.2 程序员像建筑师一样

对于很多小项目来说，艺术家的比喻很形象，因为艺术家可以创造想法并且实现艺术创作，就像程序员设计并实现一个小型软件系统一样。然而，对于较大型的软件系统，“程序员像建筑师一样”的类比可能更加合适。虽然建筑师设计建筑结构，但是将实现留给其他人（因为从逻辑上讲，通常一个人不可能建造一座建筑物）。在计算机学科中，那些设计系统而由他人来实现的人，通常被称为分析师。

---

1 Kathleen Melymuka 的“Why Musicians May Make the Best Tech Workers”，1998 年 7 月 31 日发表于 CNN。

建筑师会对一个项目进行大规模的创造性控制。例如，建筑师在设计一座漂亮的建筑物时，会定义它的外观、使用什么材料，以及建筑工人要遵循什么样的指导原则，但是不负责建造建筑物本身。建筑师可能会监督建筑物的建造过程（很像分析师会审查其他人添加到软件系统中的模块），但是不会自己使用锤子或者操作起重机。

这种比喻似乎并不适用于小型项目，但是如果允许个人"更换帽子（更换角色）"，那么就说得通了。也就是说，在项目的第一阶段，程序员可以戴上建筑师或者分析师的帽子来设计系统，然后他们会换掉帽子，戴上编码人员的帽子来实现系统。

"程序员像建筑师一样"相比于"程序员像艺术家一样"，增加了验证和安全措施的特点。当艺术家画一幅画、谱写一段音乐，或者雕刻一个物体时，通常不会担心这个作品是否符合除他们自己之外的任何要求。而且，他们不必担心这些艺术作品会对生命或者财产造成任何伤害[1]。但是，建筑师必须考虑物理现实和一个糟糕的设计可能会导致伤害的事实。"程序员像建筑师一样"的说法，为程序员这个身份增加了个人责任、审查（测试）和安全性等要求。

1.2.3 程序员像工程师一样

1968 年举行的一次北约会议，挑战了优秀程序员是天生的，而不是后天培养的观念。正如在本书的前言中所提到的，世界正面临着一场软件危机——人们对新的软件应用程序的需求，比培训程序员开发软件的速度还要快。因此，北约主办了 1968 年的会议，创造了*软件工程*这个术语，来描述如何通过将工程理论应用到计算机编程的蛮荒世界中，以求解决问题。

工程师们感兴趣的是如何用低成本、高收益的方法来解决实际问题，其中包括设计成本和生产成本。由于这个原因，再加上工程专业已经存在很长一段时间（特别是机械工程和化学工程），因此积累了许多可以将工程师工作流水线化的流程和制度。

在当今的许多工程领域，工程师的任务都是从一些较小的、预先设计好的构件模块开始的，逐渐构建出一个大型系统。想要设计一个计算机系统的电子工程师，

1 艺术表演可能是一个例外，例如烟花表演。

不会从设计一些特定的晶体管或者其他小部件开始；相反，他们会优先使用已经设计好的 CPU、内存单元和 I/O 设备，然后将它们组合成一个完整的系统。同样，机械工程师可以使用预先设计好的桁架和基座来设计一座新的桥梁。设计的重用性是工程专业的一个重要标志。这是一个能够尽快产出生产上安全、可靠、具有功能性，以及低成本、高收益的设计的关键因素。

软件工程师还会遵循一套定义良好的流程和策略，通过组合许多较小的、预定义的系统来构建一个大型系统。事实上，电气和电子工程师学会（IEEE）对软件工程的定义如下：

> 使用一种系统化的、有理可寻的、可量化的方法来开发、运行和维护软件，即工程化在软件方面的应用。

1.2.4 程序员像工匠一样

工匠的比喻方式介于艺术家和工程师之间。这里强调的是程序员作为个体的想法，即软件工匠的比喻认为人很重要。在一个问题上投入更多的人员和增加限制性约束不会产生更高质量的软件，但是更好地培训个人，并让他们运用自己的天赋和技能，反而可能做到这一点。

传统工匠的开发过程与软件工匠的开发过程有相似之处。和所有的工匠一样，软件工匠也是从*学徒或者实习生*做起的。程序员学徒在另一位工匠的密切指导下进行工作。在掌握了相关技术之后，程序员学徒就变成了一个*熟练工*，通常在软件工匠的监督下与其他程序员团队一起工作。最终，随着程序员个人编程技能的提升，他也有机会成为一个*大师级工匠*。

工匠是对于那些希望成为卓越程序员的最好比喻。我将在后面的“软件匠艺”一节中来讨论这个比喻。

1.2.5 究竟是艺术家、建筑师、工程师还是工匠

为了写出卓越的代码，你必须首先理解是什么让代码变得卓越的。在写代码时，你需要使用最好的工具、编码技术、开发流程和策略。此外，你必须不断学习新的

知识，并且通过改进开发流程来提高软件质量。这就是我们需要了解不同的软件开发方法、理解软件产品并选择最佳方法的重要原因。

你需要努力学习如何写出卓越的代码，然后再努力去做到这一点。一个优秀的软件开发人员会从刚才讨论的各种特性中取其精华，去其糟粕。我们将上面的各类比喻总结如下：

- 卓越的艺术家会通过不断实践技能来发展自己的才华。他们会通过发散思维来探索新的表达信息的方式。
- 卓越的建筑师知道如何通过标准化组件，基于现有的设计来创建自定义的对象。他们了解成本上的限制、安全问题、各种需求，以及为了确保产品可靠运行而进行过度设计的必要性。卓越的建筑师能够理解形式和功能之间的关系，以及如何满足客户的需求。
- 卓越的工程师能够认识到一致性的好处。他们会编写文档，将所有开发步骤自动化，从而避免在流程中遗漏某些步骤。与建筑师一样，工程师会鼓励重用现有的设计，来提供更健壮、更经济的解决方案。软件工程学可以提供有效的过程和策略，来帮助克服项目中的个人局限性。
- 卓越的工匠需要在大师的指导下训练和实践技能，最终的目标是成为大师级工匠。这个比喻强调了个体的重要性，比如他们解决问题和组织的能力。

1.3 软件工程

软件工程自 20 世纪 60 年代末出现以来，已经取得了绝对性的成功。今天，很少有专业的程序员还认为编码是一件很难的事情，但是在编码刚刚出现时，对每个人都是一个很大的挑战。现代的程序员认为理所当然的一些概念——例如结构化编程、适当的程序布局（如缩进）、注释和良好的命名方式，这些都来自对软件工程的不断研究。事实上，对软件工程几十年来的研究已经极大地影响了现代的编程语言和其他编程工具。

软件工程已经存在很长时间，并且对计算机编程的各个方面都产生了巨大的影响，以至于许多人认为软件工程师就是指计算机程序员。当然，任何专业的软件工程师也应该是一个有编程能力的计算机程序员，但是编程仅仅是软件工程的一小部分。软件工程主要会涉及经济和项目管理方面。有趣的是，那些真正负责管理项目、维护时间进度表、选择软件方法论等的人，往往并不是软件工程师，他们被称为项目经理、项目负责人，以及其他暗示权威地位的头衔。同样，我们称为软件工程师的人实际上并不是做软件工程的——他们只是编写由那些真的软件工程师（项目经理和项目负责人）所规定的代码。也许，这就是大家对“软件工程”这个词理解如此混淆的原因。

1.3.1 一个正式的定义

似乎没有一个对软件工程的定义能够满足所有人的要求。不同的人会对这个词添加自己的“理解”，使得他们的定义与其他的定义略有（或者有很大的）不同。之所以将这本书命名为《软件工程化》，是因为我想避免在软件工程这个词上添加另一个定义，让大家更加困惑。顺便提醒一下，IEEE 组织对软件工程这个词的定义如下：

> 使用一种系统化的、有理可寻的、可量化的方法来开发、运行和维护软件，即工程化在软件方面的应用。

而最初的软件工程定义，也是我经常使用的定义如下：

> 软件工程是一门研究如何开发和管理大型软件系统的学问。

这里的关键词是大型。在软件工程的发展过程中，以前大部分系统都是国防系统或者类似的项目，所以软件工程被等同于大型系统也就不足为奇了。虽然 IEEE 的定义可以适用于几乎任何规模的系统，但是因为软件工程的大部分研究都是关于如何开发非常大型的系统的，所以我更喜欢第二个定义。

> **注意**：为了避免与软件工程的“通用定义”相混淆，我使用了一个更专业的术语——个人软件工程，来描述那些个体程序员在小型项目或者大型项目的其中一小部分工作中使用的流程和方法。我的目的是希望告诉计算机程序员，他们应该相信的是软件工程的本质，而不是任何与编写出卓越的代码无关的细节。

当我们谈到软件开发时，每个人对“大型”的定义其实都完全不同。计算机科学专业的本科生可能会认为，一个包含了几千行源代码的程序就是一个大型系统。而对于波音公司（或者其他大型公司）的项目经理来说，一个大型系统应该包含超过一百万行代码。根据我最近一次的统计（虽然那也是很久以前了），微软 Windows 操作系统（OS）的源代码已经超过 5000 万行，没有人会怀疑 Windows 是一个大型系统！

因为传统的软件工程定义通常只适用于大型软件系统，所以我们需要对大型（和小型）的软件系统给出一个合理的定义。尽管*代码行数*（Lines of Code，LOC）是软件工程师经常用来描述软件系统大小的一个度量指标，但是它其实非常不准确，方差几乎在两个数量级[1]。本书会经常使用 LOC 或者*千行代码*（KLOC）这两个度量指标。但是，将一个正式的定义建立在这样一个糟糕的度量指标上，并不是一个好主意，这样会降低定义的准确性。

1.3.2 项目规模

一个*小型项目*指的是一个普通程序员能够在合理的时间内（一般不超过两年）完成的项目。一个*中型项目*指的是一个人无法在合理的时间内完成，但是一个由 2~5 个程序员组成的小团队可以完成的项目。一个*大型项目*则需要一个较大的程序员团队（超过 5 个成员）来完成。

就 LOC 而言，一个小型项目会包含 50~100 KLOC，一个中型项目会在 50~1000 KLOC（约 100 万行代码）范围内，而一个大型项目少则包含 500~1000 KLOC。

小型项目管理起来很简单。因为小型项目不需要程序员之间的交流，也不需要程序员与外部环境之间的交互，所以生产力几乎完全取决于程序员个人的能力。

中型项目会带来新的挑战。由于多个程序员在项目中一起工作，沟通可能会成为一个问题，但是又因为团队足够小，所以这种开销还是可管理的。不过，因为团队之间的互动需要额外的资源支持，所以会增加编写每一行代码的成本。

大型项目需要一个大型的程序员团队。团队成员之间的沟通和其他开销经常会

1　也就是说，两个复杂程度几乎相同的软件系统，在代码行数方面可能会相差近 100 倍。

消耗掉每个工程师 50%的生产力。因此，对于大型项目而言，有效的项目管理至关重要。

软件工程涉及成功管理需要大型程序员团队完成的项目的各种方法、实践和策略。遗憾的是，个人或者小型团队的良好实践经验无法被扩展到大型团队中，而大型项目的方法、实践和策略也无法被应用到中小型项目中。在大型项目中应用良好的实践经验，通常会给中小型项目带来不合理的开销，从而降低那些小团队的生产力。

让我们来仔细看看不同规模项目的一些优点和缺点。

1.3.2.1 小型项目

在小型项目中，一个软件工程师会全面负责系统设计、实现、测试、调试、部署和文档编写。在这样的项目中，单独的工程师要比中型项目或者大型项目中的一个工程师负责更多的任务。但是这些任务都很小，因此是可管理的。因为小型项目只有一个人来执行各种任务，所以这个程序员必须拥有各种技能。个人软件工程涵盖了一个开发人员在小型项目中所有的行为活动。

小型项目可以最有效地利用工程资源。工程师可以使用最有效的方法来解决问题，因为他们不必与其他工程师就项目达成一致意见。工程师还可以优化他们花在每个开发阶段的时间。在一个结构化的软件设计过程中，需要花费相当多的时间来记录开发过程，但是当项目中只有一个程序员时，这样做就没有意义了（尽管在产品的生命周期后期，可能需要另一个程序员来编写代码）。

小型项目存在的缺点和陷阱在于，工程师必须能够处理所有不同的任务。许多小型项目失败（或者开发成本太高）的原因，就是工程师没有接受过完成整个项目的适当培训。与其他的目标相比，《编程卓越之道》系列图书的主要目标就是教会程序员如何正确地完成一个小型项目。

1.3.2.2 中型项目

在中型项目中，个人软件工程会涉及一个工程师要负责的各个方面，通常包括系统组件的设计、实现（编码）和编写该模块的文档。通常，他们还负责测试各个组件（单元测试），然后整个团队来测试整个系统（集成测试）。通常，有一个工程师（项目负责人或者主程序员）会负责整个系统设计，以及项目部署。根据项目的不同，可能会需要一个技术作者来编写系统文档。因为在一个中型项目中，工程师之间是共享任务的，所以可以形成专业分工，而且项目不要求每个工程师都有能力执行所有任务。主程序员可以指导那些缺乏经验的人，从而保证整个项目的质量。

在一个小型项目中，工程师可以看到项目的整体情况，并且可以根据其对项目的理解来优化某些行为活动。但是在一个大型项目中，工程师无法了解其所负责的任务以外的情况。中型项目则结合了这两种极端情况：个人既可以了解整个项目的大部分内容，并以此来调整其实现方式，也可以专门研究系统的某些方面，而不会被其他细节牵扯大量的精力。

1.3.2.3 大型项目

在大型项目中，不同的团队成员都有其专门的角色，从系统设计到实现、测试、文档编写、系统部署，以及系统优化和维护。与中型项目一样，在大型项目中，个人软件工程只涉及单个程序员所负责的行为活动。大型项目中的软件工程师通常只做很少的工作（例如，编码和单元测试），因此他们不需要具备小型项目中程序员所具备的广泛技能。

除了行为活动，项目的规模大小还会影响到工程师的生产力。在一个大型项目中，工程师会变得非常专业，并且专注于自己的专业领域，这使得他们能够比使用普通技术更有效地完成工作。但是，为了达到这种效果，在大型项目中必须使用一种通用的软件开发方法，如果其中一些工程师不喜欢这种方法，那么他们可能就没有那么高效了。

1.3.3 软件工程的问题

将工程领域的技术经验应用到软件开发中，然后以一种更加经济有效的方式来开发应用程序是可能的。但是，正如 Pete McBreen 在 *Software Craftsmanship: The New Imperative* 一书中所说的，软件工程最大的问题是假设“系统化的、有理可寻的、可量化的方法”是唯一合理的方法。事实上，他提出了一个非常好的问题，即是否有可能让软件开发变得系统化和可量化？在 controlchaos 网站上，McBreen 这样写道：

> 如果一个流程可以被完全定义，你对它的所有事情都很清楚，这个流程就是可被设计的，重复运行该流程可以产生可预测的结果，那么这样的流程就被称为已定义流程，并且可以被自动化。如果你对一个流程中的所有事情都不完全清楚，即当你输入一堆东西时只知道大概会发生什么，并且不确定如何测量和控制结果，那么这样的流程就被称为经验性流程。

软件开发不是一个已定义流程，而是一个经验性流程。因此，软件开发不能被完全自动化，并且通常将工程领域的经验应用到软件开发中是很困难的。部分问题在于，实际的工程实现在很大程度上依赖于对现有设计的重用。尽管在计算机编程中也存在大量的重用，但是它比其他工程领域需要更多的定制化。

我们在本书的前言中介绍过软件工程的另一个重要问题，就是软件工程把软件工程师当作一种商品资源，项目经理可以随意地在项目中更换软件工程师，从而忽略了个人才能的重要性。这个问题并不是说工程技术没有价值，而是说管理层试图将它们统一应用到每个人身上，并且鼓励在软件开发中使用一些所谓的“最佳实践”。虽然这种方法可以产生高质量的软件，但是它限制了我们跳出思维定式，以及创造更好的实现方式的可能。

1.4 软件匠艺

软件匠艺，是指一个程序员在编程大师的指导下训练和实践各种技能，立志于终身学习并成为最优秀的软件开发人员。按照软件匠艺的定义，一个程序员先要接受良好的教育，完成学徒阶段，再逐渐成为一个熟练的程序员，并努力开发出一款杰出的软件。

1.4.1 教育

学院和大学为编程实习生提供了成为软件工匠的先决条件。如果实习过程能够让一个刚开始接触编程的人（实习生或者学徒），接触到和正规教育一样的信息和体验，那么这个实习过程也可以相当于一个正规教育。遗憾的是，很少有软件工匠有时间或者能力，从头开始培训一个学徒。他们忙于现实世界的项目开发，无暇顾及教给实习生他们所需知道的一切。因此，教育是通向软件匠艺之路的第一步。

此外，在学院或者大学接受正规教育有两个主要目的：首先，你必须学习那些自学时可能会跳过的计算机科学知识；其次，你要向世界证明你有能力完成一个重要的承诺。尤其是当你完成一个正式的计算机程序之后，就可以*真正地*开始学习软件开发了。

然而，无论是多么高级的大学学位，都不能自动让你成为一个软件工匠。一个拥有研究生学位的人，一开始也只能像本科生一样，作为一个实习生开始学习编程，但是他需要对计算机科学进行更深入、更专业的学习。拥有研究生学位的实习生，虽然其实习时间会短一些，但是他仍然需要经过大量的培训。

1.4.2 学徒阶段

在学徒阶段，完成一个正式的计算机程序，是你开始学习如何成为一个软件工匠的第一步。一个典型的计算机程序会让你学会如何使用编程语言（语法和语义）、数据结构、编译器理论、操作系统等，但是它不会教你*如何编写*出超出第一学期或者第二学期《编程入门》课程范围的程序。学徒阶段会让你知道现实世界中的编程是什么。学徒阶段的目的是让你用所学的知识，通过各种不同的方式来解决问题，并且尽可能获得各种不同的经验。

学徒会向一个掌握了更高级编程技术的人学习。这个人可能是*软件熟练工*（见下一节内容），也可能是一个*软件工匠*。这个“师父”会给学徒分配任务，演示如何完成任务，并检查学徒的工作，在中途进行适当的纠正以完成难度更高的工作。最重要的是，学徒还要经常学习师父的程序——可以采用多种形式，包括测试、结构化浏览代码和调试。重要的一点是，学徒要学会如何维护师父编写的代码[1]。通过这样做，学徒们会一点点学会自学时永远无法掌握的编程技术。

如果一个学徒足够幸运，那么他将有机会跟随几个大师学习，并从他们那里学

1 学徒阶段的另一个好处是，有很多人都了解代码是如何运行的，所以，如果一个人离开了，那么其他人可以代替他接手项目。

习到扎实的技术。在高级程序员的指导下，随着每个项目的完成，学徒期也接近尾声，并进入软件工匠路线的下一个阶段：软件熟练工。

从某种意义上说，学徒生涯永远不会结束。你应该经常留意新技术和新技巧。例如，所有在结构化编程中成长起来的软件工程师，都不得不学习面向对象编程。但是，在某种程度上，你会更频繁地使用已经掌握的技能，而不是不断开发新技能。这时，你就开始把自己的智慧传授给别人，而不是再向别人学习。之后，如果与你一起工作的“大师们”觉得你已经准备好，可以在没有帮助或者监督的情况下独自开发项目了，那么就是你成为软件熟练工的时候了。

1.4.3 软件熟练工

软件熟练工会负责软件开发的大部分工作。顾名思义，他们通常会从一个项目转移到另一个项目，运用他们的技能来解决应用程序的各种问题。尽管软件开发人员的教育从未结束，但是软件熟练工更加关注应用程序开发，而不是学习如何开发应用程序。

软件熟练工要承担的另一项重要任务是培训新的软件学徒。他们会经常检查学徒们在项目中的工作，并与他们分享与编程有关的技术和知识。

软件熟练工会不断寻找可以改进软件开发过程的新工具和新技术。通过尽早采用新的（但是经过验证的）技术，他们始终会保持快速学习，并不断跟上当前的技术发展趋势，以免落后。他们会利用行业最佳实践为客户创造高效、经济的解决方案，这正是这一匠艺阶段的标志。软件熟练工的工作效率高、经验丰富，这正是大多数项目经理在组建团队时希望找到的软件开发人员类型。

1.4.4 大师级工匠

成为大师级工匠的一种传统方法，就是创造一个杰作，一个足以让你在同行中脱颖而出的作品。一些（高端）软件杰作的例子包括 VisiCalc[1]、Linux 操作系统、vi 和 emacs 文本编辑器。这些产品最初都是某一个人的创意，尽管后来有数十个或者

1 对于那些已经不太记得 VisiCalc 的人来说，可以把它看作 Microsoft Excel 的前身。

数百个不同的程序员参与其中。杰作不一定要出名，例如 Linux 或者某些 GNU 工具。但是，你的同行必须认识到这个杰作是有用的并且创造性地解决了某个问题。杰作也不必是一段独立的原始代码。为某个操作系统编写一个复杂的设备驱动程序，或者用一些有效的方法扩展其他程序，这些都可能被称为杰作。杰作的目的是，让你有一个拿得出手的项目来告诉全世界："我有能力开发真正的软件，所以请认真对待我！"。杰作让别人知道他们应该认真考虑你的观点，相信你所说的话。

一般来说，大师级工匠的责任是确定当前的最佳实践方式是什么，以及发明新的方式。最佳实践指的是完成某项任务最*广为人知*的方式，但是不一定是最好的方式。大师级工匠需要研究是否有更好的方式来设计应用程序，当某种新的技术或者方法论普及时，他们要了解其作用和效果，以及验证某种实践方式是否是最好的，并将该信息告诉其他人。

1.4.5 软件匠艺的不足

Steve McConnell 在他的经典软件工程著作 *Code Complete*（《代码大全》）中声称，经验并不会像人们想象的那样重要："如果一个程序员在一两年后还没有学会 C 语言，那么接下来的三年也不会有太大的区别。" 接着他问道，"如果你已经工作了 10 年，那么你是有 10 年的工作经验，还是把 1 年的经验重复了 10 次？" McConnell 甚至认为从书本中学习可能比积累编程经验更加重要。他认为，计算机科学领域变化如此之快，以至于一个有 10 年编程经验的人可能会错过这 10 年中所有伟大的研究成果，而这些成果正是新的程序员会接触到的。

1.5 通往卓越编程的道路

你能编写出卓越的代码，并不是因为遵循了一系列规则。你必须自己下定决心，努力保证写出的代码真的很棒。如果你违反了一些众所周知的软件工程原则，那么肯定无法编写出卓越的代码，但是严格遵循这些规则也会带来同样的效果。一个经验丰富、细致入微的开发人员，或者说一个软件工匠，可以同时驾驭这两种方法，既会在需要时遵守既有的实践规范，也会在需要时勇于尝试不同的技术或策略。

遗憾的是，书本只能教给你这些规则和方法，但是创造力和智慧需要你自己去培养。这本书会教给你这些规则，并且向你建议何时可以考虑打破它们。但是，是否选择这样做，仍然要取决于你自己。

1.6 获取更多信息

Andrew Hunt 和 David Thomas 编写的 *The Pragmatic Programmer*，Addison-Wesley Professional，1999 年。

Brian W. Kernighan 和 Rob Pike 编写的 *The Practice of Programming*，Addison-Wesley Professional，1999 年。

Pete McBreen 编写的 *Software Craftsmanship: The New Imperative*，Addison-Wesley Professional，2001 年。

Steve McConnell 编写的 *Code Complete. 2nd ed*，Microsoft Press，2004 年。

Rapid Development: Taming Wild Software Schedules，Microsoft Press，1996 年。

Robert S. Pressman 编写的 *Software Engineering, A Practitioner's Approach*，McGraw-Hill，2010 年。

2

生产力

在20世纪60年代末，大家已经非常清楚，培养再多的程序员也不会缓解软件危机。唯一的解决方式是提高程序员的生产力——也就是说，让现有的程序员能够编写更多的代码——这就是软件工程领域的起源。因此，学习软件工程的一个很好的起点，就是了解什么是生产力。

2.1 什么是生产力

尽管生产力这个词通常被认为是软件工程学的基础，但是令人惊讶的是，很多人对它有一种曲解。如果你去问任何一个程序员关于生产力的问题，你肯定会听到“代码行数”“功能点”“复杂性度量指标”等词。事实上，在软件项目中，生产力的概念并没有什么神奇或者神秘的地方。我们可以将生产力定义为：

在一定时间内或者在一定成本下完成的单位任务的数量。

这个定义的问题在于如何定义一个单位任务。一个常见的单位任务可能指的是一个项目，但是不同的项目在规模和复杂性方面差别很大。程序员 A 在指定的时间内可以完成三个项目，而程序员 B 只能完成一个大型项目的一小部分，这样我们并不知道这两个程序员相对的生产力如何。由于这个原因，单位任务通常比整个项目要小得多。通常，它更像是一个函数、一行代码，或者某个项目中一些更小的组件。只要不同项目之间的单位任务是一样的，并且一个程序员在任何项目上完成一个单位任务花费的时间都是一样的，那么就不需要精准的度量指标。一般来说，如果我们说程序员 A 的效率是程序员 B 的 n 倍，那么指的是程序员 A 可以在程序员 B 完成一个项目的时间内，完成 n 倍的（同等）项目。

2.2　程序员生产力与团队生产力的比较

1968 年，Sackman、Erikson 和 Grant 发表了一篇令人大开眼界的文章，声称程序员之间的生产力相差 10~20 倍[1]。后来的研究和文章把这一差距推向了高倍区。这意味着某些程序员编写的代码是能力较差的程序员的 20 倍（或者更多倍）。一些公司甚至声称其组织中不同软件团队之间的生产力存在两个数量级的差距。这种差距令人震惊！如果一些程序员[所谓的大师级程序员（Grand Master Programmer，GMP）]的生产力比其他程序员高 20 倍，那么我们是否可以使用一些技巧或方法，来提高一个普通（或者低生产力）程序员的生产力呢？

因为我们不太可能通过培训的方式，将每个程序员的水平都提高到 GMP 级别，所以大多数软件工程方法论会采用其他技巧来提高大型团队的生产力，例如更好的管理过程。本系列图书采取了另一种方法：不是试图提高整个团队的生产力，而是教每个程序员如何提高他们自己的生产力，并朝着 GMP 的方向努力。

尽管单个程序员的生产力对项目的交付进度有最大的影响，但是实际上管理者更关心项目成本，即项目需要多长时间完成，以及完成项目需要多少成本，而不是关心单个程序员的生产力。因此，除小型项目之外，团队的生产力会优于团队成员的生产力。

1　Harold Sackman, W. J. Erikson, E. E. Grant. Exploratory Experimental Studies Comparing Online and Offline Programming Performance. Communications of the ACM 11, no. 1 (1968): 3-11.

团队生产力不仅仅是所有成员生产力的平均值，也包含了团队成员之间各种复杂的互动。会议、交流、个人之间的互动和其他活动都可能降低团队成员的生产力，但是也可以让新成员或者知识较少的团队成员，跟上项目进度和重新编写现有的代码（没有这些活动的开销，是程序员在处理小型项目时，比在处理中型项目或大型项目时效率更高的主要原因）。团队可以通过增加沟通和培训来提高其生产力，抑制重写现有代码的冲动（除非真的有必要），以及通过项目管理，让程序员第一次就能够正确地编写代码（减少重写代码的需要）。

2.3 工时和实际时间

前面给出的定义提供了两种度量生产力的方法：一种基于时间（生产力是指单位时间内完成单位任务的数量）；另一种基于成本（生产力是指在给定成本下完成单位任务的数量）。有时候成本比时间重要，有时候时间比成本重要。为了衡量成本和时间，我们可以分别使用工时和实际时间。

从公司的角度来看，在项目成本中与程序员生产力相关的部分，与工时或者每个团队成员在项目上花费的小时数直接成正比。一个人天大约是 8 个工时，一个人月大约是 176 个工时，一个人年大约是 2000 个工时。项目的总成本就是花费在该项目上的总工时乘以团队成员的平均小时工资。

实际时间（也称为日历时间或者时钟时间）指的就是在项目期间具体时间的推移。项目时间进度表和产品的最终交付时间，通常都是基于实际时间的。

工时是实际时间乘以同时从事某个项目的团队成员数量的结果，但是优化其中一个变量并不一定也能够优化另一个变量。例如，假设你正在开发一个市政选举的应用程序。在这种情况下，最关键的变量是实际时间，无论成本如何，该软件都必须在选举日期前完成开发和部署。相比之下，正在开发下一款杀手级手机应用的“初级程序员”，可以在项目上投入更多的时间，从而延长实际的交付时间，但是却没有足够的钱来聘请多余的人手来更快地完成应用开发。

在大型项目中，项目经理会犯的最大错误之一，就是混淆了工时和实际时间。如果两个程序员可以在 2000 个工时（以及 1000 个实际小时）内完成一个项目，那么你可能会得出这样的结论：4 个程序员可以在 500 个实际小时内完成项目。换句话说，通过在项目上增加 1 倍的人员，你可以用一半的时间按时完成项目。但是在现实中，这并不总是有效的（就像添加第二个烤箱，不会让烤蛋糕变得更快一样）。

通过增加人员的数量来增加每个实际小时的工时数，这种方式通常用在大型项目上比用在小型项目和中型项目上更加成功。小型项目的工作范围是有限的，一个程序员就可以跟踪所有与项目相关的细节，他不需要咨询、协调或者培训其他人来完成项目。一般来说，在小型项目中增加程序员只会消除这些优势，并且在无法显著提高交付进度的情况下，反而会显著增加成本。在中型项目中，这种平衡是微妙的，两个程序员可能比三个程序员的生产力更高[1]，但是增加更多的程序员可以帮助人员不足的项目更快地完成（尽管这可能需要更高的成本）。在大型软件项目中，扩大团队规模会相应地加快项目的进度，但是一旦团队的规模超过了某个点，可能就必须增加两到三个人来完成通常由一个人完成的工作量。

2.4 概念复杂性和范围复杂性

随着项目变得越来越复杂[2]，程序员的生产力会随之降低，因为更复杂的项目需要更深入（更长时间）的思考来理解正在发生的事情。此外，随着项目复杂性的增加，软件工程师更有可能将缺陷引入系统中，并且在系统早期引入的缺陷可能直到后期才会被发现，此时纠正这些缺陷的成本要高得多。

复杂性有两种形式。让我们考虑下面两种对复杂性的定义：

1. 有复杂的、错综关联的或者相互交织在一起的部分，从而导致系统难以理解。
2. 由许多相互关联的部分组成。

我们可以称第一种定义为概念复杂性。例如，在高级语言（HLL）如 C/C++中，一个算术表达式可能包含复杂的函数调用、几个具有不同优先级的算术/逻辑操作符，

1 Barry W. Boehm, Terence E. Gray, Thomas Seewaldt. Prototyping Versus Specifying: A Multiproject Experience. IEEE Transactions on Software Engineering 10, no. 3 (1984): 290-303.

2 一般来说，这意味着项目的规模更大，同时概念复杂性也会增加。

以及大量让表达式难以理解的括号。概念复杂性可能出现在任何软件项目中。

我们可以称第二种定义为范围复杂性，即人类大脑难以消化太多信息的情况。即使某个项目的单个组成部分很简单，但是庞大的规模也会使一个人不可能理解整个项目。范围复杂性经常出现在中型项目和大型项目中（实际上，正是这种复杂性将小型项目与其他项目区分开来）。

概念复杂性会以两种方式影响程序员的生产力。首先，复杂的构想比简单的构想需要更多的思考（因此也需要更多的时间）。其次，复杂的构想会更有可能包含后续需要修正的缺陷，从而降低相应的生产力。

范围复杂性会带来不同的问题。当项目达到一定规模时，项目中的程序员可能完全不知道项目的其他部分正在发生什么，并且可能会重复开发系统中已经存在的代码。显然，这降低了程序员的生产力，因为他们浪费了编写代码的时间[1]。由于范围复杂性的存在，对系统资源的使用效率也会降低。当面对系统的某一部分时，一个小团队的工程师可能会测试他们各自的部分，但是他们看不到与系统其他部分的交互（甚至可能还没有准备好）。因此，系统资源使用的问题（例如，CPU 周期或者内存问题）可能直到项目后期才会被发现。

通过良好的软件工程实践，有可能会降低这种复杂性。但是通常结果是相同的：随着系统变得愈加复杂，人们必须花费更多的时间来考虑它们，并且缺陷会急剧增加。最终结果就是降低了生产力。

2.5 预测生产力

生产力是一种可以被度量和尝试预测的项目属性。当一个项目完成时，如果团队准确地记录了项目开发期间完成的任务，那么就很容易确定这个团队（及其成员）的生产力。尽管过去项目的成功或失败不能保证未来项目的成功或失败，但是过去

---

1 一些大型项目会指定一个“代码库管理员”，他的工作是跟踪可重用的代码组件。实现指定功能的程序员可以向代码库管理员询问该功能是否已经存在，从而避免重复编写代码。这样，生产力的损失仅限于代码库管理员维护各种代码库所花费的时间，以及程序员和管理员沟通所花费的时间。

的生产力是预测软件团队未来生产力的最佳指标。如果你想要改进软件开发过程，那么就需要同时跟踪那些有效的技术和无效的技术，这样才知道在未来的项目中应该做什么（或者不应该做什么）。为了跟踪这些信息，程序员及其支持人员必须记录所有的软件开发活动。在软件工程中引入*纯开销*的一个很好的例子就是文档，虽然它对当前项目顺利进行或者提高项目质量几乎没有任何帮助，但是它能够帮助在未来的项目中预测（和提高）生产力。

Watts S. Humphrey 编写的 *A Discipline for Software Engineering*（由 Addison-Wesley Professional 出版，1994 年），是一本很好的介绍如何跟踪程序员生产力的读物。Humphrey 教授的是一套由各种表单、指导原则和软件开发流程组成的系统，他称之为*个人软件流程*（Personal Software Process，PSP）。虽然 PSP 是针对个人的，但是它对了解软件开发流程中与程序员有关的问题非常有价值。反过来，它可以极大地帮助程序员决定如何开展他们的下一个重点项目。

2.6 度量指标，以及我们为什么需要它们

通过观察团队或个人过去在类似项目中的表现来预测他们的生产力，这种方法存在的问题在于，它只适用于*同类项目*。如果一个新的项目与团队过去的项目有很大的不同，那么过去的表现可能无法作为一个很好的指标。因为项目在规模大小上有很大的不同，无法提供足够的信息来衡量整个项目的生产力，也就无法预测未来的生产力。因此，为了更好地评估团队和团队成员，需要使用比整个项目粒度级别更小的度量系统（*度量指标*）。一个理想的度量指标是独立于项目的（包括项目的团队成员、所选择的编程语言、所使用的工具，以及其他相关的活动和组件），它必须能够跨多个项目使用，以便在项目之间进行比较。虽然目前确实有一些度量指标，但是没有一个是完美的——甚至没有一个非常好的指标。然而，一个糟糕的度量指标总比没有指标要好，因此软件工程师仍在继续使用它们，直到出现更好的度量指标。在本节中，我将讨论几个常见的度量指标，以及每个指标的优缺点。

2.6.1 可执行文件大小度量指标

一个用来确定软件系统复杂性的简单指标，就是最终可执行文件的大小[1]。这里假设，越复杂的项目产生的可执行文件越大。

这个指标的优点是：

- 计算方法很简单（通常，你只需要查看一个目录下的文件列表，并且计算一个或多个可执行文件大小的总和）。
- 它不需要访问原始的源代码。

遗憾的是，可执行文件大小度量指标也有不足之处，使得大多数项目不能使用它：

- 可执行文件通常包含未初始化的数据，虽然它们增加了文件大小，但是与系统的复杂性几乎没有或者根本没有关系。
- 库函数会增加可执行文件的大小，但是它们实际上降低了项目的复杂性[2]。
- 可执行文件大小度量指标不是与语言无关的。例如，汇编语言程序往往比 HLL 的可执行程序紧凑得多，但是大多数人认为汇编程序比同等的 HLL 程序复杂得多。
- 可执行文件大小度量指标是与 CPU 相关的。例如，80x86 CPU 的可执行文件通常比为 ARM（或者其他 RISC 指令集）架构的 CPU 编译的相同程序要小。

2.6.2 机器指令度量指标

可执行文件大小度量指标的一个主要缺陷是，某些可执行文件格式包含了未初始化的静态变量空间，这意味着对源文件的微小更改可能会极大地改变可执行文件的大小。解决这个问题的一种方法是，只计算某个源文件中的机器指令（可以是以字节为单位的机器指令大小，也可以是机器指令的总数）。虽然这个指标解决了未初始化的静态数组的问题，但是它仍然存在可执行文件大小度量指标的所有其他问题：

1 注意，一个项目可能包含多个可执行文件。在这种情况下，“可执行文件大小”是指系统中所有可执行文件大小的总和。

2 当然，假设依赖库在项目之前就存在了，并且不是项目开发内容的一部分。

它依赖于 CPU，它会计算不是由程序员编写的代码（例如，第三方库代码），它是与语言相关的。

2.6.3 代码行数度量指标

代码行数［LOC，或者 KLOC（千行代码）］指标是目前使用的最常见的软件度量指标。顾名思义，它是一个项目中源代码行数的总数。这个度量指标有一些明显的优缺点。

简单地计算源代码行数似乎是使用 LOC 度量指标的最常见形式。编写一个代码行计数程序相当简单，Linux 等操作系统上已有的大多数字数统计程序，都可以用来统计代码行数。

以下是关于 LOC 度量指标的一些常见优点：

- 无论使用何种编程语言，编写一行源代码所花费的时间都是相同的。
- LOC 度量指标不受项目中使用的库（或者其他重用的代码）影响（当然，假设你不会统计依赖库的源代码行数）。
- LOC 度量指标与 CPU 无关。

不过，LOC 度量指标确实也有一些缺点：

- 它不能很好地说明程序员已经完成了多少工作。一个 VHLL 程序中的 100 行代码，通常比 100 行汇编代码要完成的功能更多。
- 它会假设每一行源代码的成本都是相同的。然而，事实并非如此。空行的开销很小，简单的数据声明的概念复杂性较低，而复杂的布尔表达式语句的概念复杂性很高。

2.6.4 语句数量度量指标

语句数量度量指标是对某个源文件中编程语言的语句数量进行统计。它不会统计空行或者注释，也不会统计跨多行编写的单条语句。因此，在统计程序员的工作量方面，它比 LOC 的效果更好。

尽管语句数量度量指标比代码行数指标能够更好地反映程序的复杂性，但是它也存在许多相似的问题。它衡量的是工作量而不是完成的工作，它不像我们希望的那样与语言无关，并且它会假设程序中每条语句需要的工作量都是相同的。

2.6.5 功能点分析

功能点分析（Function Point Analysis，FPA）最初被设计成一种在编写任何源代码之前，预测该项目所需工作量的机制。它的基本思想是考虑程序需要的输入数量、产生的输出数量，以及程序必须要执行的基本计算，然后使用这些信息来决定项目的时间进度[1]。

与代码行数或者语句数量等简单的度量指标相比，FPA 有几个优点。它是真正独立于语言和系统的，只取决于软件的功能定义，而非功能实现。

不过，FPA 也有一些严重的缺点。首先，与代码行数或者语句数量度量指标不同，它不能直接计算出程序中“功能点”的数量。而且分析过程是主观的，即必须由分析程序的人来决定每个功能的相对复杂性。其次，FPA 从未能够成功地实现自动化。这使得我们无法分析一个程序在哪里算作结束，而另一个程序又从哪里算作开始，以及如何对每个功能点评估不同的复杂性值（这又是一项主观任务）。由于这种人工分析相当耗时且代价昂贵，所以 FPA 不像其他度量指标那样流行。在很大程度上，FPA 是在项目完成时而不是在开发期间应用的一个*事后分析*（项目结束时）工具。

2.6.6 McCabe 圈复杂度度量指标

正如前面所提到的，LOC 和语句数量度量指标的一个基础性错误在于，它们假设每条语句都具有相同的复杂度。FPA 的情况稍好一些，但需要分析师为每条语句评估一个复杂程度。遗憾的是，这些度量指标都不能准确地反映出完成被度量工作所要付出的努力程度，因此都不能用来完整地评估程序员的生产力。

---

1 真正的功能点分析基于 5 个组件：外部输入、外部输出、外部查询、内部逻辑性文件操作和外部文件接口。但是这些基本上都可以被归结为如何跟踪输入、输出和计算。

Thomas McCabe 开发了一种称为圈复杂度的软件度量指标，通过计算源代码的路径数量来度量代码的复杂性。它以程序的一个流程图开始，流程图中的节点对应于程序中的语句，节点之间的边对应于程序中的非顺序控制流。通过统计流程图中涉及的节点数量、边数量和连接组件的数量，从而评估出整个代码的圈复杂度。假设有一个 1000 行的 `printf` 程序（没有其他内容），那么它的圈复杂度应该是 1，因为程序只有一条路径。现在假设有第二个例子，它混合了大量的控制结构和其他语句，那么它的圈复杂度会高得多。

圈复杂度度量指标很有用，因为它是一个客观的度量指标，而且可以通过编写程序来计算这个值。它的缺点是与程序的多少没有关系，也就是说，它对待一条 `printf` 语句就像对待一行 1000 条 `printf` 语句一样，尽管第二个版本显然需要更多的工作（即使额外的工作只是一堆剪切、粘贴操作）。

2.6.7 其他度量指标

我们还可以设计出其他一些指标用来度量程序员的生产力。一个常见的度量指标就是统计程序中操作符的数量。这个度量指标能够反映出这样一个事实：有些语句（包括那些不涉及控制路径的语句）会比其他语句更加复杂，需要花费更多的时间来编写、测试和调试。另一个度量指标是统计程序中令牌（例如，标识符、保留字、操作符、常量和标点符号）的数量。不过，不管使用什么样的度量指标，它都有缺点。

许多人尝试使用多个度量指标的组合（例如，使用代码行数乘以圈复杂度和操作符的数量）来创建更加“多维”的指标，以便在代码量较少时更好地评估工作量。遗憾的是，随着度量指标越来越复杂，其会变得越来越难以在指定的项目中应用。LOC 度量指标之所以成功，是因为你可以使用 UNIX `wc`（单词统计）工具（它也可以用来统计行数）来快速了解某个程序的大小。而统计其他度量指标通常需要一个专门的、依赖于某种编程语言的应用程序（假设该指标是可自动化的）。出于这个原因，尽管人们提出了大量的度量指标，但很少有像 LOC 那样广泛流行的。

2.6.8 度量指标的问题

通过大致测量一个项目的源代码量的度量指标，可以推测出在该项目上要花费的时间，前提是假设每一行代码或者每一条语句都需要一些平均时间来编写，但是代码行数（或者语句）和要完成的工作之间并没有绝对的关系。遗憾的是，虽然度量指标可以用于测量程序的一些物理属性，但是很少能测量出我们真正想知道的答案，即编写代码所需的脑力劳动究竟是多少。

几乎所有度量指标的另一个失效原因是，它们都假定更多的工作会产生更多（或者更复杂）的代码。但是这并不总是正确的。例如，优秀的程序员通常会花费精力来重构他们的代码，使其更加精简。在这种情况下，更多的工作实际上会产生更少的代码（以及更简单的代码）。

度量指标也没有考虑到与代码相关的环境问题。例如，为裸机嵌入式设备编写的 10 行代码，是否等同于为 SQL 数据库应用程序编写的 10 行代码？

所有这些度量指标都没有考虑到某些项目的学习曲线。Windows 设备驱动程序的 10 行代码，是否可以等价于 web applet 中的 10 行 Java 代码？其实这两个项目的 LOC 值是不可比较的。

最终，大多数度量指标都失效了，因为它们测量的是*错误的东西*。它们测量的是程序员编写的*代码量*，而不是程序员对*整个项目的总体贡献*（即生产力）。例如，一个程序员可以使用一条语句来完成一个任务（比如一个标准库调用），而另一个程序员可以编写几百行代码来完成相同的任务。大多数度量指标都会认为这两个程序员中后者的生产力更高。

由于这些原因，即使是目前最复杂的软件度量指标也有根本的缺陷，这使得它们无法完全有效反映出程序员的生产力。因此，选择一个“更好的”度量指标通常不会比使用一个“有缺陷的”度量指标有更好的结果。这也是 LOC 度量指标一直如此流行的另一个原因（也是本书使用它的原因）。虽然 LOC 是一个非常糟糕的度量指标，但是它并不比许多其他现有的度量指标差很多，而且不需要编写特殊的软件就可以很容易地统计它。

2.7 我们怎样才能每天写出 10 行代码

早期的软件工程文献声称，一个程序员平均每天可以产生 10 行代码。在 1977 年的一篇文章中，Walston 和 Felix 认为每个开发人员每月大约会产生 274 行代码[1]。这两个数字都描述了在产品生命周期内调试和记录代码的生产情况（即 LOC 除以所有程序员在产品第一次发布到最后一次发布期间所花费的时间），而不是简单地日复一日编写代码。即便如此，这些数字似乎也还是很低。为什么？

在项目开始时，程序员可能会每天快速编写 1000 行代码，然后逐渐放慢速度，研究项目某个部分的解决方案、测试代码、修复 bug、重写一半代码，然后记录他们的工作。到该产品第一次发布时，生产效率已经下降到最初一两天的 1/10：从每天 1000 行代码下降到不到 100 行代码。一旦发布了第一个版本，通常就会开始开发第二个版本，然后是第三个版本，依此类推。在产品生命周期中，可能会有几个不同的开发人员开发代码。等到项目发布最后一版时，它可能已经被重写了多次（极大地降低了工作效率），而且有些程序员花费了大量宝贵的时间来学习代码是如何运行的（这也会降低他们的工作效率）。因此，在产品的整个生命周期中，程序员的平均生产力会下降到每天 10 行代码。

软件工程生产力研究最重要的一个结果是，提高生产力的最好方式不是通过发明一些方法，让程序员在单位时间内编写两倍的代码，而是减少在调试、测试、记录文档和重写代码，以及给新程序员讲解代码（一旦第一个版本已经存在）上所浪费的时间。为了减少这些浪费，改进程序员在项目中使用的流程，要比培训他们在单位时间内编写两倍的代码容易得多。软件工程总是在关注这个问题，并试图通过减少所有程序员花费的时间来提高生产力。个人软件工程的目标是减少个体程序员在项目上所花费的时间。

1 Claude E. Walston , Charles P. Felix. A Method of Programming Measurement and Estimation. IBM Systems Journal 16, no. 1 (1977): 54-73.

2.8 估计开发时间

正如前面所提到的，虽然生产力对于管理层来说是发放奖金、加薪或口头表扬的重要因素，但是跟踪生产力的真正目的是为了预测未来项目的开发时间。过去的结果并不能保证未来的生产力，所以你还需要知道如何估计项目进度（或者至少是项目中你的那部分进度）。作为个体软件工程师而言，你通常没有足够的背景、教育经历或经验来确定时间进度，所以你应该与项目经理进行沟通，向他们解释时间进度表中需要考虑的事项（不仅仅是编写代码所需的时间），然后构建一个估计时间的方法。尽管如何正确估计项目所有细节的内容，已经超出了本书的范围（请见 2.11 节“获取更多信息”），但是我们应该知道，如何估计开发时间取决于你所参与的项目的规模，比如是一个小型项目、中型项目还是一个大型项目，或者仅仅是一个项目的某一部分。

2.8.1 估计小型项目的开发时间

根据定义，一个小型项目是一个软件工程师可以单独完成的项目。对项目进度的主要影响是这个软件工程师的能力和生产力。

估计小型项目的开发时间比估计大型项目要容易得多，也更加准确。小型项目不会涉及并行开发，并且在进度表中只需要考虑单个开发人员的生产力。

毫无疑问，估计小型项目的开发时间，第一步是识别和理解需要完成的所有工作。如果此时项目的某些部分还没有被清晰定义，那么在进度表中就会引入相当大的错误，因为这些未定义的组件，不可避免地要花费比你想象的多得多的时间。

在估计某个项目的完成时间时，设计文档是项目中最重要的部分。如果没有详细的设计，那么就不可能知道项目由哪些子任务组成，以及每个子任务将花费多少时间来完成。一旦你将项目分解成适当大小的子任务（一个合适的大小，就是清楚地知道完成它需要多少时间），你需要做的就是将所有子任务的时间汇总起来，从而产生一个合理的初步估计。

然而，人们在估计小型项目的进度时最常犯的一个最大的错误是，他们会把子任务的时间加到进度表中，而忘记了会议、电话、电子邮件和其他管理任务的时间。

他们还容易忘记增加测试时间，以及发现和修复缺陷（和重新测试）的时间。因为很难估计软件中存在多少缺陷，以及解决这些缺陷需要多少时间，所以大多数管理人员会将进度表中第一次估计的值扩大 2~4 倍。假设程序员（或团队）在项目上能够保持合理的生产力，那么这个公式可以用来很好地估计小型项目的开发时间。

2.8.2 估计中型项目和大型项目的开发时间

从概念上讲，中型项目和大型项目是由许多小型项目（分配给各个团队成员）组成的，它们结合起来形成最终的结果。因此，第一种估计大型项目进度的方法，是将其分解为一堆较小的项目，然后估计每个子项目的开发进度，再合并（汇总）起来进行总体估计。这是估计小型项目进度的放大版本。遗憾的是，在现实情况中，这种估计方式会带来很多问题。

第一个问题是，中型项目和大型项目会存在小型项目中不存在的问题。一个小型项目通常只有一个工程师，并且正如前面所提到的，对小型项目的时间安排完全取决于这个工程师的生产力和可投入时间。在一个较大的项目中，许多人（包括工程师以外的人）都会影响到对进度的估计。一个拥有关键知识的软件工程师可能在休假或者生病几天，耽误了另一个工程师获取所需信息来开展工作。从事大型项目开发的工程师通常每周都会有几次会议（这些会议在大多数日程安排中都没有提到），这些会议会让他们持续下线几个小时，也就是说，在这段时间内他们没有在编程。在大型项目中，团队组成结构也可能会发生变化，例如，一些有经验的程序员离开了，而另一些人不得不继续学习其他子任务，而且新加入项目的程序员需要时间来跟上进度。有时候，即使是为新员工配备一个计算机工作站，也要花上几周的时间（例如，在一家非常官僚的大公司的 IT 部门）。等待购买软件工具、开发硬件以及来自组织其他部分的支持，也会造成进度安排失效的问题。这样的例子不胜枚举。很少有进度估计能够准确地预测出这些会消耗多少时间。

最终，估计中型项目和大型项目的进度会包括 4 个任务，即把项目分解成多个较小的项目，估计这些小项目的进度，增加集成测试和调试的时间（也就是让各个小项目结合到一起并且正常工作的时间），然后通过一个乘数因子得到最终的合计结果。这种方式并不精确，但是它到今天依然有效。

2.8.3 估计开发时间的问题

因为项目进度估计涉及对开发团队未来能力的预测，所以很少有人相信计划的进度是完全准确的。然而，常见的软件开发进度预测尤其糟糕，其中有以下一些原因：

它们是在研发项目。研发项目包括做一些你以前从未做过的事情。它们需要一个研究阶段，在此期间开发团队需要分析问题并试图确定解决方案。通常，没有办法预测研究阶段需要多长时间。

管理层已经预先制定了时间表。通常，市场部门决定其想要在某个日期之前销售产品，而管理部门则通过从该日期向前倒推时间来制订项目计划。在要求开发团队估计子任务的时间之前，管理层已经对每个任务应该花费的时间有了一些先入为主的想法。

这个团队以前做过类似的事情。管理层通常会认为，如果你以前做过某件事情，那么第二次做起来会更容易（因此会花费更少的时间）。在某些情况下，这是有道理的。如果团队做的是同一个研发项目，那么第二次做就会更容易，因为他们只需要做开发，可以跳过（至少大部分）研究阶段。但是，认为项目第二次做总是更容易的假设很少是正确的。

没有足够的时间和资金。在很多情况下，管理人员会在项目必须完成的前提下，设置某种资金或时间限制，否则该项目就会被取消。对于那些薪水跟项目进展挂钩的人来说，这是错误的。如果让他们在说“是的，我们能满足计划”和找一份新工作之间做出选择，大多数人即使知道机会很渺茫，也都会选择前者。

程序员会夸大他们的效率。有时候，当软件工程师被问到他们能否在一定时间内完成一个项目时，他们不会谎称需要多长时间，而是对他们的表现做出乐观的估计，但是实际上在工作中很少会站得住脚。当被问及他们可以产生多少有效工作时，大多数软件工程师会给出一个图表，展示其有史以来在一个较短时间内的最大产出（例如，在“危机模式”下每周可工作 60~70 个小时），但是他们很少会考虑意料之外的困难（例如，出现一个很严重的系统缺陷）。

进度取决于额外的时间。管理层（和某些工程师）经常会认为，当进度开始延后时，程序员总是可以多投入“几个小时”来赶上进度。结果是，进度往往比他们期望的会更加延后（因为他们忽略了工程师大量加班所带来的负面影响）。

工程师就像搭积木一样。在项目进度安排中一个常见的问题是，管理层认为可以通过向项目中增加程序员人数来提前发布软件。然而，正如前面所提到的，这并不一定是正确的。你不能通过在一个项目中增加或者减少工程师人数，就期望项目进度能产生相应的变化。

对子项目的估计是不准确的。实际的项目进度安排是以自上而下的方式制订的。整个项目被分成几个较小的子项目，然后这些子项目又被分成几个子项目，依此类推，直到子项目的规模非常小，有人可以准确地预测每个子项目所需的时间。但是，这种方法会面临三个挑战：

- 是否愿意尽力以这种方式来安排进度（即对项目提供正确、准确的自上而下的分析）。
- 是否能够对小的子项目进行准确的估计（特别是软件工程师，他们可能没有经过适当的管理培训，所以不清楚哪些因素是在估计进度时需要考虑的）。
- 是否愿意接受进度预估的结果。

2.9 危机模式项目管理

尽管参与项目的每个人都有良好的意图，但是许多项目明显落后于计划，所以管理层必须要求加快开发进度，以满足一些重要的里程碑节点。为了能在最后期限之前完成任务，工程师通常每周会投入更多的时间来缩短（实际的）交付日期。当这种情况发生时，就说该项目处于“危机模式”。

危机模式可以在短时间内产生效果，使工作在最后期限之前被（迅速地）完成，但是总的来说，危机模式并不总是有效的，并且会导致较低的生产力，因为大多数人需要照顾工作以外的事情，需要时间去休息、减压，需要让他们的大脑花时间来思考已知的所有问题。当你疲劳工作时会导致犯错，而错误通常需要更多的时间来纠正。从长远来看，放弃使用危机模式，坚持每周工作 40 个小时会更有效率。

使用危机模式的最佳方法是，在整个项目中添加里程碑，从而产生一系列“小危机”，而不是在最后生成一个大危机。每个月多花一天或几天的时间，比在项目快结束时连续干几周要好得多。为了赶在最后期限之前完成工作，有一天或两天多工作几个小时，不会对你的生活质量产生负面影响，也不会让你感到疲惫不堪。

除健康和生产力的问题以外，在危机模式下工作还可能会带来进度安排、道德和法律方面的问题：

- 糟糕的进度安排也会影响未来的项目。如果你每周工作 60 个小时，那么管理层会认为未来的项目也可以在相同的（实际的）时间内完成，期望你在未来也按照这样的速度完成，而不需要任何额外的补偿。
- 在危机模式下长时间运行的项目，技术人员的流动率很高，进一步降低了团队的生产力。
- 危机模式也会导致一个法律问题，即超时工作却没有加班费。视频游戏行业的几起备受瞩目的诉讼表明，工程师有权获得加班费（他们不是*无薪员工*）。即使你的公司能够挺过这些官司，对汇报时间、管理开销和工作计划的要求也会变得更加严格，从而导致生产力的下降。

同样，如果运作得当，危机模式也可以帮助你在特定的期限内完成任务。但最好的解决办法是制订更好的进度计划，完全避免使用危机模式。

2.10 如何提高工作效率

本章花费了大量的时间来定义生产力和测量它的度量指标。但是我们并没有花很多时间来描述一个程序员如何提高其生产力，从而成为一个卓越的程序员。关于这个主题可以写（而且已经写了）一整本书。本节会介绍一些可以用来提高个人和团队工作效率的技术。

2.10.1 合理选择软件开发工具

作为一个软件开发人员，你将大部分时间花费在使用软件开发工具上，并且工具的质量对生产力有巨大的影响。遗憾的是，选择开发工具的主要标准似乎是对工具的熟悉程度，而不是工具对当前项目的适用程度。

请记住，当你在项目开始时选择工具的时候，你可能需要在整个项目期间（甚至更长时间）都必须使用这些工具。例如，一旦你开始使用缺陷跟踪系统，由于数据库文件格式不兼容，你可能就很难切换到其他系统，源代码控制系统也是如此。幸运的是，软件开发工具（尤其是 IDE）现在已经相对成熟，而且许多工具之间都是可互操作的，因此你不太会做出错误的选择。尽管如此，但是在项目开始时仔细考虑如何选择工具，可以为你省去很多后续的烦恼。

对于一个软件开发项目来说，最重要的是选择使用哪种编程语言，以及使用哪种编译器/解释器/转换器。选择最佳的语言是一个很难的问题。你很容易证明一些编程语言是正确的，因为你熟悉它们，你不需要再去学习它们；然而，未来新的工程师在学习编程语言的同时还要维护代码，他们的工作效率可能会低得多。此外，选择某些语言可以简化开发过程，充分提高生产力，以弥补学习语言所损失的时间。正如前面所提到的，选择一种糟糕的语言可能会浪费很多开发时间，直到你发现它不适合这个项目，于是不得不重新开始。

编译器性能（每秒可以处理一个普通源文件的多少行代码）会对你的生产效率产生巨大的影响。如果编译器平均编译一个源文件只需要 2 秒钟而不是 2 分钟，那么使用更快的编译器可能会提高效率（尽管更快的编译器可能会缺少一些特性，从而在其他方面降低了效率）。工具处理代码的时间越少，留给设计、测试、调试和优化代码的时间就越多。

使用一系列能够很好地协同工作的工具也很重要。今天，我们认为使用集成开发环境（IDE）是理所当然的，它将编辑器、编译器、调试器、源代码浏览器和其他工具集成到一个单独的程序中。这使得我们可以在屏幕的同一个窗口内，快速地在编辑器中进行更改，重新编译源代码模块，并在调试器中运行结果，极大地提高了工作效率。

然而，你经常不得不在 IDE 之外处理项目的某些工作。例如，有些 IDE 不支持源代码控制或者缺陷跟踪（尽管许多 IDE 都支持）。大多数 IDE 没有提供用于编写文档的文字处理程序，也没有提供简单的数据库或者电子表格功能来维护需求列表、设计文档或者用户文档。最有可能的是，你不得不使用一些 IDE 之外的程序，例如文字处理工具、电子表格、绘图/图形工具、Web 设计工具和数据库程序等，来完成项目所需的所有工作。

在 IDE 之外运行程序不是问题，只要确保你选择的应用程序，与你的开发过程和 IDE 生成的文件是兼容的即可（反之亦然）。如果在 IDE 和外部应用程序之间移动文件，你必须不断运行一个转换程序，那么你的生产效率将会降低。

我能为你推荐一些工具吗？不能。因为项目的需求多种多样，所以我在这里无法给出这种建议。我的建议是在项目开始时就注意到这些问题。

但是我可以给出一个建议，就是在选择开发工具时避免有“为什么我们不尝试这种新技术”的想法。在使用了一个开发工具 6 个月之后（并基于它来编写源代码），如果你发现它不能够完成工作，那么后果可能是灾难性的。除了考虑产品开发，你还要认真评估这些工具，只有在确信新工具确实有用之后，才能选择使用它们。苹果公司的 Swift 编程语言就是一个典型的例子。在 Swift v5.0 发布之前（大约在 Swift 首次发布的 4 年之后），使用 Swift 语言一直是令人沮丧的。每年苹果公司都会发布一个与之前版本代码不兼容的新版本，迫使你不得不修改旧的程序。此外，该语言的早期版本中缺少许多功能，并且一些功能并不完善。直到 5.0 版本（在编写本书时发布）以后，Swift 语言才变得相对稳定。然而，那些早期迎合这一“潮流”的可怜的人，为该语言的不成熟发展付出了代价[1]。

遗憾的是，在许多项目中，你自己无法选择开发工具。这个决定来自上级的命令，或者你沿用产品以前的工具。抱怨它不仅会浪费时间和精力，还会降低你的工作效率。相反，你应当充分利用你所拥有的工具集，并成为使用它的专家。

2.10.2 管理开销

对于任何项目，我们都可以将工作分为两种类型：与项目直接相关的工作（例如，为项目编写代码或者文档）和与项目间接相关的工作。间接的活动包括会议、

1 今天，我毫不犹豫地推荐 Swift 语言。它是一种很棒的语言，5.0 及以后的版本看起来相对稳定和可靠。它已经超越了“哎呀，这不是一种很棒的新语言吗”的阶段，现在已经是一个可以用于实际项目的软件开发工具。

阅读和回复电子邮件、填写考勤卡和更新日程安排。这些都是日常开销活动，它们增加了项目的时间和成本，但是并不直接有助于完成工作。

通过遵循 Watts S. Humphrey 在 *Personal Software Engineering*（《个人软件工程》）中介绍的方法，你可以跟踪在项目期间将时间都花费在了何处，并且很容易地看到直接花费在项目上的时间，以及花费在其他活动上的时间。如果你的其他活动时间超过总时间的 10%，那么你应当重新考虑日常活动。你应当试着减少或者整合这些活动，来降低它们对你的工作效率的影响。如果你没有跟踪项目之外花费的时间，那么就会错过通过减少管理开销来提高生产力的机会。

2.10.3 设置明确的目标和里程碑

如果不是最后期限迫在眉睫，人们往往会放慢工作节奏，当最后期限临近时，他们又会进入“超级模式”，这是人类的天性。如果没有目标，那么人们就很难高效地完成工作。如果没有最后期限，那么人们就很难有动力及时去实现这些目标。

因此，为了提高你的工作效率，一定要有明确的目标和子目标，并将其附加到里程碑上。

从项目管理的观点来看，里程碑是项目中的一个标记点，它代表了工作的进展程度。一个好的管理者总是会在项目进度中设定目标和里程碑。然而，很少有时间进度计划会为单个程序员提供有用的目标。这就是个人软件工程需要发挥作用的地方。要想成为一个超级高效的程序员，你需要对自己项目中的目标和里程碑进行微管理。一些简单的目标，例如，“我要在吃午饭之前完成这个功能”或者“我要在今天回家之前找到这个错误的根源”，可以让你集中注意力。而另一些更大的目标，例如，“下周二我将完成这个模块的测试”或者“今天我将运行至少 20 个测试程序”，可以帮助你评估生产力，并确定你是否实现了自己的目标。

2.10.4 练习自我激励

能否提高工作效率取决于你的态度。虽然别人可以帮助你更好地管理时间，或者在你陷入困境时帮助你，但是最重要的是你必须主动改善自己。你需要时刻注意自己的节奏，不断努力提高自己的表现。通过跟踪自己的目标、努力和进步，你会知道什么时候需要“让自己振作起来”，通过更努力地工作来提高工作效率。

缺乏动力可能是提高工作效率的最大障碍之一。如果你的态度是“啊，我今天还要做这件事”，那么你完成这个任务所花费的时间可能比你的态度是“哇！这是最棒的部分！这将会很有趣！”更多。

当然，你做的每一个任务并不都是有趣的，这是个人软件工程会接触的一个场景。如果你想要保持高于平均水平的生产力，那么当一个项目让你感到“缺乏动力”时，你需要有足够的自我激励。试着创造一些理由让这份工作更有吸引力。例如，为自己创造一些小挑战，并在完成后奖励自己。一个高效的软件工程师会经常练习自我激励：你对一个项目保持动力的时间越长，你的工作效率就越高。

2.10.5 集中注意力，消除干扰

专注于一个任务并消除干扰，是另一种能够显著提高生产力的方法。你应当能够“进入状态”。通过这种方式工作的软件工程师比那些一心多用的人更有效率。为了提高工作效率，你应尽可能长时间地专注于某一个任务。

在没有任何视觉刺激（除了显示屏）的安静环境中，专注于一个任务是最容易的。有时候，工作环境并不利于让你专注。在这种情况下，戴上耳机，播放背景音乐可能有助于消除干扰。如果音乐太让人分心，则可以试着听听白噪声，网络上有一些白噪声的应用程序。

无论什么时候你在工作中被打断了，你都需要时间恢复状态。事实上，你可能需要半个小时才能完全集中精力工作。当你需要集中精力完成一个任务时，可以贴一个告示说只有紧急的事情才能打断你，或者在你的工作台附近贴上“办公时间”，即你可以被打断的时间，例如，你可以允许别人打断你 5 分钟。回答同事们自己能想明白的问题，可以节省其 10 分钟的时间，但是这可能会浪费你半个小时。你必须作为团队的一部分工作，成为一个好队友，然而，同样重要的是，需要确保过度的团队互动不会降低你（和其他人）的生产力。

在一个典型的工作日中，会有许多已经预定的工作中断时间，例如用餐时间、

休息时间、会议、行政管理（如处理电子邮件和时间核算）等。如果可能的话，你可以试着在这些事件周围安排其他活动。例如，关闭任何邮件提醒，因为在几秒钟内回复邮件很少是必需的，而且如果有紧急情况，别人会亲自找到你或者打电话给你。如果别人确实希望你能快速回复，那么你可以设置一个闹钟，提醒自己在固定时间查收邮件（对待短信和其他干扰也是如此）。当你接到很多非紧急电话时，你可以考虑把手机调成静音，在休息时每隔 1 小时左右查看一下短信。如何做取决于你的个人和职业生活，但是你受到的干扰越少，你的工作效率就越高。

2.10.6 如果你觉得无聊，那么就做点别的事情

有时候，无论你多么有动力，你都会对自己的工作感到无聊，也很难集中注意力，你的工作效率会大幅下降。如果你不能进入状态，无法将注意力集中在任务上，那么就休息一下，做一些其他事情。不要以无聊为借口，在一个又一个任务之间来回奔波，却又完成不了多少工作。但是，当你真的遇到障碍，无法前进时，不妨试着换一些你可以做得更有成效的事情。

2.10.7 尽可能自立

你应该尽力尝试处理所有分配给你的任务。虽然这不会提高你的工作效率，但是如果你不断地向其他工程师寻求帮助，则可能会降低他们的生产力（记住，他们也需要保持专注，避免干扰）。

如果你正在做一个需要更多知识的任务，而你又不想经常打断其他工程师，那么你可以有以下几种选择：

- 花点时间自学，这样你就能完成任务了。虽然这可能会影响到你短期的工作效率，但是你所获得的知识将帮助你完成未来类似的任务。
- 去见你的经理，解释你遇到的问题。讨论一下是否可能把任务重新分配给更有经验的人，然后给你分配一个你能够更好地处理的任务。
- 与你的经理安排一次会议，在不太影响其他工程师工作效率的时间（例如，在工作日的早上）寻求帮助。

2.10.8 识别何时需要帮助

有时候，你的自立态度可能会有点过头。你可能在一个问题上花费了太多的时间，而你的队友只需要几分钟就能解决这个问题。成为一个卓越程序员的一个方面是，认识到自己陷入困境，需要帮助才能继续前进。当你被困住的时候，最好的方法是，设置一个定时闹钟——在被困在这个问题上几分钟、几小时甚至几天之后，寻求帮助。如果你知道该向谁寻求帮助，那么就直接寻求帮助。如果你不确定，那么就和你的经理谈谈。最有可能的情况是，你的经理会指引你找到合适的人，这样你就不会打扰到那些无论如何也帮不了你的人。

团队会议（每天或每周）是向团队成员寻求帮助的好地方。如果你手头上有好几个任务要做，而你又被困在一个特定的任务上，那么可以把它放在一边，先做其他任务（如果可能的话），然后把你的问题留到团队会议上来问。如果你在会议之前把工作做完了，则可以让你的经理分配一些其他工作，这样你就不必打扰别人了。此外，在处理其他任务时，你可能也会找到解决方案。

2.10.9 克服士气低落

没有什么比团队成员士气低落能更快地扼杀一个项目了。这里有一些建议可以帮助你克服士气低落：

- 了解项目的商业价值。通过了解或提醒自己项目的实际用途，你将对项目投入更多的热情，也更感兴趣。
- 对项目（你的部分）负责。当你对这个项目负责时，你的骄傲和荣誉就与它绑在一起了。不管发生什么事情，请确保你总是可以谈论自己对项目所做的贡献。
- 避免在你无法控制的项目问题上投入精力。例如，如果管理层做出了一些影响项目进度或者设计的糟糕决定，那么就在这些限制范围内尽最大努力工作。当你可以努力去解决问题时，不要只是坐在那里抱怨那些管理决定。
- 如果你的个性给你的士气带来了问题，请与你的经理和其他受影响的人员讨论一下。沟通是关键。任由问题继续下去，只会导致更大的士气问题。
- 时刻警惕可能会降低士气的情况和态度。一旦项目团队的士气开始下降，通常就很难恢复。你越早处理士气问题，就越容易解决它们。

有时候，财务、资源或者个人问题都会降低项目参与者的士气。作为一个卓越的程序员，你的工作就是躬身入局，战胜挑战，继续编写卓越的代码，并且鼓励项目中的其他人也这么做。这样做并不总是容易的，但是没有人说过成为一个卓越的程序员是容易的。

2.11 获取更多信息

Gene Bellinger 在 Systems Thinking 上发表的 *Project Systems*，2004 年。

Robert Heller 和 Tim Hindle 编写的 *Essential Managers: Managing Meetings*，DK Publishing，1998 年。

Watts S. Humphrey 编写的 *A Discipline for Software Engineering*，Addison-Wesley Professional，1994 年。

Harold Kerzner 编写的 *Project Management: A Systems Approach to Planning, Scheduling, and Controlling*，Wiley，2003 年。

Patrick Lencioni 编写的 *Death by Meeting: A Leadership Fable … About Solving the Most Painful Problem in Business*，Jossey-Bass，2004 年。

Robert E. Levasseur 编写的 *Breakthrough Business Meetings: Shared Leadership in Action*，iUniverse.com，2000 年。

James P. Lewis 编写的 *Project Planning, Scheduling, and Control*，McGraw-Hill，2000 年。

Steve McConnell 编写的 *Software Project Survival Guide*，Microsoft Press，1997 年。

Tom Mochal 在 TechRepublic 网站上发表的 *Get Creative to Motivate Project Teams When Morale Is Low*，2001 年 9 月 21 日。

Robert K. Wysocki 和 Rudd McGary 编写的 *Effective Project Management*，Wiley，2003 年。

3

软件开发模型

如果每个项目都遵循一套固定的规则，那么你不可能编写出卓越的代码。对于某些项目来说，你只需要几百行代码就可以做出一个出色的程序。但是，其他项目可能会涉及数百万行代码、数百名工程师，以及许多层管理人员或其他支持人员。在这些情况下，你所使用的软件开发流程将极大地影响项目成功与否。

在本章中，我们将研究各种开发模型，以及何时应当使用它们。

3.1 软件开发生命周期

在软件的生命周期中，一个软件通常要经历 8 个阶段，我们将其统称为软件开发生命周期（Software Development Life Cycle，SDLC）：

1. 产品概念
2. 需求开发与分析

3. 设计
4. 编码（实现）
5. 测试
6. 部署
7. 维护
8. 退休

让我们依次来了解每个阶段。

产品概念

某个客户或者经理产生了一个软件想法，并且创建了一个业务案例来证明这个想法。

通常，非工程师人员会设想出一个软件需求，然后联系能够实现它的公司或者个人。

需求开发与分析

一旦你有了一个产品概念，就必须概括性地描述出产品需求。项目经理、利益相关者和客户（用户）需要开会讨论，确定软件系统必须做什么才能满足每个人的需求。当然，用户会希望软件可以做任何事情。项目经理将根据可用的资源（例如，程序员数量）、估计的开发时间和成本来调整这个预期。其他利益相关者可能包括风险投资家（其他资助项目的人）、管理机构（例如，如果你正在开发一个核反应堆软件，那么就是核能管理委员会），以及对设计提出看法，使软件可销售的市场营销人员。

相关各方通过会议、讨论、谈判等方式，根据如下问题来确定需求：

- 系统是为谁设计的？
- 应该向系统提供哪些输入？
- 系统应该产生什么输出（以什么样的格式）？
- 系统将涉及哪些类型的计算？
- 如果有视觉显示，那么系统应该使用什么样的屏幕布局？
- 在输入和输出之间预期的响应时间是多少？

通过这些讨论，开发人员会整理出系统需求规范（System Requirements Specification，SyRS）文档，该文档规定了硬件、软件以及其他方面的所有主要需求。然后，程序管理和系统分析人员会使用 SyRS 文档来生成软件需求规范（Software Requirements Specification，SRS）文档[1]，这是本阶段的最终结果。通常，SRS 文档仅供软件开发团队内部使用，而 SyRS 文档是供客户参考的外部文档。SRS 文档会从 SyRS 文档中提取所有的软件需求，并对其进行扩展。第 10 章将详细讨论这两个文档。

设计

软件设计架构师（软件工程师）会根据 SRS 文档中的软件需求来编写软件设计描述（Software Design Description，SDD）文档。SDD 文档中提供了以下内容（但不限于它们）：

- 系统概述
- 设计目标
- 使用的数据（通过数据字典）和数据库
- 数据流（可能会使用数据流图）
- 界面设计（软件如何与其他软件和用户交互）
- 必须遵循的任何标准
- 资源要求（例如内存、CPU 周期、磁盘容量等）
- 性能要求
- 安全要求

详细内容请参阅第 11 章。设计文档将成为下一个阶段（编码）的输入。

编码

编写代码，即编写实际的软件，是软件工程师最熟悉和最感兴趣的步骤。软件工程师根据 SDD 文档来编写软件。《编程卓越之道（卷 5）：卓越编程》将主要讲解这个阶段。

---

1 根据系统的不同，还可能会生成硬件需求规范（Hardware Requirements Specification，HRS）文档，以及其他文档，不过这些都不在本书的讨论范围之内。

测试

在这个阶段，开发人员将根据 SRS 文档对代码进行测试，以确保产品解决了需求中列出的问题。这一阶段有以下几个组成部分：

单元测试 检查程序中的单条语句和模块，验证它们的行为是否符合预期。这个过程实际上发生在编码期间，但是在逻辑上属于测试阶段。

集成测试 验证软件中的各个子系统是否能够很好地协同工作。这个过程也发生在编码阶段，通常接近开发的尾声。

系统测试 确认软件的实现，也就是说，它表明软件已经正确地实现了 SRS。

验收测试 向客户证明软件符合其预期用途。

《编程卓越之道（卷 6）：测试、调试和质量保证》会详细介绍测试阶段的内容。第 12 章描述了软件测试用例和软件测试过程文档，你将通过创建这些文档来指导测试过程。

部署

将软件产品交付给客户使用。

维护

一旦客户开始使用软件，发现缺陷并提出新功能的可能性就相当高。在此期间，软件工程师可能会修复这些缺陷，或者添加新的增强功能，然后向客户部署新的软件版本。

退休

最终，在软件的某个生命周期中，开发将会停止，可能是因为开发组织决定不再支持或者开发它，然后它会被其他软件、竞争对手的产品或者更新的硬件所取代。

3.2 软件开发模型

软件开发模型描述了软件开发生命周期的所有阶段在软件项目中是如何组合的。

不同的模型适用于不同的环境：有些模型强调某些阶段，有些模型不强调其他阶段，有些模型在整个开发过程中重复不同的阶段，有些模型则完全跳过某些阶段。

目前有 8 种广泛使用的软件开发模型，以及数十种（甚至数百种）这 8 种模型的变体正在被使用。为什么开发人员不选择一种流行的模型，并将其应用于所有项目呢？正如在第 1 章中所提到的，原因是对个人或者小团队效果良好的实践标准，不能很好地被扩展到大型团队中。同样地，在大型项目中效果良好的技术，也很少能被应用到小型项目中。本书将着重介绍对个人很有效的一些技术，但是如果你想要成为能应对各种规模项目的卓越程序员，则必须熟悉所有的设计流程。

在本章中，我将介绍 8 种主要的软件模型——它们的优点、缺点，以及如何恰当地应用它们。然而，在实践中，你不能盲目地遵循这些模型，也不能期望应用了这些模型就能够保证项目的成功。本章还会讨论卓越的程序员如何绕过模型的限制，同时依然能够编写出卓越的代码。

3.2.1 非正式模型

非正式模型用最少的流程或者规范来描述软件开发：没有正式的设计，没有正式的测试，缺乏项目管理。这种模型最初被称为*黑客式开发*（hacking）[1]，使用这种模型的人被称为黑客（hacker）。然而，随着那些最初的黑客成长起来并获得了经验、教育和技能，他们自豪地保留了“黑客”这个名称，因此这个术语不再指没有经验或者缺少技能的程序员[2]。我仍将使用*黑客式开发*一词来表示非正式的编码过程，但是使用*非正式程序员*来描述从事黑客攻击的人。这样可以避免大家对*黑客*的不同定义产生混淆。

在非正式模型中，程序员直接根据产品概念进行编码，不断“黑客式开发”程序，直到有东西可以工作（通常不是很好），而不是设计一个健壮、灵活、可读的程序。

---

1 黑客的最初定义来自 Merriam-Webster 网站，指的是“对某项活动缺乏经验或者技能的人，例如，一个网球黑客”。

2 当然，黑客这个词也被重新定义为在计算机上从事犯罪活动的人。这里我们将忽略这个定义。

黑客式开发有几个优点：过程很有趣，可以独立完成（虽然也可以多人或集体参加活动，例如，黑客马拉松），并且程序员负责大部分的设计决策和项目推进，所以与遵循正常开发流程的软件工程师相比，他们常常可以更快地开发出一些能够使用的程序。

非正式模型的问题在于，缺乏设计的意识可能会导致最终做出来一个无效的系统，不是最终用户想要的东西，因为没有人考虑他们的需求和软件规范——即使考虑了这些，通常软件也没有经过测试或者没有文档记录，这使得除开发者之外的任何人都很难使用它。

因此，非正式模型适用于小型的、一次性的程序，仅供开发者自己使用。对于这样的项目，用几百行代码开发一个功能有限、使用谨慎的软件，要比经历整个软件开发流程便宜得多，效率也高得多（遗憾的是，一些“一次性”的程序也会经历很多次迭代，并在大量用户发现它们后变得流行起来。如果发生这种情况，则应该重新设计和实现程序，以便能够适当地维护它）。

在开发小型项目的原型时，黑客式开发也很有用，特别是用来向潜在客户演示正在开发的程序效果。这里可能存在一个问题，就是客户和经理看到原型之后，可能会以为大量的代码已经准备就绪，这意味着他们可能会推动进一步开发基于黑客式开发的代码，而不是从头启动一个开发流程，这可能导致在后面的软件开发过程中出现问题。

3.2.2 瀑布模型

瀑布模型是软件开发模型的鼻祖，大多数模型都是它的变体。在瀑布模型中，会从头到尾顺序执行软件开发生命周期的每一个步骤（如图 3-1 所示），每一步的输出都会构成下一步的输入。

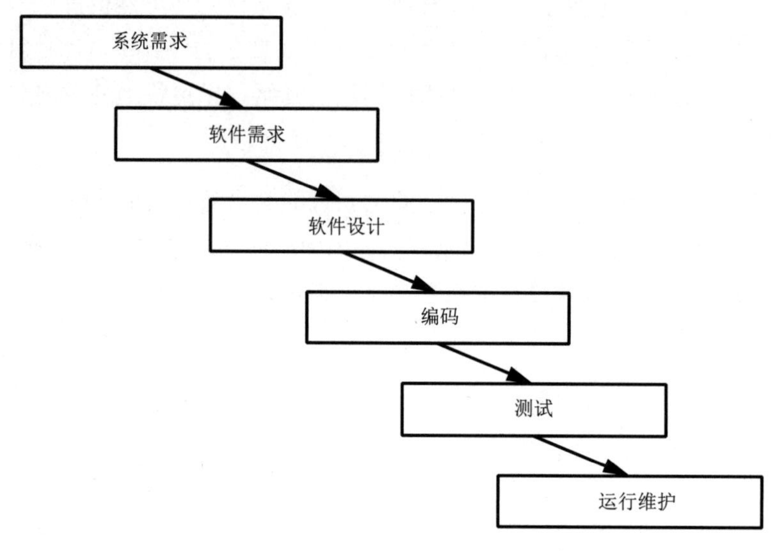

图 3-1　瀑布模型

你可以通过生成 SyRS 文档来开始瀑布模型。一旦确定了系统需求，就可以从 SyRS 文档生成 SRS 文档。在确定了软件需求之后，就可以从 SRS 文档生成 SDD 文档。然后从 SDD 文档生成源代码并测试软件，最后对软件进行部署和维护。软件开发生命周期中的所有事情都按照这个顺序发生，不会有任何偏差。

作为最初的软件开发生命周期模型，瀑布模型通常非常容易理解，并且容易应用到软件开发项目中，因为每个步骤都是不同的，都有易于理解的输入和可交付成果。而且，检查通过此模型完成的工作，并验证项目方向是否正确，也是相对容易的。

然而，瀑布模型存在一些巨大的问题。最重要的是，它假定在进入下一个步骤之前，你已经完美地完成了之前的每个步骤，并且你会在一个步骤的早期发现错误，并在继续之前进行了修复。实际上，这种情况很少发生：软件需求阶段或软件设计阶段的缺陷通常直到测试或者部署时才会被发现。在这种情况下，系统性返工和纠正的代价可能会非常昂贵。

瀑布模型的另一个缺点是，直到开发过程的后期，你才能有一个可工作的软件或系统提供给客户进行检查。我已经记不清有多少次，我向客户展示代码应当如何工作的静态截图或者图表后，虽然他们当时表示认可，但是最终却拒绝使用软件。

如果我能够生成一个可工作的产品原型，允许客户在需求阶段体验系统的某些功能，那么就可以避免这种实际产品与预期之间的脱节。

最终，这种模型是非常危险的。除非你能在开始这个过程之前，能够确切地指明系统要做什么，否则瀑布模型可能不适合你的项目。

瀑布模型很适合小型项目，比如少于几万行代码、只涉及几个程序员的项目。瀑布模型也适用于非常大型的项目（因为在这个层面上没有其他可行的模型），或者当前项目与之前的基于瀑布模型开发的产品类似时（你可以使用现有的文档作为模板）。

3.2.3 V 模型

如图 3-2 所示，V 模型遵循与瀑布模型相同的基本步骤，但是在开发生命周期的早期强调测试标准的开发。由于 V 模型的组织方式，所以前面的两个步骤，即需求和设计步骤会产生两组输出，其中一组用于后续步骤，另一组用于测试阶段的一个并行步骤。

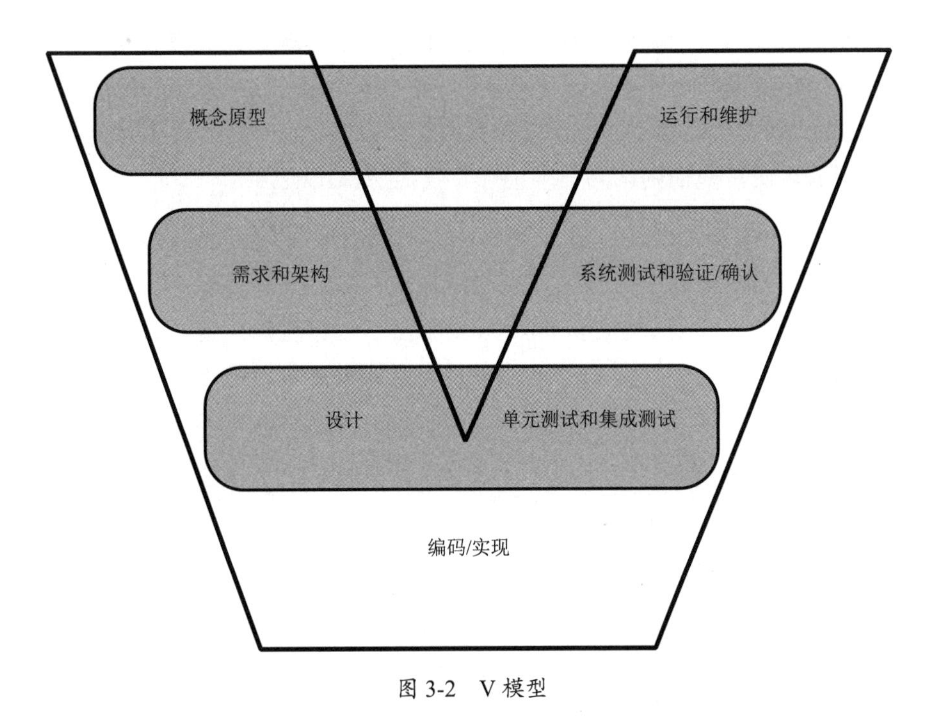

图 3-2　V 模型

在图 3-2 中，V 模型左侧的步骤直接与右侧的步骤相连：在每个设计阶段，程序员都需要思考如何测试和使用模型中的概念。例如，在需求和架构阶段，系统架构师需要设计系统验收测试来验证软件是否正确地实现了所有的需求。而在设计阶段，系统的设计者会实现软件的单元测试和集成测试。

这里与瀑布模型的最大区别是，工程师很早就实现了测试用例和测试过程，所以在编码开始时，软件工程师可以使用现有的测试过程来验证开发过程中的代码行为。这种方法被称为*测试驱动开发*（TDD），即程序员在整个开发过程中不断地运行测试。持续测试可以让你更快地发现 bug，并且使修正 bug 的成本更低、速度更快。

也就是说，V 模型远非完美。和它的父模型——瀑布模型一样，V 模型过于简单，并且为了避免后期的灾难，需要在项目早期阶段进行过多的完善。例如，需求和架构阶段的缺陷可能直到系统测试和验证时才会显现出来，从而导致在开发过程中出现代价昂贵的返工。出于这个原因，V 模型不适用于在整个产品生命周期中需求会发生变化的项目。

该模型常常以牺牲“确认（有效）”为代价来鼓励“验证（正确）”。*验证*确保产品可以满足特定的需求（例如，软件需求）。我们很容易开发一些测试来证明软件满足 SRS 文档和 SyRS 文档中的需求。相反，*确认*表明产品可以满足其最终用户的需求。如果没有限制，我们则认为“确认（有效）”更难以达到。

例如，我们很难测试软件是否会因为尝试处理 `NULL` 指针而崩溃。由于这个原因，确认测试常常在测试过程中完全缺失。大多数测试用例是需求驱动的，很少有像“在这段代码中没有除以零”或者“在这个模块中没有内存泄漏”这样的需求（这些被称为*需求缺口*，在没有任何需求的基础上开发测试用例是很困难的，尤其是对于新手来说）。

3.2.4 迭代模型

像瀑布模型和 V 模型这样的顺序模型，都依赖于这样的假设：在编写代码之前，规范、需求和设计都已经是完美的，这意味着在软件第一次部署之前，用户不会发现任何设计问题。到那时，修复设计、纠正软件和测试的成本往往太高（或者时间太晚）。迭代模型通过对开发模型进行多次迭代来克服这个问题。

迭代模型的特点是用户反馈。软件设计人员从用户和利益相关方对产品的一个初步想法开始，整理出需求和设计文档的一个最小集合。编码人员针对这个最小的集合开发一个交付物，并进行测试。然后用户尝试使用这个交付物并提供反馈。系统设计人员根据用户反馈整理出一组新的需求和设计，编码人员再开发一个交付物，并测试这些变更。最后，用户将获得第二个版本并再次进行评估。这个过程不断重复，直到用户满意或者软件达到最初的目标。

迭代模型的一大优点是，在开发周期之初很难完全确定软件的行为时，这个模型可以工作得相当好。软件架构师可以按照一般的路线图，设计出足以供最终用户使用的软件，并确定需要哪些新的特性。这样就避免了花费大量的精力开发出一个与最终用户的期望不一致，甚至用户根本不想要的软件。

迭代模型的另一个优点是降低了产品上市时间风险。为了快速将产品推向市场，你要确定最终产品需要拥有的功能子集，并且优先开发这些功能，让产品先运行起来（以最小功能的方式），然后发布这个最小可行产品（Minimum Viable Product，MVP）。接下来，你可以通过向产品每一次新的迭代中添加功能来开发新的增强版本。

迭代模型的优点包括：

- 你可以非常快速地实现最小的功能集合。
- 比顺序模型更容易管理风险，因为你不必在完成整个过程之后，再确定它是否能够正确工作。
- 比顺序模型更容易管理项目的进展（逐步接近完成），进度也更加清晰。
- 支持需求变更。
- 变更需求的成本更低。
- 可以由两组（或更多的）团队处理不同的版本，从而实现并行开发。

以下是迭代模型的一些缺点：

- 需要更多的工作来管理项目。
- 它不太适用于较小的项目。
- 它可能需要更多的资源（尤其是在并行开发的情况下）。
- 定义迭代可能需要一个“更宏大”的路线图（也就是说，返回到在开发开始之前清楚所有的需求）。

- 对迭代的次数可能没有限制，因此无法预测项目何时完成。

3.2.5 螺旋模型

螺旋模型也是一个需要重复 4 个阶段的迭代模型，这 4 个阶段分别是计划、设计、评估/风险分析和建设（如图 3-3 所示）。

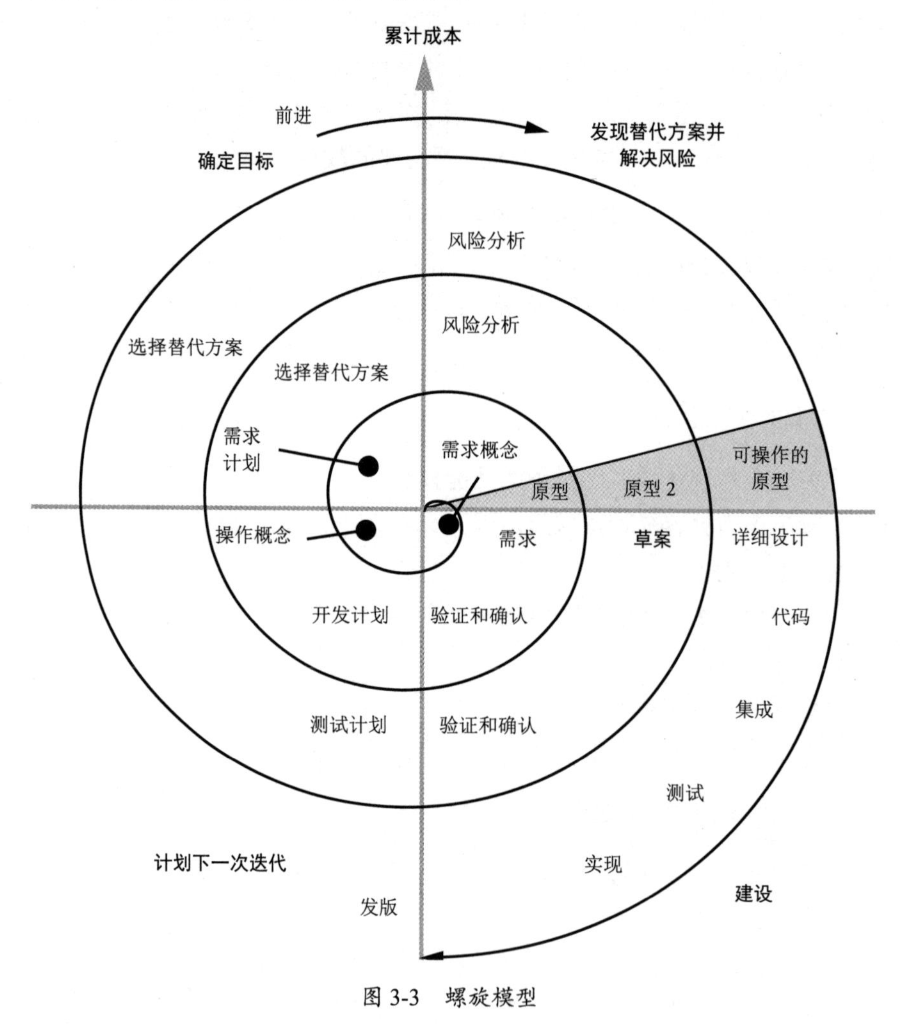

图 3-3　螺旋模型

螺旋模型是高度基于风险的一种模型，每次迭代都要评估项目向前发展的风险。管理层通过风险分析（即失败的可能性）来选择添加和忽略哪些特性，以及采取何种解决方法。

螺旋通常也被称为*模型生成器*或者*元模型*，因为你可以在每个螺旋上进一步使用其他开发模型（相同类型或不同类型）。其缺点是生成的模型会特定于该项目[1]，使其难以被应用到其他项目中。

螺旋模型的一个关键优点是，它可以通过定期产生一个可工作的原型，使最终用户在开发早期就开始使用软件，并且可以持续地使用。通过最终用户使用这些原型，可以确定开发的方向是否正确，甚至在需要的时候可以重新定义开发方向。这解决了瀑布模型和 V 模型的一大缺点。

螺旋模型的一个缺点是，它需要的是“刚刚足够好的”设计。如果代码写得“刚好够快”或者“刚好够小”，那么进一步的优化就会被推迟到后续阶段。类似地，测试也只需让我们保持对代码有最低的信心即可。额外的测试会被认为是浪费时间、资金和资源。螺旋模型经常会导致在早期工作中出现妥协，特别是在管理不善的情况下，这会导致开发后期出现问题。

螺旋模型的另一个缺点是增加了管理的复杂性。这种模型很复杂，所以项目管理需要风险分析专家。找到具有这方面专业知识的经理和工程师是很困难的，而选择没有恰当经验的人通常会带来一场灾难。

螺旋模型只适用于大型、有风险的项目。对于低风险的项目来说，所花费的精力（尤其是在文档方面）很难被证明是合理的。即使在更大型的项目中，螺旋模型也可能无限期地循环，永远不会产生最终产品，或者在开发仍处于中间螺旋阶段时，预算已经消耗殆尽。

另一个问题是，工程师需要花费大量的时间开发中间版本的原型和其他代码，

1　螺旋模型是一种较为成功且复杂的软件开发模型。在其实施过程中，软件被分解成若干个项目，项目完成时再聚合成软件。软件与项目之间的界限也不甚分明。本书原文作者将软件与项目交替使用，未能统一，也未做说明。译者翻译时采用了忠实于原文的译法。在阅读时，读者可以根据上下文简单地将两者区分开，特此说明。——译者注

而这些都不会出现在最终发布的软件版本中，这意味着螺旋模型通常比其他软件开发模型的成本更高。

尽管如此，螺旋模型还是有一些很大的优势的：

- 在项目开始前，不需要完全明确需求，所以该模型非常适合需求不断变化的项目。
- 在项目开发周期的早期，它就可以产生可工作的代码。
- 它与快速原型模型可以一起很好地工作（请参见下一节“快速应用程序开发模型”），在应用程序（软件）开发的早期，为客户和其他利益相关方提供良好的感受。
- 开发可以被划分成多个部分，通过尽早完成风险更大的部分，从而降低了总体开发风险。
- 因为需求可以在发现时产生，所以它们更准确。
- 与迭代模型一样，功能可能会随着时间的推移而扩展，你可以在时间/预算允许的情况下添加新的功能，而不会影响原来的版本。

3.2.6 快速应用程序开发模型

像螺旋模型一样，快速应用程序开发（RAD）[1]模型强调在开发过程中与用户的持续交互。最初的 RAD 模型是由 IBM 的一位研究员 James Martin 在 20 世纪 90 年代设计的，它将软件开发分为 4 个阶段（如图 3-4 所示）。

需求计划阶段 项目的利益相关方聚集在一起，讨论业务需求、范围、约束和系统需求。

用户设计阶段 最终用户与开发团队相互交流，为系统生成模型和原型（包括详细的输入、输出和计算方式等），通常在这个过程中会使用计算机辅助软件工程（Computer-Aided Software Engineering，CASE）工具。

建设阶段 开发团队使用各种工具来构建软件，从需求和用户设计自动生成代码。

---

1 IBM 采用了应用程序开发的称法。在本小节中，应用程序与软件含义相同。——译者注

在这个阶段中，用户仍然参与其中，并且在看到 UI 后会提出一些修改建议。

结束 完成软件部署。

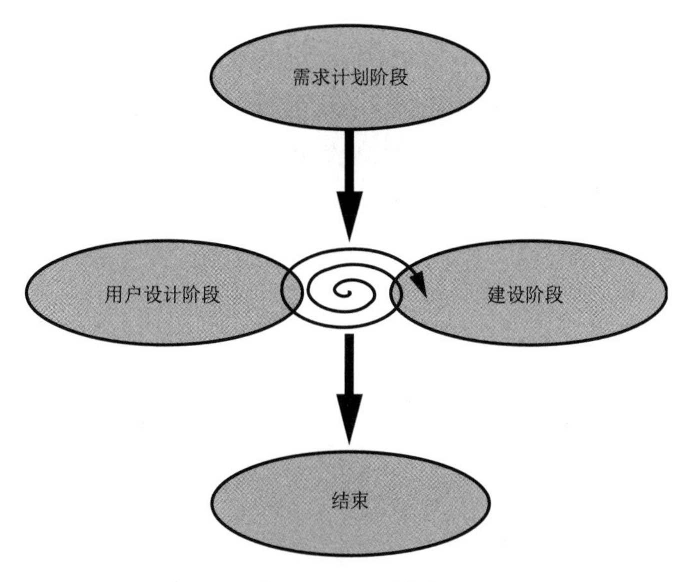

图 3-4 RAD 模型

RAD 模型比螺旋模型更加轻量，需要的风险缓释技术更少，文档需求也相当少，这意味着它很适合中小型项目。与其他模型不同的是，传统的 RAD 模型严重依赖于非常高级的语言（VHLL）、用户界面建模工具、现有的复杂的代码库和框架，以及从需求和用户界面模型自动生成代码的 CASE 工具。一般来说，只有当 CASE 工具可以解决特定的项目问题时，RAD 模型才是有用的。如今，许多通用的语言系统都已经支持高度的代码自动生成，包括微软公司的 Visual Basic 和 Visual Studio、苹果公司的 Xcode/Interface Builder、Free Pascal/Lazarus 和 Embarcadero 的 Delphi 包。

RAD 模型的优点与螺旋模型相似：

- 在整个开发过程中，客户都会参与到产品中，从而降低了风险。
- RAD 模型减少了开发时间，因为花在编写文档上的时间更少了，而这些文档在规范发生变化后也必须重新编写。
- RAD 模型鼓励快速交付工作代码，并且测试（和降低缺陷率）会更加有效。

开发人员可以花更多的时间来运行和测试代码。

和其他任何开发模型一样，RAD 模型也有一些缺点：

- RAD 模型需要团队中有大师级别的软件工程师，他们有许多缩短繁重的开发过程的经验，但是这样的资源在很多组织中都是稀缺的。
- RAD 模型需要与最终用户进行持续的交互，这在很多项目中可能会受到限制。
- RAD 模型可能难以安排计划和控制进度。即使是那些天天使用 Microsoft Project 的管理人员，也会发现很难去处理 RAD 模型中的不确定性。
- 除非仔细管理，否则 RAD 模型会迅速演变成黑客式开发。软件工程师可能会放弃正规的设计方法，直接对代码进行修改。当最终用户开始提出“只是想看看结果是什么样子”这样的建议时，这可能会特别麻烦[1]。
- RAD 模型不能很好地用于大型系统的开发。

3.2.7 增量模型

增量模型与迭代模型非常类似，主要区别在于项目的计划和设计阶段。在迭代模型中，首先会建立系统设计，然后软件工程师在每次迭代中实现不同的部分，因此最初的设计只定义了最终代码的第一部分。一旦程序开始运行，团队就会逐步设计和增加新的特性。

增量模型强调“保持代码可工作”的概念。当一个基础产品可运行时，开发团队会在每次迭代中添加最少的新功能，然后测试软件并保证其持续可用。通过限制增加过多新的功能，团队可以更加容易地定位和解决开发问题。

增量模型的优点是，你总是在维护一个可工作的产品。这种模型对程序员来说也是很自然的，尤其是在小型项目中。其缺点是，它没有在一开始就考虑产品的完整设计。通常，新的功能只是简单地被添加到已有的设计上，因此，当最终用户想

---

1 我曾经被要求在一个嵌入式应用程序中添加设置用户界面颜色的功能。客户提出了一套颜色的要求。一周后，我带来了他们想要的效果的设计方案，但是他们并不喜欢。所以我们又尝试了第二套颜色，他们仍然不喜欢。然后是第三套、第四套。一个月后，他们认为最初的那套颜色方案是最好的。这期间，这个项目已经浪费了一个月的时间。

要在最初设计中从未考虑过的功能时，这可能会带来一些问题。增量模型对于小型项目来说是足够的，但是对于大型项目来说却不能很好地扩展。对于大型项目来说，迭代模型可能是更好的选择。

3.3 软件开发方法论

软件开发模型会描述要做什么，但是在如何做的问题上存在相当大的空白。本节将介绍一些可以应用于前面讨论的模型的开发方法论和流程。

Belitsoft 公司的博客[1]对软件方法论进行了如下描述：

> 由一组原则，以及一组定义了软件开发风格的思想、概念、方法、技术和工具组成的一个系统。

因此，我们可以将软件方法论的概念简化为一个词：风格。在开发软件时，你可以使用各种开发风格。

3.3.1 传统的（预测型）方法论

传统的方法论都是预测型的，这意味着需要预测哪些活动将会发生、何时发生，以及谁将进行这些活动。这些方法论可以与线性/顺序式的开发模型（例如，瀑布模型或者 V 模型）配合使用。你也可以对其他模型进行预测，但是这些模型的设计目的就是为了避免预测型方法论容易出现的问题。

当无法预测未来的需求、关键人员或者经济状况的变化时（例如，公司是否在项目的某个里程碑收到了额外的融资），预测型方法论就会失败。

3.3.2 自适应型方法论

螺旋模型、RAD 模型、增量模型和迭代模型之所以会出现，就是因为通常我们

1 遗憾的是，这篇博客的链接已经不再有效，这也是互联网的一种乐趣所在。不过，这是我所发现的最好、最简明的定义之一，它并没有试图强调某一种特定的方法论。

很难正确预测大型软件系统的需求。而自适应型方法论可以适应工作流中不可预测的变化，并强调短期的计划。毕竟，如果你只提前 30 天来安排一个大项目的计划，那么最坏的情况也就是你必须重新计划接下来的 30 天，这与一个大型的瀑布模型/预测型项目所面临的灾难相差甚远，因为一个变化可能会导致整个项目要重新规划。

3.3.3 敏捷开发

敏捷开发是一种增量式方法论，它关注客户协作、快速响应变化的短期开发迭代、可工作的软件，以及对个人贡献和交互的支持。敏捷开发方法论可以被看作一把伞，覆盖了几种不同的"轻量级"（即非预测型）方法论，包括极限编程、Scrum、动态系统开发模型（DSDM）、自适应软件开发（ASD）、水晶模型、功能驱动开发（FDD）、实用编程等。这些方法论中的大多数都被认为是"敏捷的"，尽管它们通常涵盖了软件开发过程的不同方面。敏捷开发在很大程度上已经通过现实世界的项目证明了自己，成为当今最流行的方法论之一，因此我们将在这里用大量的篇幅来介绍它。

注意：有关敏捷开发背后原则的详细列表，请参阅《敏捷软件开发宣言》。

3.3.3.1 敏捷开发本质上是增量式的

敏捷开发本质上是增量式的、迭代的以及进化的，因此最适合使用增量模型或者迭代模型（也可以使用螺旋模型或者 RAD 模型）。一个项目会被分解成多个任务，一个团队可以在 1~4 周内完成这些任务，这通常被称为冲刺（Sprint）。在每个冲刺阶段，开发团队都要制订计划、创建需求、设计、编码、编写单元测试，以及对软件的新特性进行验收测试。

在冲刺的最后，应该交付一个可以展示新功能的软件，并且缺陷尽可能少。

3.3.3.2 敏捷开发需要面对面交流

在整个冲刺过程中，客户代表必须能够回答所出现的问题。如果没有这一点，那么开发过程很容易偏离正确的方向，或者团队在等待客户响应时陷入困境。

敏捷开发中的有效沟通需要面对面交流[1]。当开发人员直接向客户演示产品时，客户经常会提出一些问题，这些问题在电子邮件中也许永远不会出现，或者他们自己尝试使用时也永远不会提出。有时候，在演示中随口说的几句话，可能就会导致发散性思维的爆发，如果不是面对面沟通，这是永远不会发生的。

3.3.3.3 敏捷开发关注质量

敏捷开发强调各种提高质量的技术，比如自动化单元测试、TDD、设计模式、结对编程、代码重构，以及其他众所周知的最佳软件实践。其理念是编写出缺陷尽可能少的代码（在初始设计和编码期间）。

*自动化单元测试*会创建一个测试框架，开发人员可以自动运行该框架来验证软件是否能够正确地运行。这对于*回归测试*也很重要，回归测试是为了确保软件在添加了新特性之后，之前的代码仍然能够正常工作。手动运行回归测试的工作量太大，所以一般很少这样做。

在 TDD 中，开发人员需要在编写代码之前编写自动化测试代码，这意味着测试在一开始时是失败的。随后开发人员会运行测试，选择一个失败的测试，编写软件来修复该失败，然后重新运行测试。一旦测试成功，开发人员就会继续进行下一个失败的测试。通过成功消除所有失败的测试，来验证软件是否满足要求。

*结对编程*是敏捷开发中比较有争议的实践之一，它涉及两个程序员一起处理每一部分代码。其中一个程序员输入代码，另一个程序员在一旁观察，发现屏幕上的错误，提供设计思路，把控质量，从而让第一个程序员专注于项目开发。

3.3.3.4 敏捷开发的冲刺（迭代）时间很短

敏捷开发方法论在迭代时间较短——从一周到（最多）两个月的情况下工作得最好。这对应了那句老话："如果不是到了最后一分钟，则什么事也做不成。"通过保持短时间的迭代，软件工程师总是在冲刺工作，通过减少疲劳和拖延情况，将精力集中到项目上。

---

1 注意，虽然面对面交流更有效，但是这些会议也可能会降低工程师的生产力。详情请参阅第 2 章中的"集中注意力，消除干扰"一节。

与短的冲刺时间相伴而来的是短的反馈周期。一个常见的敏捷开发特点是，每天举行一次简短的“站立会议”，通常不超过 15 分钟[1]。在会议上，程序员会简要地描述他们正在做什么、他们遇到了什么问题，以及完成了什么。这样项目管理人员可以重新安排资源，并在进度延迟时提供帮助。会议的目的是为了及早发现任何问题，避免在问题引起注意之前浪费几周的时间。

3.3.3.5 敏捷开发需要淡化重量级文档

瀑布模型最大的问题之一是，它产生了大量的文档，而这些文档再也不会被阅读。过度全面、*重量级*的文档存在以下几个问题：

- 必须维护文档。每当软件发生变化时，必须更新相应的文档。一个文档中的更改必须被反映在许多其他文档中，从而增加了工作量。
- 在编写代码之前，许多文档都难以编写。在通常情况下，这些文档会在编写代码之后进行更新，然后再也不会被人阅读（浪费时间和资金）。
- 迭代开发过程会迅速破坏代码和文档之间的一致性。因此，在每次迭代中都维护文档并不适合敏捷开发方法论。

敏捷开发强调*刚刚好就可以*（Just Barely Good Enough，JBGE）的文档。也就是说，文档内容足够让下一个程序员可以从你停止的地方继续下去就行，但仅此而已（事实上，敏捷开发强调的 JBGE 的想法，适用于大多数概念，包括设计和建模过程）。

市面上已经有很多关于敏捷开发的图书（请见 3.5 节“获取更多信息”）。本书并不是其中之一，但是我们将在敏捷开发的保护伞下了解几个不同的方法论。这些方法论并不相互排斥，可以在同一个项目中组合使用两个甚至多个。

3.3.4 极限编程

极限编程（XP）可能是使用最广泛的敏捷开发方法论，它的目标是，简化开发实践和流程，交付既能够提供所需的功能集合，又没有不必要的多余功能的可工作

---

1 这种会议被称为“站立会议”，因为所有可以站立的人都必须站起来。这会让所有人感到身体不适，从而缩短会议时间。

软件。

极限编程由 5 个价值观指导：

沟通 客户与团队之间、团队成员之间、团队与管理层之间良好的沟通是成功的关键。

简单性 极限编程的目的是努力开发一个目前最简单的系统，即使明天扩展的成本很高，也不要开发一个可能永远不会使用到的复杂产品。

反馈 极限编程依赖于持续的反馈：当程序员修改代码时，单元测试和功能测试会为他们提供反馈；当添加新功能时，客户会立即提供反馈；项目管理会用来跟踪开发进度，提供关于评估的反馈。

尊重 极限编程要求团队成员之间相互尊重。程序员永远不会提交破坏编译或者现有单元测试的代码（或者做出任何会耽误其他团队成员工作的事情）。

勇气 极限编程的规则和实践与传统的软件开发实践并不一致。极限编程需要投入资源（例如，“随时在线”的客户代表或者结对程序员），这在旧的方法论中可能是昂贵的或者难以证明效果的。一些极限编程的策略，如早重构、常重构，与常见的实践理念，如“如果它没有坏，就不要修理它”背道而驰。如果没有勇气充分实施极端的策略，那么极限编程就会变得缺乏纪律，并且可能会演变为黑客式开发。

3.3.4.1 极限编程团队

在极限编程过程中最重要的是整个团队的概念：团队的所有成员一起工作来开发最终的产品。团队成员可能不是某一领域的专家，但是经常需要承担不同的职责或角色，不同的团队成员可能在不同的时间会承担相同的角色。一个极限编程团队通常会让不同的成员来充当以下角色：

客户代表

客户代表负责将项目保持在正确的轨道上，确认产品功能有效，编写*用户故事*（需求、功能和用例）和*功能测试*，并决定新功能的*优先级*（发布计划）。无论团队何时需要客户代表，他们都必须能够出现。

没有一个可用的客户代表是阻碍极限编程项目成功的最大障碍之一。如果没有来自客户的持续反馈和指导，那么极限编程就会退化为“黑客式开发”。极限编程不依赖于需求文档，相反，客户代表就是需求文档的“活版本”。

程序员

在极限编程团队中，程序员有几个职责：与客户代表一起工作并生成用户故事，评估应该如何为这些故事分配资源，评估实现这些故事的时间和成本，编写单元测试，以及编写实现用户故事的代码。

测试人员

测试人员（指实现或者修改指定单元测试的程序员）会运行功能测试。通常，至少有一名测试人员是客户代表。

教练

教练是团队领导，通常由首席程序员担任，他的工作是确保项目成功。教练需要确保团队有合适的工作环境；培养良好的沟通，例如，通过充当团队与高层管理人员之间的联络人，保护团队不受组织其他成员的干扰；帮助团队成员保持自律；确保团队可以坚持极限编程的过程。当团队中有程序员遇到困难时，教练会提供资源来帮助他们克服困难。

项目经理/跟踪员

极限编程项目经理会负责安排会议并记录会议结果。跟踪员通常（但不总是）与项目经理是一个人，他会负责跟踪项目的进度，并且确认当前迭代的时间节点是否可以达到。为了做到这一点，跟踪员每周都会与每个程序员进行几次确认。

不同的极限编程配置通常包括额外的团队角色，比如分析师、设计师、末日预言者等。由于极限编程团队的规模很小（通常大约有 15 个成员），并且团队的大部分成员是（结对的）程序员，所以大多数角色都是共享的。请见 3.5 节“获取更多信息”来获得更多参考资料。

3.3.4.2 极限编程软件开发活动

极限编程包含 4 个基本的软件开发阶段：编码、测试、倾听和设计。

编码

极限编程认为代码是开发过程中唯一重要的产物。与瀑布模型等串行模型的“先思考，后编码”思想相反，极限编程的程序员在软件开发生命周期的一开始就编写代码。毕竟，“在一天结束的时候，必须有一个可工作的程序”[1]。

极限编程的程序员也不是立即就开始编码的，而是先整理出一系列要实现的小而简单的功能集合。他们先针对特定的功能进行基础设计，然后对该功能进行编码，确保它在下一次扩展之前能够正常工作——随着每次增量式的扩展都能够正常工作，从而确保主体代码始终可以运行。在将这些变化集成到更大的系统中之前，程序员只对项目进行很小的更改。极限编程最小化了所有的非代码输出，例如文档，因为它在极限编程中几乎没有什么用处。

测试

极限编程强调使用自动化单元测试和功能测试的 TDD。这允许工程师*正确地开发产品*（通过自动化单元测试来验证）和*开发正确的产品*（通过功能测试来确认）。在《编程卓越之道（卷 6）：测试、调试和质量保证》一书中将专门介绍如何测试，所以在这里就不深入讲解了。你只需要知道 TDD 对于极限编程过程非常重要，因为它可以确保系统总是处于可工作的状态。

极限编程中的测试总是自动化的。如果由于某种原因，在添加功能时破坏了一个不相关的功能，那么立即发现这一点非常重要。在添加新功能时，通过运行完整的单元（和功能）测试，可以确保新代码不会导致某个回归缺陷。

倾听

极限编程开发人员几乎经常与客户沟通，以确保他们开发的是正确的产品（确认）。

极限编程是一个*变化驱动的过程*，这意味着当客户在整个过程中测试产品时，它期望能够根据客户的反馈，在需求、资源、技术和性能等方面发生变化。

1　参见 Wilfrid Hutagalung 的 *Extreme Programming*（极限编程）。

设计

设计在整个极限编程的流程中不断发生，例如，在发布计划、迭代计划、重构等阶段。这一步是为了重点防止极限编程退化为黑客式开发。

3.3.4.3 极限编程流程

极限编程的每个周期都会产生一个软件版本。频繁的发布确保了客户的持续反馈。每个周期都由几个固定的时间块组成，我们称为迭代（每次迭代不超过两周）。图 3-5 所示的周期是制订计划所必需的，图中的中间框表示一次或多次迭代。

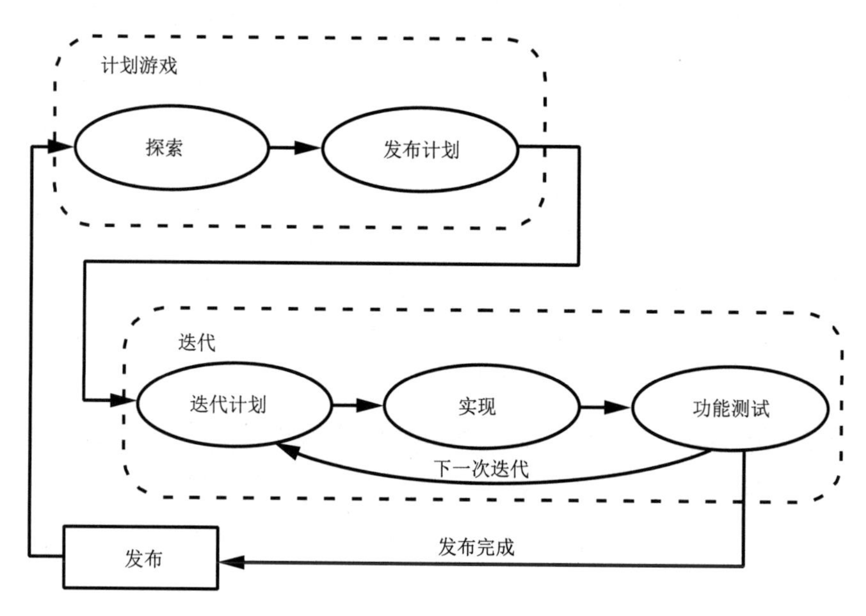

图 3-5 一个极限编程周期

在计划游戏中，极限编程团队会决定实现哪些功能，评估它们的成本，并制订发布计划。在探索步骤中，由客户来定义功能集合，然后开发人员评估这些功能的成本和时间要求。在下一节的“用户故事”中描述了客户用来指定功能集合的机制。

在发布计划期间，客户与开发人员会就某次迭代中要实现的功能进行协商。开发人员致力于完成发布计划，而工程师则被分配了各种任务。在发布计划的最后，整个流程会进入一个监督（steering）阶段，在此期间客户需要确保项目保持在正确的方向上。

在确定了总体计划之后，当前版本的开发流程进入一个由三个步骤即迭代计划、实现和功能测试组成的内部循环。迭代计划是针对单一功能的计划游戏。

实现是指完成该功能的编码和单元测试。开发人员会编写一组单元测试，实现让单元测试成功通过的代码，同时在必要时重构代码，并且将代码变化集成到公共的代码库中。

在该次迭代的最后一步，客户需要进行功能测试。然后，这个流程会在下一次迭代中重复一次，或者，如果当前版本的所有迭代都完成了，那么就会发布一个完整的版本。

3.3.4.4 极限编程软件开发规则

极限编程通过以下 12 条简单的规则[1]，定义了 4 个软件开发阶段——编码、测试、倾听和设计：

- 用户故事（计划游戏）
- 小版本发布（构建模块）
- 隐喻（标准化的命名规范）
- 代码集体所有制
- 编码标准
- 简单的设计
- 重构
- 测试
- 结对编程
- 现场客户
- 持续集成
- 可持续的工作节奏

接下来，我们将介绍每条规则及其优缺点。

1 实际上，极限编程有 28 条规则，但是它们可以被简化为这 12 条。

用户故事

用户故事由客户编写，描述了一组简化的使用场景，从而定义了系统的需求。用户故事应该提供足够多的细节，能够让项目团队来评估实现相应功能的时间、成本和制订开发计划。

在项目的一开始，客户会产生 50~100 个用户故事，供在发布计划期间使用。然后，客户和团队需要协商在下一个版本中要实现哪些功能。在开发人员的帮助下，客户可能还需要根据用户故事来创建功能测试。

小版本发布

一旦软件可以运行，团队每次就只能添加一个功能。在新功能被编码、测试、调试并合并到主干之前，不允许添加其他功能。极限编程团队会为每个新添加的功能都创建一个新的系统构建。

隐喻

极限编程项目会借助一个故事，让所有利益相关方都能理解系统如何运行。隐喻是软件中使用的命名约定，用来确保每个人都能理解系统的运行机制。团队会用简单的名称来替换复杂的业务流程名称。例如，“列车员”可能会被用来描述一个数据采集系统是如何工作的。

代码集体所有制

在极限编程中，整个团队拥有并维护所有的源代码。在任何时候，任何团队成员都可以签出代码并修改它。在代码审查过程中，没有人会因为编码错误而被单独指出来。代码集体所有制可以防止进度延期，并且意味着任何一个人的缺席都不会阻碍项目的进展。

编码标准

所有的极限编程团队成员都必须遵循通用的编码标准，以及相关的代码风格和格式。团队可以自己开发标准，也可以参考外部的标准，但是每个人都必须遵循这些标准。编码标准使系统更容易阅读和理解，特别是对于刚进入项目的新手来说，并且帮助团队避免以后在重构代码以使其符合标准上浪费时间。

简单的设计

总是选择能满足所有需求的最简单的设计。在进行任何设计时，我们都不会预想到尚未添加的功能——例如，添加“钩子函数（hook）”，或者允许通过应用程序编程接口（API）与当前代码交互。简单的设计意味着仅仅能够完成当前的工作即可，最简单的代码应当通过当前迭代的所有测试。这与传统的软件工程理念背道而驰，在传统的软件工程中，软件被设计得尽可能通用，以期望应对任何未来的变化。

重构

重构是指在不改变外部行为的情况下，重建代码结构或者重写代码的过程，从而使代码更简单、更易读，或者通过一些指标让代码的质量变得更高。

《编程卓越之道（卷 5）：卓越编程》将更详细地介绍有关重构的内容。关于重构的更多参考资料，请见 3.5 节“获取更多信息”。

测试

极限编程会使用 TDD 测试方法，如“极限编程软件开发活动”中所述。

结对编程

在结对编程中，一个程序员（驾驶员）负责编写代码，另一个程序员（导航员）同时检查每一行代码。这两个工程师在整个过程中会互换角色，也经常会和其他人重新结对。

让管理人员相信两个程序员一起编写同一段代码，要比他们单独编写不同的代码更有生产力，这通常是很困难的。极限编程的拥护者认为，因为导航员可以不断地审查程序（驾驶员）的代码，所以不再需要单独的审查会议。另外，还有其他好处[1]：

经济效益 结对编程在程序上花费的时间比个人多 15%，但代码的缺陷减少了 15%。

设计质量 两个程序员能产生更好的设计，因为他们能给项目带来更多的经验。他们以不同的方式思考问题，并且根据其“驾驶员/导航员”的角色来设计不同的解

1　请参见 Wikipedia 网站上的“结对编程”。

决方案。更好的设计意味着项目在整个生命周期中会减少返工和重新设计。

满意度 大多数程序员喜欢结对工作而不是单独工作，这样他们对自己的工作会更有信心，从而产生更好的代码。

学习 结对编程允许结对成员相互学习，提高各自的技能，这在单独编程时是不可能发生的。

团队建设与沟通 团队成员可以共享问题和解决方案，这有助于在团队中传播知识产权（IP），并且让其他人更容易处理某段代码。

总的来说，对结对编程有效性的研究尚无定论。大多数发表在工业界的论文都在谈论结对编程的效果如何，但是描述它在工业界（相对于学术界来说）失败的论文通常都没有发表。Kim Man Lui 和 Andreas Hofer 的研究认为，在结对编程中有三种结对方式：专家-专家结对、新手-新手结对和专家-新手结对。

*专家–专家结对*可以产生有效的结果，但是两个专家程序员可能会使用“经过验证的”方法，而不接受引入任何新的见解，这意味着这种结对方式是否比两个专家程序员单独工作更有效率，令人怀疑。

*新手–新手结对*通常比一个新手单独完成项目更有效。新手会有非常不同的背景和经验，他们的知识更有可能是互补的，而不是重叠的（就像专家结对的情况一样）。两个新手在连续的两个项目中结对工作，可能比他们在自己的项目中独立工作效率更高。

*专家–新手结对*通常被称为*指导型结对*。许多结对编程的拥护者不认为这是结对编程，但是指导型结对是一种让初级程序员快速掌握代码库的有效方法。在指导型结对中，最好让新手充当“驾驶员”，这样他们就可以从编写代码中学习。

简单设计指引

与简单设计相关的常见短语包括：

不要重复自己（Don’t repeat yourself，DRY） 需要重复的代码是复杂的代码。

一次且只有一次（**Once and only once，OAOO**） 所有独特的功能都应该作为方法/过程存在于代码中，并且只在代码中出现一次（最后的观点也是不要重复自己）。

你不需要它（**You aren't gonna need it，YAGNI**） 避免投机式编码。在向代码库中添加功能时，请确保它对应着一个用户故事（即需求）。不要因为将来可能的需求而添加代码。

限制 API 和（已发布的）接口 如果你的代码是通过发布一个 API 与其他系统进行交互的，那么将接口的数量限制到最少，可以让你将来更容易修改代码（而不会破坏外部的代码）。

简单的设计是难以实现的。在通常情况下，你只能通过编写复杂的代码，然后不断重构，直到满意为止。以下是一些著名的计算机科学家在这方面的观点：

软件设计有两种方法：一种方法是把它变得非常简单，这样就不会有明显的缺陷；另一种方法是把它变得非常复杂，这样也不会有明显的缺陷。

——C. A. R. Hoare

最便宜、最快、最可靠的组件是那些不存在的组件。

——Gordon Bell

可以删除的代码就是用来调试的代码。

——Jeff Sickle

调试代码的难度是编写代码的两倍。因此，如果你把代码写得尽可能智能，那么就很难去调试它。

——Brian Kernighan 和 P. J. Plauger

试图以一般化和可配置化来处理任何类型任务的任何程序，要么达不到这个目标，要么会严重失败。

——Chris Wenham

> 添加一个功能的成本不仅仅是编码的时间，还包括增加了对未来系统扩展的阻碍。关键是要选择那些不会相互冲突的功能。
>
> ——John Carmack
>
> 简单性很难构建，容易使用，但很难收费。复杂性很容易构建，很难使用，但很容易收费。
>
> ——Chris Sacca

尽管结对编程的有效性从本质上讲未经过证实，但是极限编程依然靠结对编程来取代正式的代码审查、结构化的迭代，以及在一定程度上取代设计文档，所以我们不能完全忽视它。就像在极限编程方法论中常见的那样，某些重量级的流程（例如，代码审查）经常会被并入其他活动（例如，结对编程）中。如果你试图消除一条规则或者子流程，那么很可能会给整个方法论打开一个缺口。

并不是所有极限编程的活动都是成对进行的。许多非编程活动都是一个人完成的——例如，阅读（和编写）文档、处理电子邮件、通过网络进行研究。还有一些工作总是一个人完成的，比如编写代码探针（spike，指测试某个理论或者想法所需的废弃代码）。最终，*结对编程对于成功的极限编程实践是至关重要的*。如果一个团队不能很好地处理结对编程，那么它应该使用其他的软件开发方法论。

现场客户

正如前面多次提到的，在极限编程中，客户是开发团队的一部分，必须在任何时候都可以出现。

现场客户的规则可能是最难遵守的。大多数客户不愿意或者不能提供这种资源。然而，如果没有客户代表的持续反馈，那么软件可能会偏离正确的轨道、遭遇延期或者返工。这些问题都是可以解决的，但是它们的解决方式会破坏极限编程所带来的好处。

持续集成

在瀑布模型这样的传统软件开发系统中，由不同开发人员编写的各个组件，直到项目的某个重大目标实现时才会一起测试，而集成这些组件可能会遭受严重的失败。问题在于单元测试的行为和代码的行为不一致，这通常是由于沟通问题或者错误理解需求所造成的。

我们总会遇到沟通不畅和误解，但是极限编程通过持续集成使集成问题更容易解决。一旦实现了一个新功能，它就会与主干合并并进行测试。因为还没有实现某个功能，所以有些测试可能会失败，但是整个程序依然是可运行的，可以测试应用程序的其他功能。软件构建会被频繁地创建（每天可能会进行几次）。因此，如果你能尽早发现集成问题，那么修复的成本会更低。

可持续的工作节奏

大量研究表明，有创造力的人在不过度工作的情况下能产生最佳效果。极限编程要求软件工程师每周工作 40 个小时。有时在项目中可能会出现需要少量加班的情况，但是如果管理层让开发团队持续处于“危机模式”，那么工作质量就会受到影响，加班也会降低工作效率。

3.3.4.5 其他常见的实践

除了前面的 12 条规则，极限编程还发展出其他一些常见的实践：

开放的工作空间和布置

极限编程方法论建议为整个团队开放工作空间，这样团队成员就可以在相邻的计算机前结对工作。让大家坐在一起不仅可以促进持续的沟通，而且可以让团队保持专注[1]。

开放的工作空间可以让开发团队快速地提问和回答问题，其他程序员可以适当地提出意见，或者加入讨论中。

但是开放的工作空间也有其挑战性。有些人会更容易受到打扰，嘈杂的噪声和谈话也很烦人，让人无法集中注意力。

---

1 这与团队不了解你的工作，从而让项目经理一直盯着你不放的情况是完全不同的。因此，你不会有很大的压力。

开放的工作空间是极限编程中的“最佳实践”，而不是绝对的规则。如果这种方式对于某一组结对编程的人员不起作用，那么他们也可以使用办公室或者小隔间，在没有干扰的情况下工作。

回顾/汇报

当项目完成后，团队需要开会讨论成功和失败的事项，总结和公开信息，以帮助改进下一个项目。

自我导向的团队

一个自我导向的团队通常没有常见的管理级别（项目领导、高级和初级工程师等）。团队通过协商一致的方式，按照优先级做出决定。极限编程团队并非完全不受管理，但是它的理念是，给定一组任务和适当的截止日期，团队可以自己来分配任务和管理项目进展。

3.3.4.6 极限编程的相关问题

极限编程也不是“万灵药”，它存在以下一些缺点：

- 没有创建或者保留详细的规范文档，这使得在项目后期增加新的程序员，或者让其他开发团队来维护项目变得困难。
- 结对编程是必需的，即使它不起作用。在某些情况下，它可能被过度使用。让两个程序员共同编写一段相对简单的代码，会使开发成本增加一倍。
- 实际上，极限编程通常要求所有团队成员都是富有经验的人员，以便让每个成员承担多种角色。这在实际中是很难做到的，除非是一些规模非常小的项目。
- 不断地重构会在解决问题的同时，引入更多的问题（新的 bug）。程序员重构不需要的代码，也会浪费时间。
- 前期没有完整的设计（即非瀑布式开发），通常会导致大量的重新设计。
- 需要一个客户代表。通常因为考虑到成本因素，客户会指派一个初级人员来担任这个职位，从而注定了项目的失败。如果客户代表在项目完成之前离开了，那么所有没有写下来的需求都将丢失。
- 极限编程不能被扩展到大型团队中。一个效率较高的极限编程团队，人员数量限制大约是 12 个工程师。

- 极限编程特别容易受到“功能失控”的影响。由于缺乏文档化的需求/功能，客户可以随时向系统中增加新的功能。
- 单元测试，即使是极限编程开发人员创建的单元测试，也常常不能发现所缺少的功能。单元测试，测试的是“已经存在的代码”，而不是“应该存在的代码”。
- 极限编程通常被认为是一种“全有或全无”的方法论：如果你没有遵循“极限编程规则”中的每一条规则，那么这个流程就会失败。大多数极限编程的规则都有缺点，而其他规则的优点则可以弥补这些缺点。如果你违背了某一条规则，那么另一条规则也可能会失效（因为它的缺点不再被其他规则所弥补，而这条规则又会影响其他规则，依此类推）。

对极限编程的简短介绍并不能覆盖其所有内容。有关极限编程的更多信息，请见 3.5 节“获取更多信息”。

3.3.5 Scrum

Scrum 本身并不是一种软件开发方法，而是一种管理软件开发过程的敏捷开发机制。在通常情况下，Scrum 被用来管理一些其他的模型，比如极限编程（XP）。

除工程师以外，Scrum 团队还有两个特殊的成员：产品负责人和 Scrum 教练（Scrum Master）。产品负责人负责指导团队构建正确的产品，例如，维护需求和功能。Scrum 教练则需要指导团队成员完成基于 Scrum 的开发流程、管理团队进度、维护项目列表，以及确保团队成员不会停滞在某些事情上。

Scrum 是一个迭代型的开发过程，就像所有其他的敏捷开发方法一样，每次迭代都是一个 1~4 周的冲刺。冲刺从一个计划会议开始，在会议上团队决定要完成的任务，并形成一个待办事项列表（backlog），然后团队一起来评估待办事项列表上的每个任务需要多少时间来完成。一旦待办事项列表创建完成，这个冲刺就可以开始了。

每天团队都有一个简短的“站立会议”，在会议上，团队成员简要地汇报昨天的进展和今天的计划。Scrum 教练会记录任何影响项目进展的问题，并在会议结束后处理它们。在“站立会议”上，大家不会对项目细节进行讨论。

所有团队成员都会从待办事项列表中挑选任务并进行处理。当完成某个任务并将其从待办事项列表中移除时，Scrum 教练会维护一个 Scrum *燃尽图*（burn-down chart），来展示当前的冲刺进度。当所有任务都实现到产品负责人满意的程度，或者团队确定一些任务不能按时完成甚至根本不能完成时，团队就会召开一个*结束会议*（end meeting）。

在结束会议上，团队会演示本次冲刺实现的功能，并解释未完成任务的原因。如果可能的话，Scrum 教练会为下一个冲刺收集待完成的任务。

冲刺回顾（retrospective）也是结束会议的一部分，团队成员在会上讨论他们的进展，提出对开发过程的改进建议，并讨论哪些方面做得好，哪些方面做得不好。

请注意，Scrum 并没有规定工程师如何进行他们的工作，以及如何记录与任务相关的文档，也没有提供一套在开发过程中需要遵循的规则或最佳实践。Scrum 将这些决定权留给了开发团队。例如，许多团队在 Scrum 中会使用极限编程的方法。任何兼容迭代型开发的方法论都可以很好地用在这里。

和极限编程一样，Scrum 在少于十几个成员的小团队中工作得很好，但是不能被扩展到更大的团队中。为了支持更大的团队，我们需要对 Scrum 进行一些扩展。具体来说，“由多个 Scrum 组成的 Scrum”这种方式，允许多个团队将 Scrum 应用到大型项目中。大型项目会被分解由多个团队来完成，然后每个团队都派出一名大使（ambassador）来参加每日的 Scrum 总会议，讨论其各自的进展。虽然这并不能解决大型团队的所有沟通问题，但是确实扩展了方法论，让它可以适用于稍大的项目。

3.3.6 功能驱动开发

功能驱动开发（FDD）是敏捷开发框架下比较有趣的方法论之一，它是专门为大型项目而设计的。

大多数敏捷开发方法论的一个共同点是，它们都需要专业的程序员才能成功。而另一方面，功能驱动开发允许大型团队也可以变得敏捷（理论上，无法确保项目的每个任务都由最好的人员来做），并且对于超过 12 个软件工程师的项目，值得认真考虑是否要采用功能驱动开发。

功能驱动开发也会使用一个迭代模型。在项目开始时（通常称为“第 0 次迭代”）会经历三个流程，然后在项目期间会不断地迭代剩下的两个流程。这些流程如下：

1. 开发一个整体模型。
2. 建立一个功能列表。
3. 根据功能制订计划。
4. 根据功能进行设计。
5. 根据功能进行构建。

3.3.6.1 开发一个整体模型

开发一个整体模型是所有利益相关方（客户、架构师和开发人员）的共同任务，其中所有团队成员都要一起工作，以便更好地理解系统。不像串行模型中的规范和设计文档，这个整体模型需要专注于广度而不是深度，尽可能多地定义一些通用功能，然后通过将来的不断迭代来增加模型的深度。我们的目的是为了指导当前的项目，而不是描述将来的样子。

与其他敏捷开发方法论相比，功能驱动开发的优势在于，大多数功能从项目一开始就计划好了。因此，不会出现今后某些功能难以添加，甚至不能添加的情况，也不能随意地添加新的功能。

3.3.6.2 建立一个功能列表

在功能驱动开发的第二步中，团队需要将模型开发步骤中设计的功能列表编写成文档，供首席程序员在设计和开发期间正式使用。这个过程输出的是一个正式的功能文档。虽然这个文档不像其他模型中的 SRS 文档那样细致，但其对功能的描述是正式的和明确的。

3.3.6.3 根据功能制订计划

根据功能制订计划的过程，包括为软件开发创建一个初始时间进度表，规定哪些功能将在最初阶段实现，以及哪些功能将在后续迭代中实现。

根据功能制订计划，需要将各个功能集合分配给不同的首席程序员及其团队，一起来负责实现这些功能。首席程序员和相关团队成员拥有这些功能与相关代码的所有权。这在某种程度上偏离了标准的敏捷开发实践，即整个团队拥有全部代码的所有权。这就是功能驱动开发比标准的敏捷开发流程更适合大型项目的原因之一：代码集体所有权不能被很好地应用于大型项目中。

一般来说，每个功能都是一个小任务，3~5 人的团队可以在 2~3 周内完成（更常见的是只需要几天时间）。每个功能都是独立于其他功能的，所以没有功能需要依赖于其他团队所开发的功能。

3.3.6.4 根据功能进行设计

一旦决定了在某次迭代中实现相关功能，拥有每个功能集合的首席程序员就会组织一个团队来设计该功能。功能团队不是固定不变的，它们会在每次迭代功能设计和功能构建时，临时组织和解散。

功能团队会分析需求并为当前迭代设计功能。由团队来决定该功能的实现及其与系统其余部分的交互。如果该功能的影响深远，那么首席程序员可能会让其他功能类的所有者参与进来，以避免与其他功能集合发生冲突。

在设计阶段，功能团队会决定各功能使用的算法和流程，并且为各个功能开发相应的测试用例，编写测试文档。如果有必要，首席程序员（以及最初的利益相关方）会根据设计变化来更新之前的整体模型。

3.3.6.5 根据功能进行构建

根据功能进行构建的步骤，包括对功能进行编码和测试。开发人员需要对他们的代码进行单元测试，而功能团队则对该功能进行正式的系统测试。功能驱动开发并不强制要求使用 TDD，但是它坚持所有添加到系统中的功能都要经过测试和代码审查。

功能驱动开发需要进行代码审查（这是一个最佳实践，但并不是大多数敏捷开发所需要的）。正如 Steve McConnell 在 *Code Complete*（Microsoft 出版社，2004 年；中文版为《代码大全》）中指出的，良好的代码检查可以发现许多在单独测试时无法发现的缺陷。

3.4 卓越程序员的模型和方法论

卓越的程序员应该能够适应团队使用任何的软件开发模型或者方法论。也就是说，对于不同的项目来说，有些模型比其他模型更合适。如果你要选择模型，那么这一章就是指导你如何来选择一个合适的模型的。

没有一种方法论是既可向上又可向下扩展的，因此，你需要根据项目的规模选择合适的模型和方法论。对于小型项目，使用无文档的瀑布模型可能是一个不错的选择。对于中等规模的项目，选择迭代（敏捷）模型中的一种是最好的。对于大型项目，使用顺序模型或者功能驱动开发模型是最容易成功的（尽管代价也比较高）。

在通常情况下，你不会有机会为项目选择开发模型，除非它们是你的个人项目。关键是你要熟悉各种模型，这样就能在实际使用时游刃有余。3.5 节提供了一些资源，可以帮助你更多地了解之前介绍的不同软件开发模型和方法论。与之前一样，你也可以在互联网上搜索到大量关于软件开发模型和方法论的信息。

3.5 获取更多信息

David R. Astels 编写的 *Test-Driven Development: A Practical Guide*，Pearson Education，2003 年。

Kent Beck 编写的 *Test-Driven Development by Example*，Addison-Wesley Professional，2002 年。

Kent Beck 和 Cynthia Andres 编写的 *Extreme Programming Explained: Embrace Change. 2nd ed.*，Addison-Wesley，2004 年。

Barry Boehm 在匹兹堡卡内基梅隆软件工程学院发表的 *Spiral Development: Experience, Principles, and Refinements*，（特别报道 CMU/SEI-2000-SR-008），Wilfred J. Hansen 编辑，2000 年。

Martin Fowler 编写的 *Refactoring: Improving the Design of Existing Code*，Addison-Wesley，1999 年。

Joshua Kerievsky 编写的 *Refactoring to Patterns*，Addison-Wesley，2004 年。

James Martin 编写的 *Rapid Application Development*，Macmillan，1991 年。

Robert C. Martin 编写的 *Agile Software Development, Principles, Patterns, and Practices*，Pearson Education，2003 年。

Steve McConnell 编写的 *Code Complete*. 2nd ed，Microsoft Press，2004 年。

Rapid Development: Taming Wild Software Schedules，Microsoft Press，1996 年。

Nabil Mohammed Ali Munassar 和 A. Govardhan 的 *A Comparison Between Five Models of Software Engineering*，IJCSI 国际计算机科学学报，第 7 期第 5 号（2010 年）。

Robert S. Pressman 编写的 *Software Engineering, A Practitioner's Approach*，McGraw-Hill，2010 年。

Ken Schwaber 编写的 *Agile Project Management with Scrum* (*Developer Best Practices*)，Microsoft Press，2004 年。

James Shore 和 Shane Warden 编写的 *The Art of Agile Development*，O'Reilly，2007 年。

Matt Stephens 和 Doug Rosenberg 编写的 *Extreme Programming Refactored: The Case Against XP*，Apress，2003 年。

William C. Wake 编写的 *Refactoring Workbook*，Addison-Wesley Professional，2004 年。

Laurie Williams 和 Robert Kessler 编写的 *Pair Programming Illuminated*，Addison-Wesley，2003 年。

第 2 部分

UML

4

UML 和用例介绍

统一建模语言（Unified Modeling Language，UML）是一种基于图形的开发语言，用来描述软件设计的需求和标准。电气和电子工程师协会（IEEE）SDD 标准的最新版本就是围绕 UML 概念来构建的，所以我们将从介绍 UML 的背景和功能开始，然后讨论如何使用 UML 实现一些用例，从而能够清晰、一致地表示软件系统的设计。

4.1 UML 标准

UML 出现于 20 世纪 90 年代中期，是三种独立建模语言的集合：Booch 方法（Grady Booch 提出）、对象建模技术（Jim Rumbaugh 提出）和面向对象的软件工程系统（Ivar Jacobson 提出）。经过最初的整合之后，对象管理小组（OMG）在 1997 年开发了第一个 UML 标准，并得到了大量研究人员的支持。今天，UML 仍然在 OMG 的管理之下。因为 UML 本质上是联合起来设计的，所以它包含了许多不同的方法来说明同一件事情，从而导致了大量系统性的冗余和不一致。

那么，为什么还要使用 UML 呢？尽管它有缺点，但是它是一种相当完整的、面向对象设计的建模语言，也是事实上的 IEEE 文档标准。因此，即使你不打算在自己的项目中使用 UML，也需要在阅读其他项目的文档时能够理解它。因为 UML 变得很流行，所以项目的利益相关方很有可能已经熟悉它了。它有点像 C 语言（或者 BASIC 语言，如果你不懂 C 语言的话），因此就语言设计而言，虽然它很不友好，但是每个人都知道它。

UML 是一种非常复杂的语言，需要大量的学习才能掌握，而这是一个教育过程，超出了本书的范围。幸运的是，有很多介绍 UML 的好书，有的将近 1000 页（例如，Tom Pender 的 *The UML Bible*，请见 4.5 节“获取更多信息”）。这一章和后面的章节并不是要让你成为 UML 专家，而是为了快速介绍其余章节中所使用的 UML 特性和概念。当你在后续阅读中试图理解 UML 图时，可以回过头来参考这些章节。

在简要介绍 UML 的背景之后，接下来，我们将讨论 UML 如何以标准化的方式来可视化地展现一个系统的设计。

4.2 UML 用例模型

UML 通过用例来描述一个系统的功能。一个*用例*大致会对应一个需求。设计者会创建一个*用例图*，从一个外部观察者的角度来指定系统需要做什么，这意味着他们只管系统做什么，而不管*如何做*。然后，设计者会创建一个用例故事来描述设计图的细节。

4.2.1 用例图的元素

用例图通常包含三个元素：参与者、通信连接（或者关联）和实际的用例。

- *参与者*通常用一个简笔画的人来表示，代表用户或者外部设备，以及使用当前系统的其他系统。
- *通信连接*用参与者和用例之间的一条线来表示，代表两者之间存在某种形式的通信。
- *用例*用一个椭圆形来表示，再配上适当的描述，代表参与者在系统上执行的各种活动。

用例图示例如图 4-1 所示。

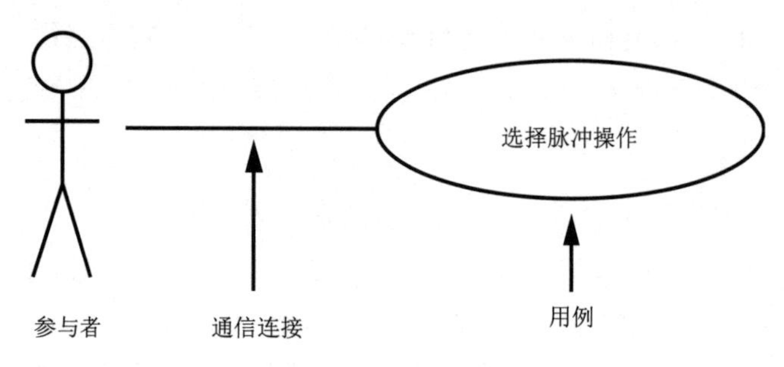

图 4-1　用例图示例

每个用例都应该有一个名称，简明且唯一地描述操作。例如，核反应堆操作员可能想要从一个核动力（Nuclear Power，NP）通道中选择一个功率输入，那么“选择百分比功率”就是一个模糊的描述，而“按下核动力设备的功率百分比按钮”可又太过具体了。用户如何选择百分比功率，更多的是一个设计问题，而不是一个系统分析问题（分析正是我们在这个阶段要做的）。

用例名应该是唯一的，因为你会用它将用例图与 UML 文档中的用例故事关联起来。实现唯一性的一种方法是添加一个标签（参考第 9 章中的“标签格式”一节）。用例图的核心目的是让读者和利益相关方（也就是外部观察者）对动作都很清楚，但是只使用标签可能会混淆这个含义。另一种可能的解决方案是在椭圆形的用例中添加一个描述性的名称（或者短语）和一个标签，如图 4-2 所示。

图 4-2　结合使用用户容易理解的名称和用例标签

标签可以唯一地标识一个用例故事，而名称可以让用户更容易阅读和理解用例图。

一个用例图可以包含多个参与者和多个用例，如图 4-3 所示，它提供了生成个人兆瓦时（MWH）报告和其他报告的用例。

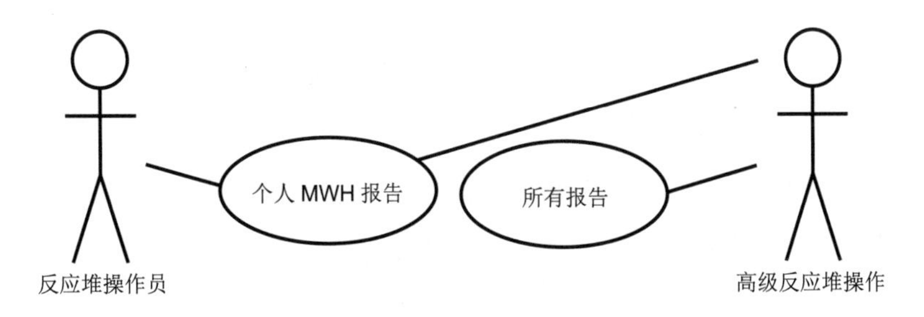

图 4-3　用例图中的多个参与者和多个用例

简笔画很有用，它可以让你立即看出这是一个参与者，但是其也有一些缺点。首先，简笔画占用的面积太大，可能会占用过大的屏幕（或者页面）空间。同样，在一个大型且杂乱的 UML 图中，很难将其他各种名称和信息与用简笔画表示的参与者关联起来。出于这个原因，UML 设计者经常会使用一个原型元素来表示参与者。原型（stereotype）是一种特殊的 UML 名称（例如“参与者”），用双书名号（«和»）括起来，并且与元素的名称一起被包围在一个矩形中，如图 4-4 所示（如果你的文字编辑系统中没有双书名号，则可以使用一对单书名号，即小于号和大于号）。

«参与者»
反应堆操作员

图 4-4　参与者原型

原型可以被应用到任何 UML 元素，而不仅仅是参与者上。原型元素占用的空间更小，产生的歧义也更小，尽管其缺点是不像使用原始图标那样清楚明了[1]。

4.2.2　用例包

你可以用一对冒号将包名与用例名分开，从而将用例名分配给不同的包。例如，

1　这是体现 UML 中冗余的一个很好的例子，也就是说，对同一件事情使用了两种不同的符号。

如果上述的反应堆操作员需要从两个不同的核电系统（NP 和 NPP）中选择功率百分比，那么可以使用 NP 和 NPP 包来区分这些操作（如图 4-5 所示）。

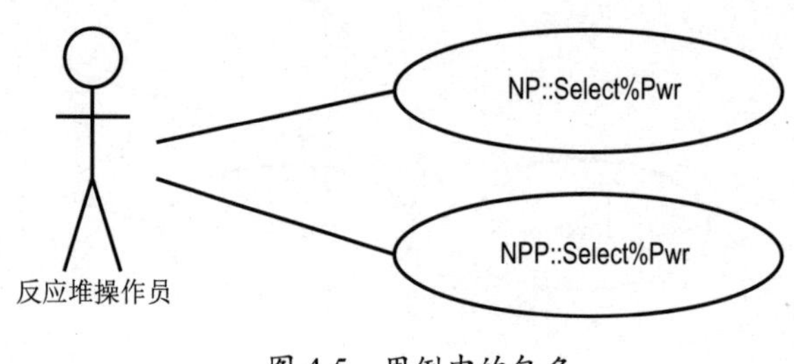

图 4-5　用例中的包名

4.2.3　用例包含

有时候，用例会重复一些信息。例如，图 4-5 中的用例可能表示反应堆操作员会针对某个操作，选择使用哪个核动力通道（NP 或者 NPP 工具）。如果操作员在进行选择之前必须验证通道是可用的，那么 `NP::Select%Pwr` 和 `NPP::Select%Pwr` 中的任何一个用例，都将包含确认所需的步骤。在为这两个用例编写用例故事时，你可能会发现有相当多的信息重复。

为了避免这种重复，UML 定义了*用例包含*（use case inclusion），允许一个用例完全包含另一个用例的所有功能。

你可以通过使用椭圆形图标来绘制这两个用例，并使用一个单向的虚线箭头，从包含用例指向被包含用例。同时在虚线箭头上加上标签«包含»，如图 4-6 所示。

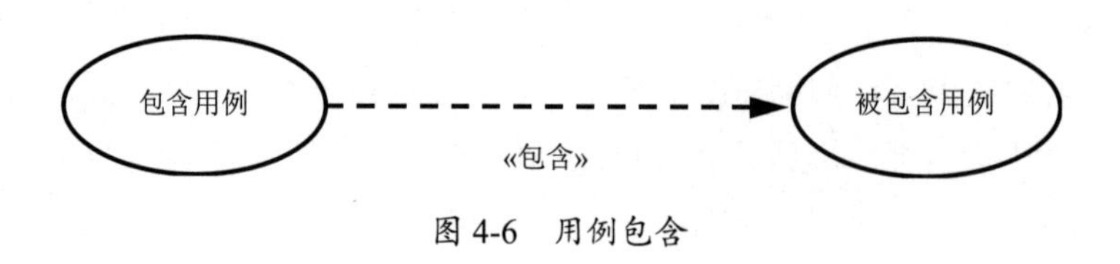

图 4-6　用例包含

我们可以使用图 4-7 所示的用例包含来重新绘制图 4-5。

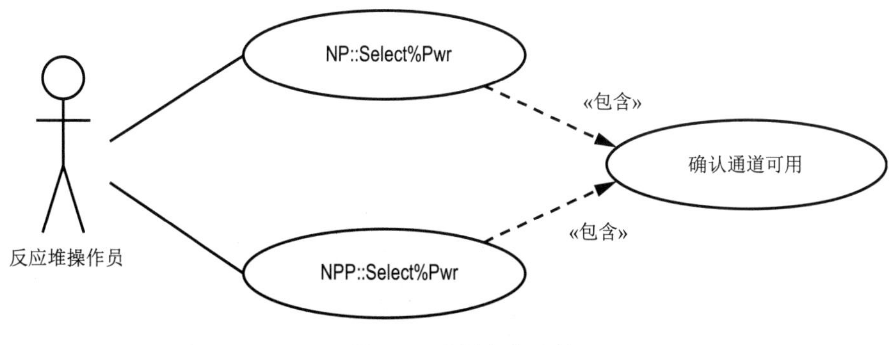

图 4-7 用例包含示例

用例图中的包含等同于一个函数调用。包含允许你重复使用其他用例集合中的用例，从而降低冗余度。

4.2.4 用例泛化

有时候，两个或多个用例会共享一个底层的设计，并且在其基础上产生不同的用例。请回顾一下图 4-3 中的例子，高级反应堆操作员这个参与者，可能会生成除应该生成的报告（“个人 MWH 报告”）之外的反应堆报告（即“所有报告”）。然而，这两个用例都是更加通用的“生成报告”用例的例子，因此，它们会共享一些公共（继承）的操作。这种关系被称为*用例泛化*（use case generalization）。

我们可以在用例图中通过绘制一个单向的箭头，从一个特定的用例指向更加通用的用例来表示用例泛化，如图 4-8 所示。

这个图告诉我们，“个人 MWH 报告”和“所有报告”两个用例会共享继承自“生成报告”用例的一些公共行为。

我们可以用同样的方式来泛化参与者，即绘制一个单向的箭头，从多个（特定的）参与者指向一个更加通用的参与者，如图 4-9 所示。

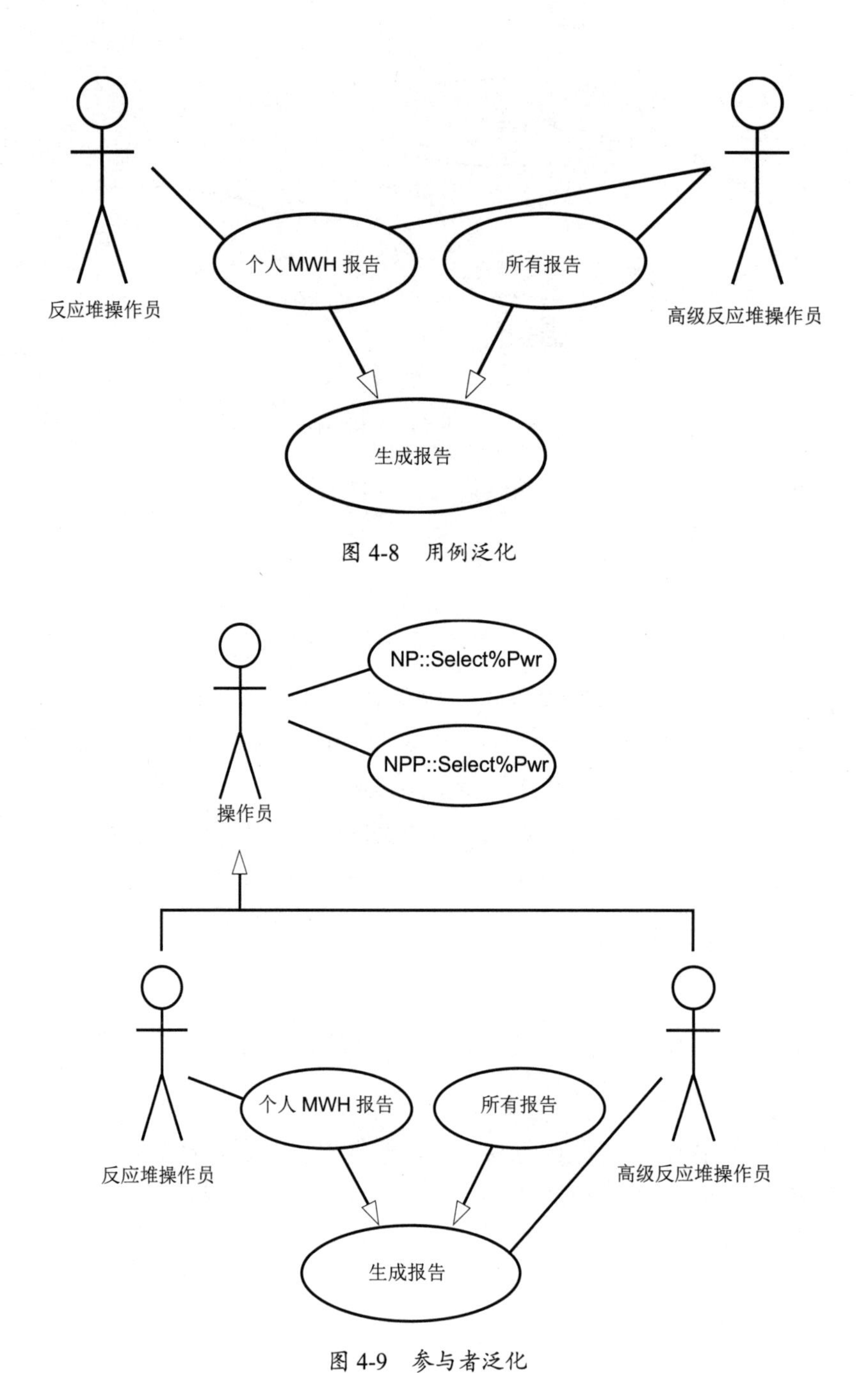

图 4-8　用例泛化

图 4-9　参与者泛化

泛化（尤其是用例泛化）类似于面向对象语言中的继承。空心箭头指向基本用例，箭头的尾部（即没有箭头的末端）连接的是继承或者派生的用例。在图 4-9 中，“生成报告”是基本用例，而“个人 MWH 报告”和“所有报告”是继承用例。

一个继承用例会继承基本用例的所有功能和行为。也就是说，基本用例中的所有项目和功能都会出现在继承用例中，同时继承用例还有自己特有的一些项目。

在图 4-9 中，反应堆操作员这个参与者只能生成“个人 MWH 报告”。因此，由反应堆操作员生成的任何报告，都会遵循与个人报告相关的步骤。另一方面，高级反应堆操作员这个参与者可以生成任何继承自“所有报告”或“个人 MWH 报告”用例的报告。

虽然用例泛化可能看起来与用例包含非常相似，但是它们之间也有细微的区别。对于用例包含，一个用例会被完全包含到其他用例中，但是对于继承，继承用例的功能会扩充基本用例的功能。

4.2.5 用例扩展

通过 UML 中的*用例扩展*，你可以为某些用例指定可选的（*有条件的*）包含。用例扩展和用例包含在图形表示上较为接近，除了使用«扩展»而不是«包含»，并且使用虚线和实心箭头来表示。另一个区别是箭头指向的是被扩展用例，而箭头的尾部连接的是扩展用例，如图 4-10 所示。

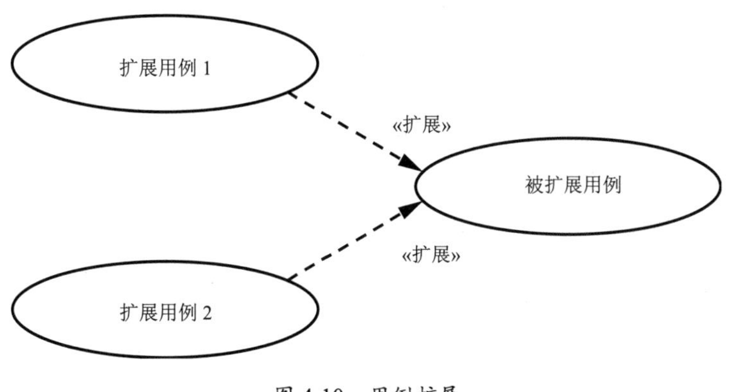

图 4-10　*用例扩展*

当你想要基于一些内部的系统或者软件状态，从几个不同的用例中选择一个时，可以考虑使用用例扩展。一个典型的例子是错误或者异常处理的条件。假设你有一个小型的命令行处理程序，它可以识别以动词开头的某些命令（例如 **read_digital**）。该命令的语法格式如下：

```
read_digital port#
```

其中 ***port#***是一个数字型的字符串，表示要读取的端口。当软件处理这个命令时，可能会出现两种错误：***port#***可能存在语法错误（也就是说，它不是一个有效的数字），或者 ***port#***的值可能超出了范围。因此，处理该命令有三种可能的结果：命令正确并读取指定的端口；当出现语法错误时，系统会向用户展示适当的信息；当发生取值范围错误时，系统会展示适当的错误信息。使用用例扩展可以很容易处理这些情况，如图 4-11 所示。

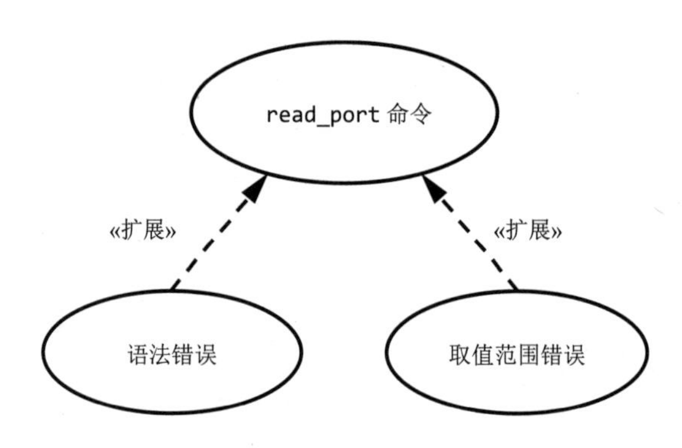

图 4-11　用例扩展示例

请注意，正常情况（没有错误）不属于用例扩展。**read_port** 命令用例会直接处理非错误的情况。

4.2.6　用例故事

到目前为止，你所看到的用例图本身并没有解释任何细节。一个实际的用例（相对于用例图）可能是一段文本，而不是图形。用例图提供了一个用例的“执行概览”，让外部观察者可以很容易区分各种活动，但是用例故事是你用来真正描述用例的地方。虽然用例故事中没有预先定义好的项目集合，但是它通常会包含表 4-1 中列出的信息。

表 4-1 用例故事项目列表

用例故事项目	描述
关联需求	一个需求标签，或者与用例关联的需求的其他指标。这提供了对 SyRS 和 SRS 文档的可追溯性
参与者	与用例交互的参与者列表
目标/目的/简要描述	为了阐明用例意义的一个项目目标（及其在系统中的位置）描述
假设和前提条件	描述在用例执行之前，什么条件必须是真的
触发器	启动用例执行的外部事件
交互/事件流	对在用例执行期间，外部参与者如何与系统交互的逐步描述
可选的交互/可选的事件流	交互步骤所描述的其他交互
终止	导致某个用例终止的条件
结束条件	用例成功终止或者失败触发的条件
后置条件	某个用例执行完成（成功或失败）后触发的条件

其他项目（请在线搜索对它们的描述）可能包括[1]：

- 最小担保
- 成功保证
- 对话（实际上是交互的另一个名称）
- 次要参与者
- 扩展（可选的/条件交互的另一个名称）
- 异常（即错误处理条件）
- 相关用例（即其他相关的用例）
- 利益相关方（对用例感兴趣的人）
- 优先级（需要实现的用例）

1 这里没有列出所有内容。你可以随意添加与项目有关的任何项。

4.2.6.1 用例故事的形式

用例故事可以是正式的，也可以是非常随意的。

随意的用例故事会用一种自然的语言（例如，英语）来描述，没有太多结构。随意的用例故事适用于小型项目，并且经常因用例的不同而不同。

正式的用例故事是对用例的正式描述，通常根据一个已经定义好的故事描述项表单来创建。一个正式的用例故事可能包括三种形式：

- 用例的项目列表，不包括对话框/事件流/交互的和可选的事件流/可选的交互项。
- 主要的事件流。
- 可选的事件流（扩展用例）。

表 4-2、表 4-3 和表 4-4 展示了一个完整的用例故事的例子。

表 4-2　选择核动力源，RCTR_USE_022

需求	RCTR_SyRS_022, RCTR_SRS_022_000
参与者	反应堆操作员，高级反应堆操作员
目标	为了选择自动运行时使用的动力测量通道
假设和前提条件	操作员已经登录到反应堆控制台
触发器	操作员按下相应的按钮，选择自动模式下的动力源
终止	已选中操作员指定的动力源
结束条件	如果成功，系统在自动运行期间将会使用所选的动力源，作为当前实际动力。如果不成功，系统将恢复使用原始自动模式下的动力源
后置条件	系统有一个可用于操作的自动模式下的动力源

表 4-3　事件流，RCTR_USE_022

步骤	行为
1	操作员按下 NP 选择按钮
2	系统确认 NP 在线
3	系统将自动模式下的动力源切换到 NP 通道

表 4-4　可选的事件流（扩展用例），RCTR_USE_022

步骤	行为
2.1	NP 通道不在线
2.2	系统不会切换到使用 NP 动力通道，而是继续使用先前的自动模式下的动力源

4.2.6.2　可选的事件流

当事件流表中的每一个步骤都包含了一个条件项或者可选项(UML 术语的扩展)时，你就需要在表格中增加一些项来描述当条件项为 `false` 时的行为。注意，你并不需要为每个条件都绘制一个单独的可选事件流表，你只需要使用与事件流表中的步骤号（表 4-3 中的步骤 2）相关联的子步骤（在本例中，是表 4-4 中的 2.1 和 2.2）即可。

这只是一个正式的用例故事示例，它还有很多其他形式。如表 4-5 所示，你可以创建第 4 个表格来列举所有可能的结束条件。

表 4-5　结束条件，RCTR_USE_022

条件	结果
成功	选择 NP 通道作为自动模式下的功率通道
失败	由先前选定的通道来继续控制自动模式

如果有两个以上的结束条件，则增加一个结束条件，表格会更加清楚。

另一个例子是图 4-11 中的 `read_port` 用例。它的用例故事如表 4-6、表 4-7 和表 4-8 所示。

表 4-6　`read_port` 命令

需求	DAQ_SyRS_102, DAQ_SRS_102_000
参与者	PC 主机系统
目标	读取数据采集系统上的数字数据端口
假设和前提条件	数字数据采集端口已经被初始化为输入端口
触发器	接收到 `read_port` 命令
终止	读取数据端口并将值返回给请求系统

续表

需求	DAQ_SyRS_102, DAQ_SRS_102_000
结束条件	如果命令格式不正确，那么系统将返回端口值或者适当的错误消息
后置条件	系统准备好接收另一个命令

表 4-7　事件流，read_port 命令

步骤	行为
1	PC 主机发送以 read_port 开头的命令行
2	系统验证是否存在第二个参数
3	系统验证第二个参数是否为有效的数值型字符串
4	系统验证第二个参数是否为 0~15 范围内的数字
5	系统从指定端口读取数字数据
6	系统返回端口值给主机

表 4-8　可选的事件流（用例扩展），read_port 命令

步骤	行为
2.1	第二个参数不存在
2.2	系统返回一条“语法错误”的消息给主机
3.1	第二个参数不是一个有效的数值型字符串
3.2	系统返回一条“语法错误”的消息给主机
4.1	第二个参数不在 0~15 范围内
4.2	系统返回一条“范围错误”的消息给主机

表 4-8 中实际上包含了几个独立的事件流。小数点左边的主数字代表事件流表中的关联步骤，小数点右边的副数字代表可选事件流中的特定步骤。一个事件流只会发生在与该事件流数字相关的那些步骤中。也就是说，从 2.1 到 2.2 的事件流以 2.2 结束，它不会延续到事件 3.1（在这个例子中）。

通常，一旦系统选择了一个可选的事件流（例如“范围错误”，本例中的步骤 4.1 和 4.2），用例就会以该流程的完成来结束（也就是说，在步骤 4.2 结束），并且不会再返回到主事件流中。只有当没有可选的事件流发生时，才会执行到主事件流的结尾来结束。

使用事件流和可选的事件流的“正确”方法是，编写一个直线序列，表示通过用例产生预期结果的路径。如果存在多条可行的路径，则通常说明你创建了多个用例，其中每条正确的路径都对应着一个用例。可选的事件流会处理与正确路径之间的任何偏差（通常是错误的路径）。当然，使用这种方法存在的一个风险是，你可能会创建过多的用例图。

对于一个事件流来说，创建和维护用例图比用文字描述更加费时。即使借助合适的 UML 绘图工具，创建用例图通常也比编写文字描述需要更多的时间和精力。

4.2.6.3 条件事件流

对于有多条正确路径的用例来说，你可以使用分支和条件将这些路径添加到主事件流中，并为异常情况留下可选路径。假设有一个数据采集系统使用的命令，它支持两种不同的语法格式[1]：

```
ppdio boards
ppdio boards boardCount
```

第一种格式会返回系统中 PPDIO 板的数量，第二种格式可以用来设置 PPDIO 板的数量。正确记录这两个命令的方式是创建两个单独的用例，并且每个用例都有自己的事件流。然而，如果数据采集系统有几十个不同的命令，为每个命令都创建一个用例，那么可能会导致文档难以管理。一种解决方法是通过条件操作（即 `if...else...endif`）将这些事件流合并到一个事件流中，从而将这些用例合并到一个用例中，如下面的示例所示。

事件流

1. 确认命令是否以 `ppdio` 开始。
2. 确认命令行的第二个单词是否为 `boards`。
3. 如果命令行中没有其他参数：

1 这个例子来自一个真实的项目，即 Plantation Productions（它是加利福尼亚州的一家公司，主要从事两大业务，即专业的音频/舞台/灯光/制作和定制软硬件工程）的“开源/开放硬件数字化数据采集和控制系统”项目。

a. 返回系统中 PPDIO 板的数量作为响应。

4. 验证返回行中是否有一个数值参数。
5. 验证数值参数的值是否在 `0~6` 范围内。
6. 将 PPDIO 板的数量设置为由数值参数指定的值。

可选的事件流

1.1 如果命令不是以 `ppdio` 开头的，则返回 `not PPDIO` 响应。

2.1 如果命令不是以 `ppdio boards` 开头的，则返回 `not PPDIO BOARDS` 响应。

5.1 返回“语法错误”作为响应。

6.1 返回“范围错误”作为响应。

如果事件流中有多个条件分支和多个退出点，那么这个 UML 图并不是“干净的”，但是它可以减小文档的总体大小（节省时间和费用），所以这是一个在用例中常见的用法。

你甚至可以向事件流中添加 `while`、`for`、`switch` 和其他高级语言风格的操作。但是请记住，用例（及其描述）应该非常通用。一旦你开始在用例中嵌入编程语言的概念，你就会开始引入一些实现细节，而这些是不属于用例的。这些都会在以后的 UML 图（比如活动图）中用到。

这些例子似乎表明，可选的事件流仅能用于错误处理，但是你也可以将它们用在其他地方。无论什么时候，如果一个条件分支脱离了主事件流，那么你都可以使用用例扩展来处理它。然而，在通用条件下使用可选的事件流会带来一个问题，就是在用例描述中各种本应相关的概念，彼此却是分离的，这使得按照这些描述中的逻辑来执行会更加困难。

4.2.6.4 用例泛化和用例扩展

泛化通常是一个比扩展更好的工具。例如，假设你有一个通用的 `port_command` 用例，并希望将 `read_port` 和 `write_port` 附加到它的上面。理论上，你可以创建一个用例扩展来处理这个问题，如图 4-12 所示。

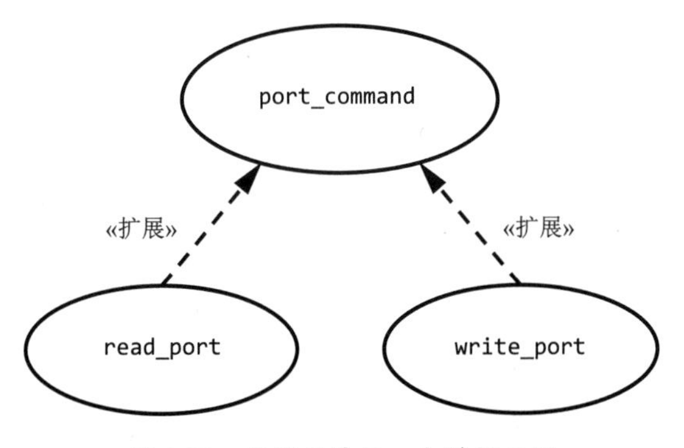

图 4-12　用例扩展的一个糟糕示例

在实践中，使用泛化可能会更好地处理这种特殊情况，因为 read_port 和 write_port 是 port_command 的特殊情况（而不是 port_command 的可选分支）。用例泛化的方法如图 4-13 所示。

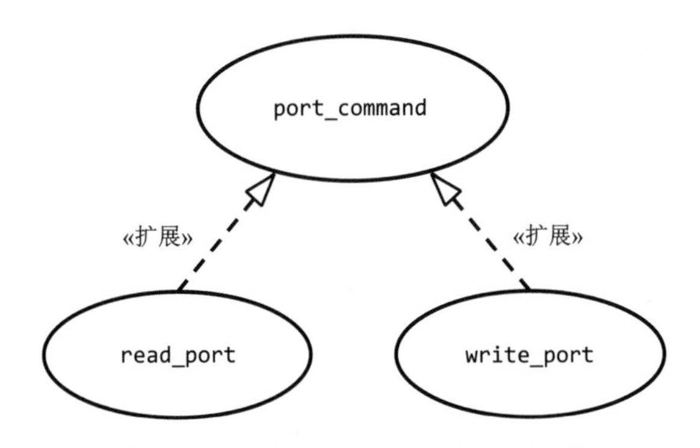

图 4-13　使用用例泛化而不是用例扩展

通过用例泛化，生成的用例会遵循基本用例中的所有步骤。当你使用用例扩展时，对事件流的控制将从主事件流转移到可选的事件流，并且主事件流中的任何剩余步骤都不会再发生。

4.2.7　用例场景

场景是指贯穿于某个用例的单一路径。例如，read_port 用例有 4 个场景：成功场景（即当命令读取端口并返回端口数据时）、两个语法错误场景（可选的事件流中的 2.1/2.2 和 3.1/3.2）和一个范围错误场景（可选的事件流中的 4.1/4.2）。通过从事件流和可选的事件流中选择一些步骤，完成一条特定的路径，就可以生成一个完整的场景。read_port 命令的场景如下：

成功场景

1. 主机发送以 read_port 开头的命令。
2. 系统验证是否存在第二个参数。
3. 系统验证第二个参数是否为数值型字符串。
4. 系统验证第二个参数是否为 0~15 范围内的值。
5. 系统从指定的端口读取数据。
6. 系统返回端口值给主机。

语法错误 #1 场景

1. 主机发送以 read_port 开头的命令。
2. 系统验证没有第二个参数。
3. 系统发送语法错误信息给主机。

语法错误 #2 场景

1. 主机发送以 read_port 开头的命令。
2. 系统验证是否存在第二个参数。
3. 系统验证第二个参数不是合法的数值型字符串。
4. 系统发送语法错误信息给主机。

范围错误场景

1. 主机发送以 read_port 开头的命令。
2. 系统验证是否存在第二个参数。
3. 系统验证第二个参数是否为数值型字符串。
4. 系统确定数值型字符串是否为 0~15 范围以外的值。
5. 系统发送范围错误信息给主机。

你可以使用场景来创建一些测试用例和测试过程。对于每个场景，你都需要有一个或多个测试用例。

你可以通过在事件流中合并 `if` 语句来组合多个用例场景。但是，由于这会将底层细节引入用例故事中，所以应该避免组合多个场景，除非用例故事的数量失去控制。

4.3 UML 系统边界图

当你绘制一个简单的用例图时，应该清楚哪些组件是系统内部的，哪些是外部的。具体来说，参与者是外部的实体，而用例是内部的实体。但是，如果你使用的是正规的矩形，而不是像参与者那样的简笔画，那么可能无法立即分清楚哪些组件是系统外部的。同样，如果你在一个用例图中引用了多个系统，那么也很难确定哪个用例是哪个系统的一部分。UML 系统边界图解决了这些问题。

UML 系统边界图仅仅是一个围绕着特定系统内部用例的阴影矩形，如图 4-14 所示。系统标题通常显示在矩形的顶部附近。

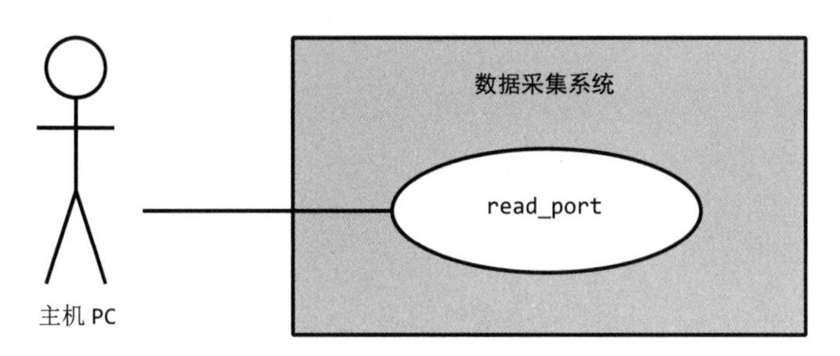

图 4-14　系统边界图

4.4 除用例以外

本章介绍了 UML 用例，这是统一建模语言的一个非常重要的特性。然而，除用例以外，UML 还有许多其他组件。下一章我们会介绍 UML 活动图，它提供了一种在软件设计中对动作建模的方法。

4.5 获取更多信息

Michael Bremer 编写的 *The User Manual Manual: How to Research, Write, Test, Edit, and Produce a Software Manual*，UnTechnical Press，1999 年。

Craig Larman 编写的 *Applying UML and Patterns: An Introduction to Object-Oriented Analysis and Design and Iterative Development. 3rd ed*，Prentice Hall，2004 年。

Russ Miles 和 Kim Hamilton 编写的 *Learning UML 2.0: A Pragmatic Introduction to UML*，O'Reilly Media，2003 年。

Tom Pender 编写的 *UML Bible*，Wiley，2003 年。

Dan Pilone 和 Neil Pitman 编写的 *UML 2.0 in a Nutshell: A Desktop Quick Reference.2nd ed*，O'Reilly Media，2005 年。

Jason T. Roff 编写的 *UML: A Beginner's Guide*，McGraw-Hill Education，2003 年。

UML 线上教程，*UML Tutorial*。

5

UML 活动图

UML 活动图，传统上称为流程图，用来说明系统不同组件之间的工作流程。流程图在软件开发的早期阶段非常流行，并且在面向对象编程（OOP）兴起之前，一直在软件设计中被广泛使用。

尽管 UML 面向对象的表示方法，在很大程度上取代了老式的流程图，但是 OOP 仍然依赖于小的方法、函数和过程来实现底层的细节，而在这些情况下流程图可以用来帮助描述控制流。因此，UML 的设计者创建了活动图，作为流程图的更新版本。

5.1 UML 活动状态符号

UML 活动图会使用传统流程图中的一些状态符号。本节会介绍一些你将经常使用的符号。

注意：如果你想了解关于一般流程图的信息，则可以在网络上搜索，应该能得到不错的结果。

5.1.1 开始和结束状态

UML 图总是包含一个单独的开始状态符号，用来表示开始端对象。它由一个带有单箭头［在 UML 术语中称为转移（transition）］的实心圆组成。你可以将开始状态与某个标签关联起来，形成整个活动图的名称。

UML 图通常也包含结束状态和结束流符号。结束状态符号会终止整个进程，而结束流符号会终止单个线程，这对于涉及多个执行线程的进程很有用。你可以将结束状态和一个表示进程结束时系统状态的标签相关联。

开始状态、结束状态和结束流符号如图 5-1 所示。

图 5-1　UML 中的开始状态、结束状态和结束流符号

虽然一个活动图中只有一个开始状态符号，但是它可能有多个结束状态符号（想象一个代码有几个返回点的方法）。与各种结束状态关联的标签可能是不同的，例如“异常退出”和“正常退出”。

5.1.2 活动

UML 中的活动符号是一个带有半圆形末端的矩形（就像流程图中的端点符号），表示某些动作，如图 5-2 所示[1]。

1　一些作者会使用圆角矩形来表示活动，不过在 UML 标准中使用圆角矩形来表示状态。

图 5-2　UML 中的活动符号

作为一个常见的规则，活动对应于编程语言中顺序执行的一条或多条语句（动作）。活动符号内的文字描述了要执行的动作，例如“读取数据”或者“计算 CRC”。一般来说，UML 活动不包括过多底层的细节，因为这些属于程序员的工作。

5.1.3　状态

除了开始状态和结束状态，UML 活动图还包含很多中间状态，它们可以有效地表现出状态符号中已经存在的条件。状态符号是用圆角矩形表示的，如图 5-3 所示，但是它的圆角要比活动符号的圆角幅度小得多。

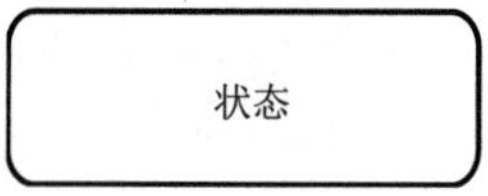

状态

图 5-3　UML 中的状态符号

状态符号中的文本应该描述系统在某个指定点的状态。例如，如果活动是“计算 CRC”，那么可以将紧挨它的状态标记为“CRC 已计算”或者“CRC 已可用”。状态不包含任何动作，只是表示系统在指定点的当前状况。

5.1.4　转移

转移表示活动图中从一个点（例如，一个状态或者活动）到另一个点的控制流。如果转移是从某个活动流出的，则意味着系统在完成与该活动相关的大部分行为时进行转移。如果某个状态流入和流出了一对转移，那么控制流会立即转移到输出箭头所指向的任何地方。UML 状态实际上是转移过程中的一个标记，因此在 UML 状态中不会产生任何动作，如图 5-4 所示。

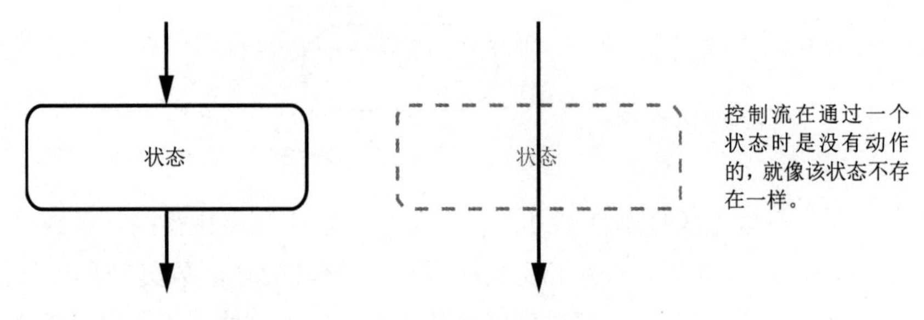

图 5-4　通过某个状态的控制流

5.1.5　条件

在 UML 活动图中，你可以通过两种不同的方式来处理条件，即转移守卫和决策点。

5.1.5.1　转移守卫

在条件语句中，你可以在某个转移符号上添加一个布尔表达式。UML 将这些布尔表达式称为守卫（guards）。一个条件式的 UML 符号必须至少有两个被守卫的转移，使用方括号包围的表达式标记，但是也可能有两个以上的转移，如图 5-5 所示（其中六边形表示任意的 UML 符号）

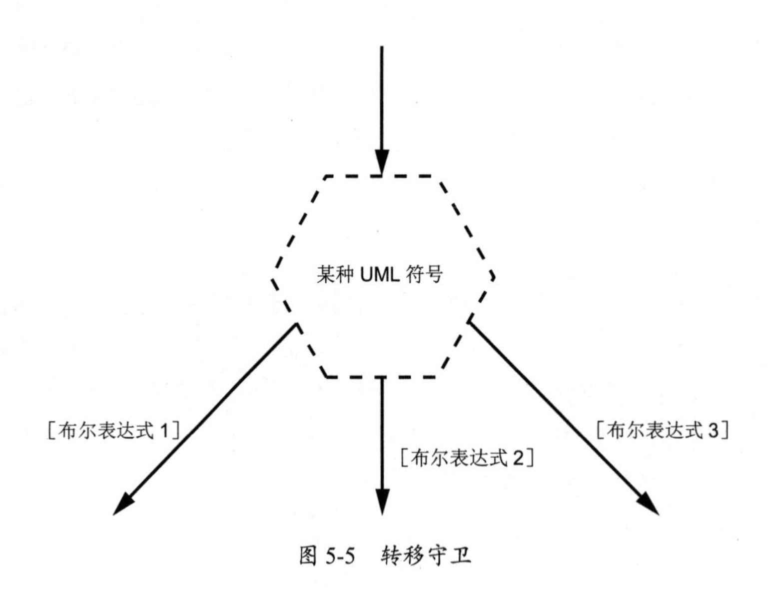

图 5-5　转移守卫

布尔表达式的集合必须是互斥的，也就是说，在任何时候只能有一个表达式为 true。此外，表达式的覆盖范围必须是完整的，这意味着对于所有可能的输入值组合，在一组被守卫的转移中，至少有一个布尔表达式的计算结果必须为 true（与第一个条件结合起来，意味着有且仅有一个布尔条件的计算结果必须为 true）。

如果你想要添加一个“其他所有条件”的转移，来处理任何现有守卫不能处理的输入值，那么只需要在转移上添加一个单词，如 *else*、*otherwise* 或者 *default*（如图 5-6 所示）。

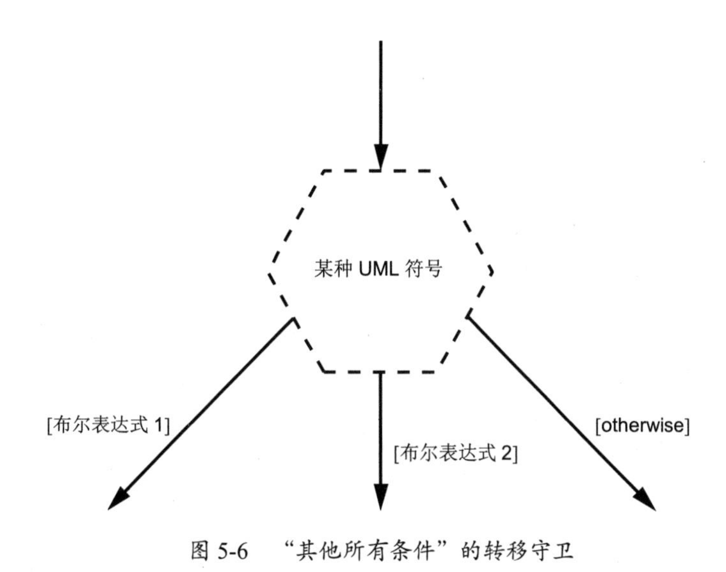

图 5-6 “其他所有条件”的转移守卫

5.1.5.2 决策点

转移守卫可以存在于任何 UML 符号中，所以状态和动作符号通常都会包含转移守卫。但是，如果你想将多个动作或者状态合并到一个点上，而这个点又可能分出不同的路径，那么这样就会出现问题。为此，UML 提供了一个特殊的符号——决策点，专门用来收集和连接出现决策分支的路径。决策点使用菱形符号，如图 5-7 所示。

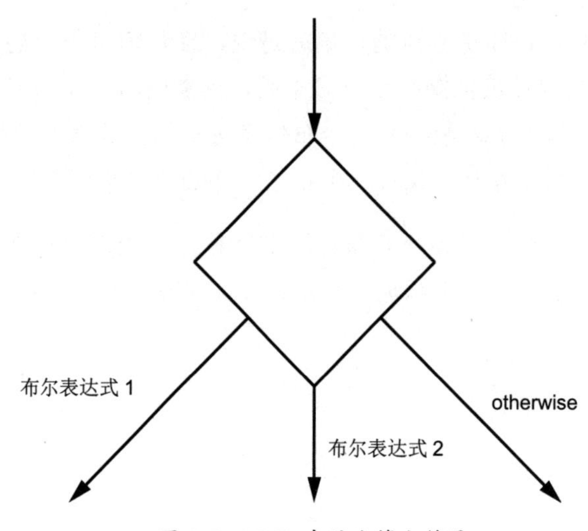

图 5-7　UML 中的决策点符号

尽管 UML 允许任何 UML 符号都可以有被守卫的转移，但是始终从一个决策点产生多个相关的被守卫的转移，是一种良好的实践方式。

5.1.6　合并点

在 UML 中，我们也可以使用菱形来接收几个输入的转移，合并到一个输出的转移中，如图 5-8 所示，我们称这个菱形符号为合并点。

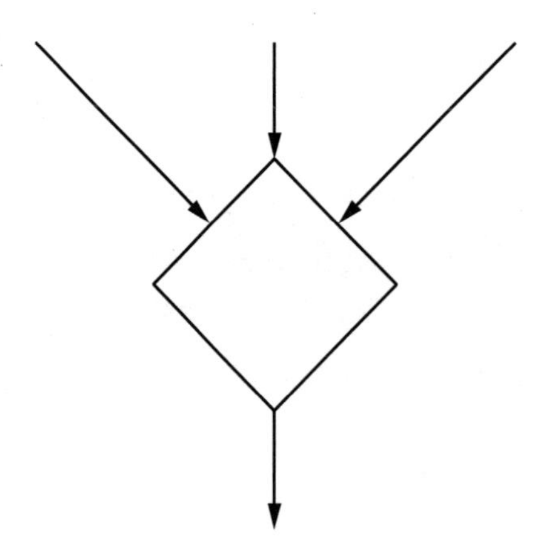

图 5-8　UML 中的合并点符号

从技术上讲，合并点和决策点是相同的对象类型。本质上，合并点是一个未命名的状态对象，除将控制从所有输入的转移传递到输出的转移之外，它不再进行任何动作。决策点只是合并点有多个被守卫的转移时的特殊情况。

理论上，一个合并点可以有多个输入和输出的被守卫的转移。但是，结果不太好看，所以通常的做法是划分成多个合并点和决策点，如图 5-9 所示。大多数时候，这种分开的方式会更加清晰、更容易阅读。

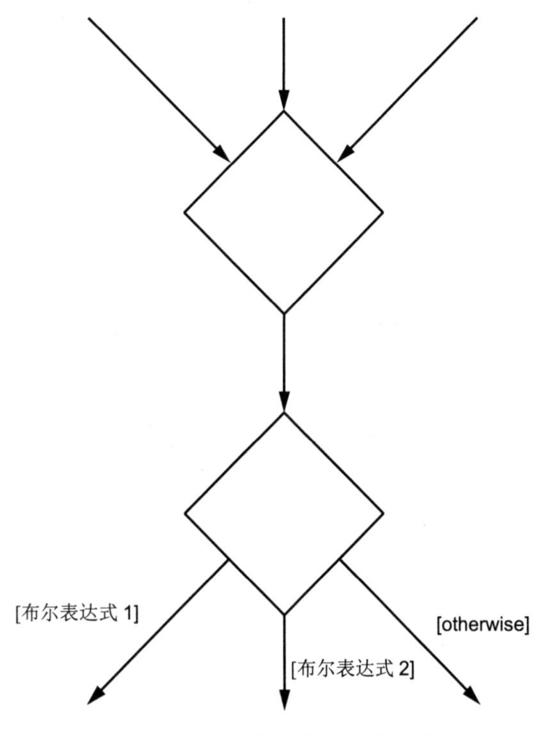

图 5-9　UML 中的合并点和决策点

5.1.7　事件和触发器

事件和触发器是当前控制流之外的动作，通常来自其他执行线程或者硬件输入，它们会导致控制流发生一些变化[1]。在 UML 中，事件和触发器转移在语法上类似于被守卫的转移，因为它们由一个带有标记的转移组成。它们之间的区别在于，被守卫的转移会立即计算某个布尔表达式，并将控制交给转移另一端的 UML 符号，而事件或触发器转移则会等待事件或触发发生之后，才会转移控制。

事件和触发器转移会被标记上事件或触发器的名称，以及当事件或触发发生时，提供给控制流的任何必要的参数（如图 5-10 所示）。

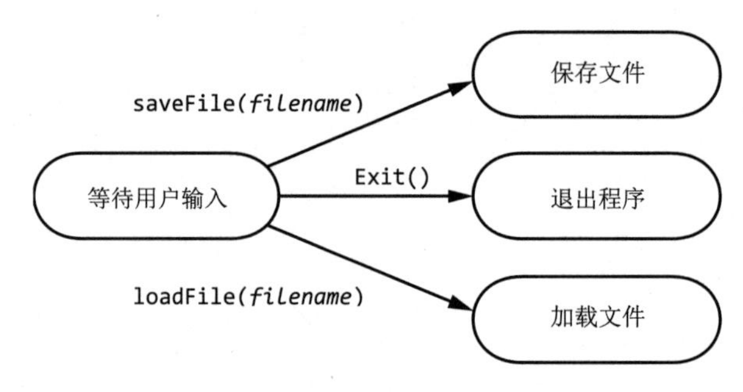

图 5-10 UML 中的事件或触发器

在本例中，系统正在等待用户的输入（可能是点击界面上的某个 UI 按钮）。当用户激活保存、退出或者加载操作时，在事件或触发器转移（分别对应于保存文件、退出程序或者加载文件）结束时，控制会转移到指定的动作。

你也可以在事件或触发器转移上添加守卫条件，由紧跟在触发器或事件后面的布尔表达式（用方括号包围）组成，如图 5-11 所示。当你这样做时，转移仅在事件或触发发生，且守卫表达式的计算结果为 `true` 时才会发生。

---

1 在大多数情况下，UML 中的事件和触发器是同一件事情，都是来自当前控制流之外的一个来源信号，并且会导致控制流发生变化。本书会交替使用触发器和事件这两个术语。

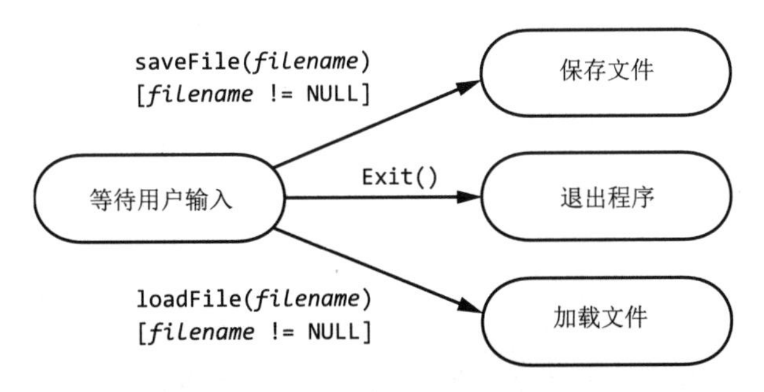

图 5-11　事件或触发器的守卫条件

UML 中的事件和触发器也支持动作表达式和多个动作，这超出了本章的范围。如果你想了解更多有关内容，请查看 Tom Pender 的 *UML Bible* 一书中的例子（请见 5.3 节“获取更多信息”）。

5.1.8　分叉和合并（同步）

UML 支持并发处理，它提供了一些符号将一个执行线程分解为多个线程，以及将多个执行线程合并为一个线程（如图 5-12 所示）[1]。

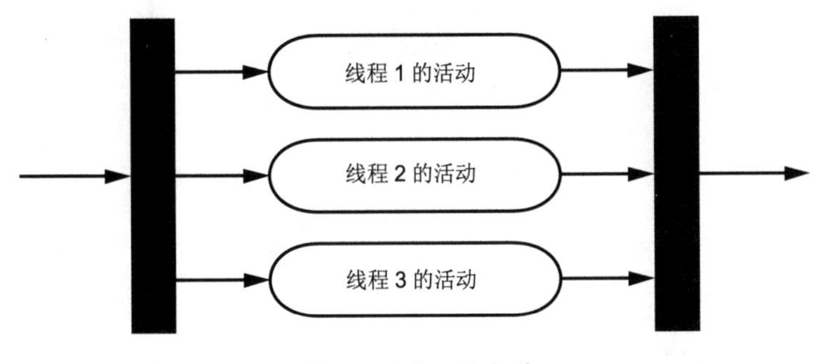

图 5-12　分叉和合并

UML 中的分叉（fork）操作（一个细的、实心的矩形）可以将一个执行线程分

1　注意，UML 的线程操作只是一个建议。当一个 UML 图中显示多个线程并发执行时，它只是表明不同的路径是独立的，并且可以被并发地执行。在实际执行中，系统可以按照任意顺序，串行地执行多条路径。

解为两个或多个并发的线程。合并（join）操作（也是一个细的、实心的矩形）可以将多个线程合并为一个执行线程。合并操作还可以对多个线程进行同步：图中假设除最后一个进入合并操作的线程以外，所有其他线程都会等待，直到最后一个线程到达，执行线程才会继续输出。

5.1.9 调用符号

UML 中的调用符号看起来像一个小耙子，它连接在某个活动上，将其显式声明为调用另一个 UML 序列。你可以在 UML 活动中使用调用符号，并且指定要调用的序列的名称，如图 5-13 所示。

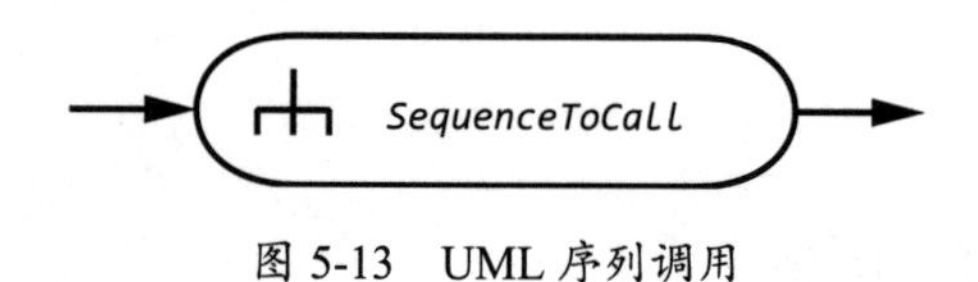

图 5-13 UML 序列调用

在 UML 文档的其他地方，你需要将调用名称作为活动图的名称来定义该序列（或者子程序），如图 5-14 所示。

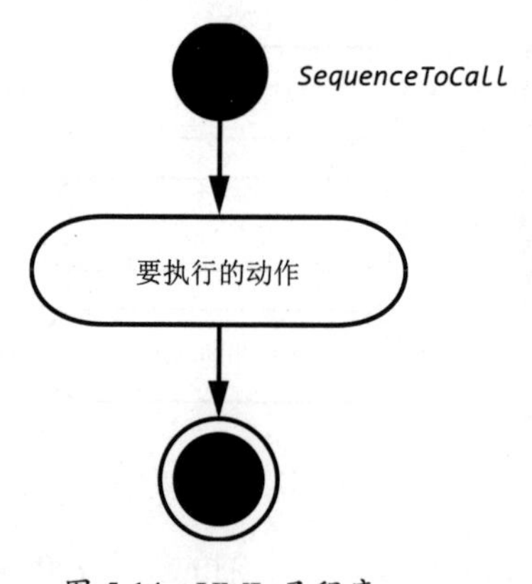

图 5-14 UML 子程序

5.1.10 分区

分区用来组织一个流程的多个步骤，由几个并排的矩形框组成，每个框的顶部都标有参与者、对象或者域名[1]。流程的各个部分在这些矩形框之间转移，伴随着将流程控制权变更为所在的矩形框，如图 5-15 所示。

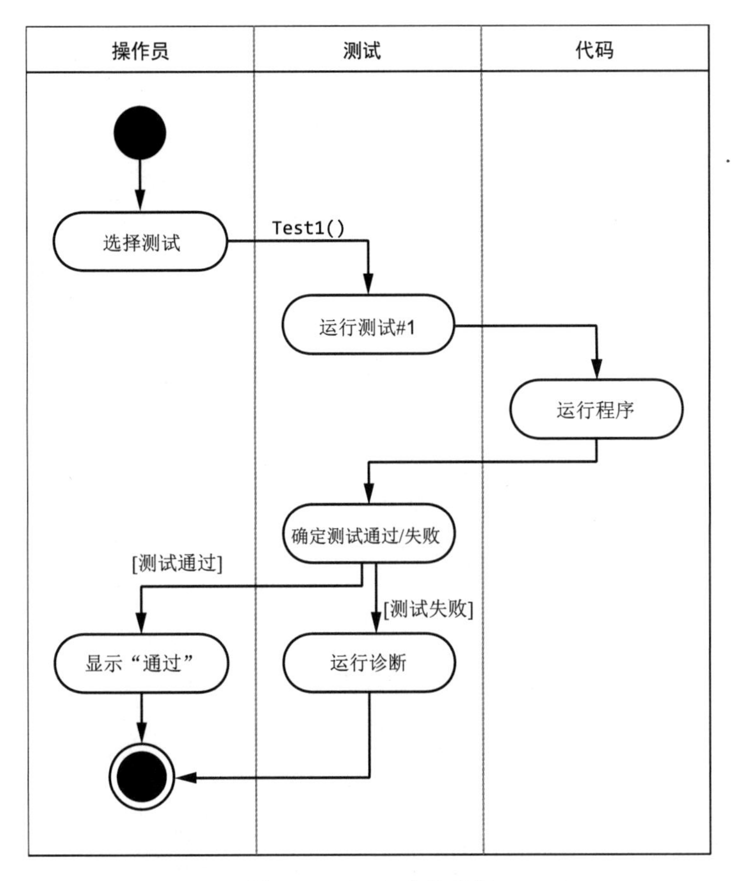

图 5-15 UML 分区示例

图 5-15 中的流程展示了一些正在测试的代码。操作员选择要运行的测试，然后将控制权交给测试软件。接下来，一个事件或触发器将控制权转移到“运行测试#1”的动作。测试软件调用被测试的代码（在第三个分区）。在被测试的代码执行之后，控制权返回到测试软件，由测试软件来决定测试是通过还是失败。如果测试通过，那么测试代码会向操作员显示“通过”，否则测试代码将运行诊断程序。

1 旧版本的 UML 将分区称为泳道（swim lanes），所以你会在许多图书和论文中看到这个术语。

5.1.11 注释和注解

UML 中的注释和注解使用一个带有折叠角的小页面来表示，如图 5-16 所示。你可以从页面边框画一条虚线到你想要注释的 UML 元素上。

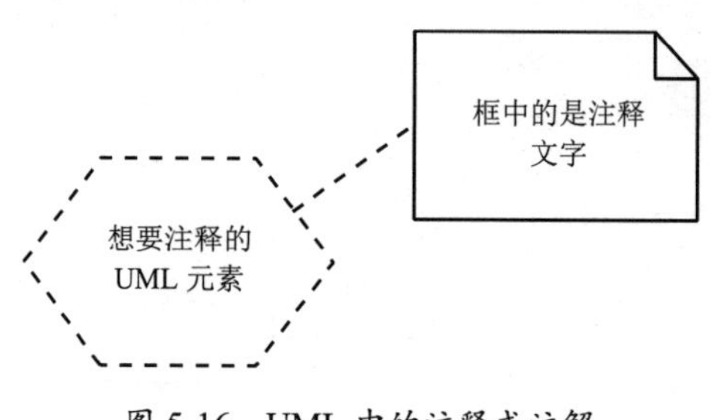

图 5-16 UML 中的注释或注解

5.1.12 连接器

连接器用一个带有内部标签（通常是一个数字）的圆形来表示，意味着控制会被转移到图中带有相同标签的其他点上(如图 5-17 所示)。对于页内和页外的连接器，你可以使用相同的符号。

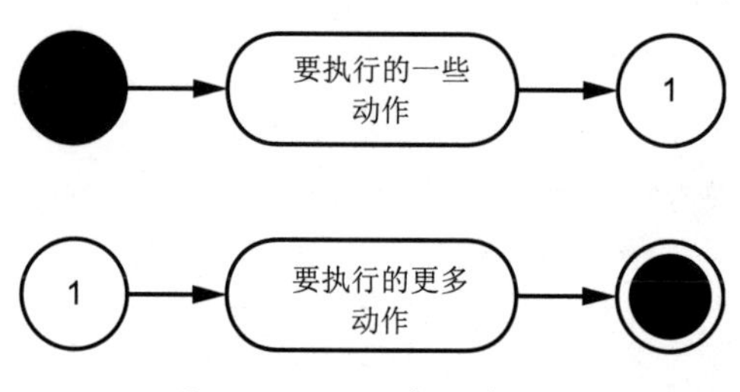

图 5-17 UML 中的连接器

如果正确使用，那么 UML 连接器可以减少较长或重叠的转移线，使得活动图更加容易阅读。但是，请记住，UML 中的连接器相当于编程语言中的 goto 语句，过度使用会使活动图更加难以阅读。

5.1.13 其他活动图符号

完整的 UML 2.0 规范提供了许多可以在活动图中使用的符号，例如，结构化活动、扩展区域/节点、条件节点、循环节点等。因为本书只是对 UML 进行基本的介绍，所以没有足够的篇幅来讨论它们，但是如果你对更多的细节感兴趣，请见 5.3 节“获取更多信息”中列出的资源，或者在线搜索“UML”。

5.2 扩展 UML 活动图

有时候，UML 活动图符号并不能满足需求。在这种情况下，你可能会忍不住想要自定义一些符号。这通常是一个坏主意，原因有如下几点：

- UML 是一个标准。如果你扩展了 UML，那么你将不再使用定义良好的标准。这意味着所有学习过 UML 的人都将无法阅读你的活动图，除非他们首先阅读你的文档（况且在你的非标准活动图中，他们有文档可以阅读吗）。
- 有许多 UML 绘图工具可以用来创建和编辑 UML 活动图，但是大多数不能处理非标准的符号和对象。
- 许多计算机辅助软件工程（CASE）工具可以直接从 UML 图生成代码。同样，这些工具只能使用标准的 UML，可能无法处理你的非标准扩展。
- 如果你不能明确如何在 UML 活动图中做一些事情，那么你可以采用其他方案。使用一种非标准的方法来完成本可以用标准工具轻松完成的任务，可能会让其他 UML 用户觉得这样很业余。

综上所述，UML 还远远不够完美。在极少数情况下，开发一些非标准的活动图对象可以极大地简化活动图。

举个例子，假设有一个并发编程的临界区，这是一段一次只能有一个线程执行的代码。UML 序列图（第 7 章的主题）可以使用序列片段符号来描述具有临界区的并发性。尽管你可以将序列片段符号应用到活动图中，但是这样的结果是混乱的，难以阅读和理解。我在个人项目中创建的一些活动图，使用了自定义符号来表示临界区，如图 5-18 所示。

图 5-18　一个非标准的临界区图

图中，指向左边五边形的箭头，表示多个转移（通常来自不同的线程）在争夺一个临界区。从五边形出来的一条线，代表了在临界区执行的一个单独线程。右边的五边形会接受这个执行的单独线程，并将其路由回原始线程（例如，如果 T1 是进入临界区的线程，那么在退出临界区后，会将控制返回给 T1 转移线程/事件流）。

这个图并不意味着只有 5 个线程可以使用这个临界区。相反，它表示有 5 个活动图事件流（T1~T5）可以竞争关键的资源。事实上，可能有多个线程在执行这些事件流中的任何一个，它们也在竞争临界区。例如，可能有 3 个线程都在执行 T1 事件流，并等待临界区可用。

因为在临界区图中，可能有多个线程在同一个事件流上执行，所以很可能只有一个事件流能进入临界区（如图 5-19 所示）。

图 5-19　一个单独事件流的临界区图

这个例子要求多个线程执行相同的事件流（T1），这样这个图才有意义。

如你所见，即使是这样一个简单的图，也需要大量的文档来描述和验证它。如果该文档不是现成的（也就是说，如果它没有被直接嵌入你的 UML 活动图中），那么当读者试图理解这个图时，他们可能找不到相应的文档。因此，在图中直接注释一个非标准对象，是唯一合理的方法。如果你将有意义的文字内容放在一个包含活动图的文档（例如，SDD 文档）中，或者一同放在一个文档中，那么当有人将你的图复制到其他文档中时，这些信息将不可用。

> **注意**：图 5-19 所示的临界区图只是演示如何扩展 UML 活动图的一个例子。一般来说，我不推荐你在自己的图中采用这种方式，也不建议去扩展 UML 的符号。但是，你应该知道，如果确实需要，那么你可以这样做。

5.3 获取更多信息

Michael Bremer 编写的 *The User Manual Manual: How to Research, Write, Test, Edit, and Produce a Software Manual*，UnTechnical Press，1999 年。

Craig Larman 编写的 *Applying UML and Patterns: An Introduction to Object-Oriented Analysis and Design and Iterative Development. 3rd ed*，Prentice Hall，2004 年。

Russ Miles 和 Kim Hamilton 编写的 *Learning UML 2.0: A Pragmatic Introduction to UML*，O'Reilly Media，2003 年。

Tom Pender 编写的 *UML Bible*，Wiley，2003 年。

Dan Pilone 和 Neil Pitman 编写的 *UML 2.0 in a Nutshell: A Desktop Quick Reference.2nd ed*，O'Reilly Media，2005 年。

Jason T. Roff 编写的 *UML: A Beginner's Guide*，McGraw-Hill Education，2003 年。

UML 线上教程，*UML Tutorial*。

6

UML 类图

本章会介绍类图，类图是 UML 中最重要的图表工具之一。类图是在程序中定义数据类型、数据结构和数据操作的基础。反过来，它们又是面向对象分析（OOA）和面向对象设计（OOD）的基础。

6.1 UML 中的面向对象分析与设计

UML 的创建者希望能有一个正式的系统，用来设计面向对象的软件，以取代当时（20 世纪 90 年代）使用的结构化编程。这里我们将讨论如何在 UML 中表示类（数据类型）和对象（数据类型的实例变量）。

UML 中类图最完整的形式如图 6-1 所示。

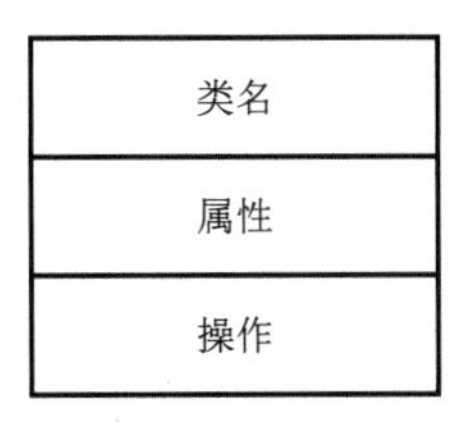

图 6-1　一个完整的类图

属性对应于类的数据字段成员（即变量和常量），它们表示类的内部信息。

操作对应于活动，它们表示类的行为。操作通常包括方法、函数、过程和其他一些我们通常认为是代码的东西。

有时候，在引用某个类图时，你不需要列出所有的属性和操作（甚至可能没有任何属性或操作）。在这种情况下，你可以只画出部分类图，如图 6-2 所示。

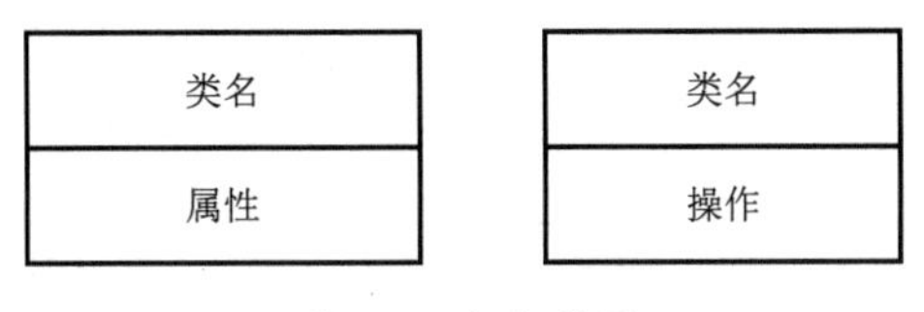

图 6-2　部分类图

事实上，在部分类图中缺少的属性或操作并不意味着它们不存在，这仅仅意味着在当前背景中，没有必要将它们显示在图中。设计师可能会让程序员在编写代码的过程中完成这些内容，或者在其他地方使用完整的类图，而当前的类图只包含自己感兴趣的信息。

在最简单的形式中，UML 可以只用一个包含类名的简单矩形来表示类，如图 6-3 所示。

类名

图 6-3　一个简单的类图

同样，这并不意味着该类不包含属性或操作（只是没有意义），它只是表示我们对这些项是否存在于当前图中不感兴趣。

6.2 类图中的可见性

UML 定义了 4 种类成员的可见性(它们都来自 C++和 Java，尽管其他语言如 Swift 也支持它们)：公共的（public）、私有的（private）、受保护的（protected）和包级别的（package）。我们将依次对它们进行讨论。

6.2.1 公共的类可见性

一个公共的类成员，对该类内部或者外部的所有类和代码都可见。在一个设计良好的面向对象系统中，公共成员几乎总是操作（方法、函数、过程等），并形成类与类之间的接口。尽管你也可以将属性公开，但是往往会破坏面向对象编程的一个主要好处：*封装*，或者失去对外部隐藏该类中的值和操作的能力。

在 UML 中，我们用加号（+）来表示公共的属性和操作，如图 6-4 所示。公共的属性和操作的集合形成了类的*公共接口*（public interface）。

poolMonitor
+maxSalinity_c
+getCurSalinity() +getCurChlorine()

图 6-4　公共的属性和操作

该图中有一个公共属性 `maxSalinity_c`。`_c` 后缀是我用来表示字段是*常量*而不是变量的一种约定[1]。在一个良好的设计中，常量通常是类中唯一的公共属性，因为外部代码不能改变常量的值：它仍然是可见的（也就是说，没有隐藏或者封装），但它是不可更改的。封装的主要原因之一是防止某些外部代码更改类内部的属性，从而带来副作用。因为外部代码不能更改常量的值，所以这种不可变性可以达到与封

1　C 语言及其衍生语言的标准约定，是使用所有大写字符来表示常量，但这是一个非常糟糕的约定，我拒绝使用这种方式来表示自己的常量，因为所有大写的标识符都比大小写混合的标识符更加难以阅读。我修改了 UNIX 的约定，用`_t` 来表示一个类型标识符，其中包括用`_c` 来表示常量。此外，这个约定适用于多种语言，而不是只适用于 C++语言。

装相同的结果。因此，面向对象的设计者愿意公开某些类的常量[1]。

6.2.2 私有的类可见性

与公共的可见性对应的是私有的可见性。私有的属性和操作只能在这个类中访问，它们对其他类和代码是隐藏的。私有的属性和操作是封装思想的体现。

我们使用减号（-）来表示类图中私有的属性和操作，如图 6-5 所示。

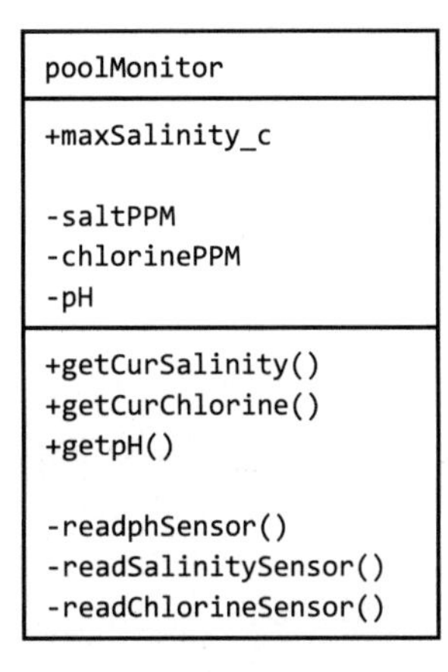

图 6-5　私有的属性和操作

对于任何完全不需要其他可见性的属性或操作，你应该使用私有的可见性，并努力确保所有属性（类中的数据字段）都是类的私有成员。如果外部代码需要访问这些字段，则可以使用公共的**访问器**函数（getter 和 setter）来提供对私有类成员的访问。getter 函数可以返回私有字段的值，setter 函数可以将值存储到私有字段中。

如果你想知道为什么还要这样麻烦地使用访问器函数（毕竟，直接访问数据字段要简单得多[2]），可以考虑一下这种场景。setter 函数可以检查你存储在属性中的值，

1　这并不是说你永远不能将变量属性公开。与任何其他约定或规则一样，总有一些例外是可以违反的。然而，违反规则的行为应该尽量少发生。

2　一些现代的编程语言，比如苹果公司的 Swift，提供了一些语法糖，让你可以使用标准的赋值操作来调用 getter 和 setter 函数。因此，使用 getter 和 setter 不会带来其他额外的开销（当然，除编写 getter 或 setter 方法之外）。

确保值在正确的范围内。此外，并非所有字段都独立于类中的所有其他属性。例如，在盐水池中，盐度、氯和 pH 值并不是完全相互独立的，水池中会包含一个电解池，可以将水和氯化钠（盐）转化为氢氧化钠和氯。这种转化降低了盐度，增加了氯和 pH 值。因此，与其允许一些外部代码随意更改盐度，不如通过一个 setter 函数来传递更改，这样这个函数就可以决定是否需要同时调整其他值。

6.2.3 受保护的类可见性

尽管公共的可见性和私有的可见性涵盖了很大比例的可见性需求，但在一些特殊情况下，比如继承，你需要使用介于两者之间的规则，即受保护的可见性。

继承、封装和多态是面向对象编程的“三大”特性。继承允许一个类从另一个类接收它的所有特性。

私有的可见性存在的一个问题是，你不能访问所继承的类中的私有字段。然而，受保护的可见性放宽了这些限制，允许通过继承类进行访问，但不允许访问原始类及其继承类之外的私有字段。

在 UML 符号中，使用哈希符号（#）来表示受保护的可见性，如图 6-6 所示。

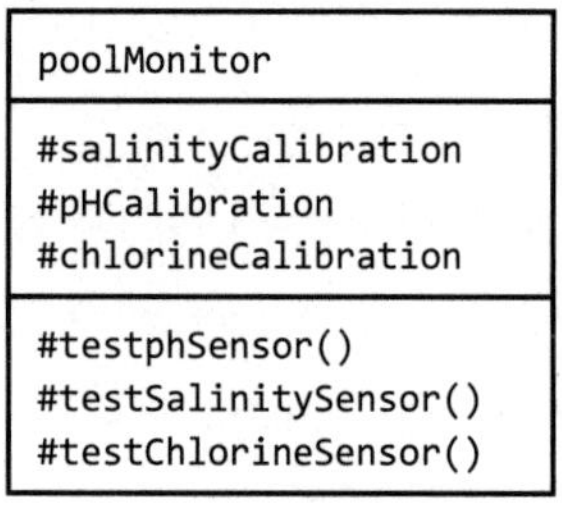

```
poolMonitor
-----------------------
#salinityCalibration
#pHCalibration
#chlorineCalibration
-----------------------
#testphSensor()
#testSalinitySensor()
#testChlorineSensor()
```

图 6-6　受保护的属性和操作

6.2.4 包级别的类可见性

包级别的可见性位于私有的可见性和受保护的可见性之间，它主要是 Java 中的一个概念。其他语言中也有类似的东西，包括 Swift、C++和 C#，在这些语言中，你可以使用命名空间来模拟包级别的可见性，尽管它们的语义并不完全相同。

受到包级别可见性保护的字段，在同一个包中的所有类中都可见。包以外的类（即使它们继承自含有包级别可见性的字段的类）不能访问包级别可见性的属性或者操作。

我们使用波浪线（~）来表示包级别的可见性，如图 6-7 所示。第 8 章会讨论 UML 中表示包的方法（也就是说，如何在同一个包中放置几个类）。

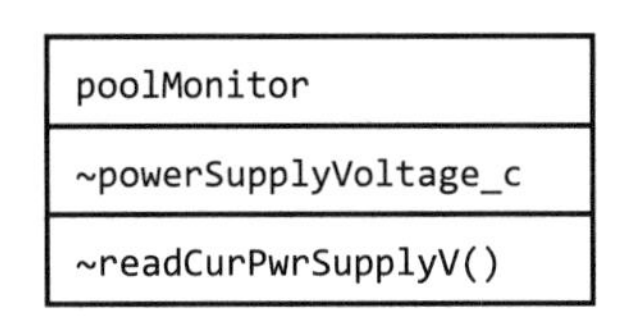

图 6-7　包级别可见性的属性和操作

6.2.5　不支持的可见性类型

如果你选择的编程语言不支持 UML 中对应的可见性类型，那么会发生什么？好消息是，UML 可见性在很大程度上像一个光谱，如图 6-8 所示[1]。

图 6-8　可见性光谱

如果你使用的编程语言不支持某种可见性，那么你总是可以使用更公开的可见性来替代更私有的可见性。例如，高级 Assembly（HLA）语言只支持公共字段，而 C++语言仅部分支持包级别的可见性（使用 `friend` 声明或者命名空间），Swift 语言支持另一种包级别的可见性，即一个对象中的所有私有字段，对同一个源文件中声明的所有类都自动可见。避免滥用额外可见性的一种方法是，在类中的属性或操作名称中添加某种可见性符号——例如，在受保护的名称前面加上 `prot_`，然后将其声明为公共对象，如图 6-9 所示。

1　在这个图中，包级别的可见性和受保护的可见性可能会根据所选择的编程语言而有所不同，但是可见性光谱的基本思想仍然适用。

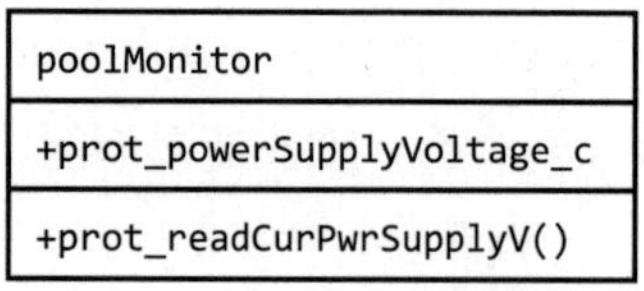

```
poolMonitor
---
+prot_powerSupplyVoltage_c
---
+prot_readCurPwrSupplyV()
```

图 6-9　伪造可见性限制

6.3　类属性

UML 类中的属性（也称为数据字段或者字段）用来保存与对象相关联的数据。属性具有可见性和名称，也可以有数据类型和初始值，如图 6-10 所示。

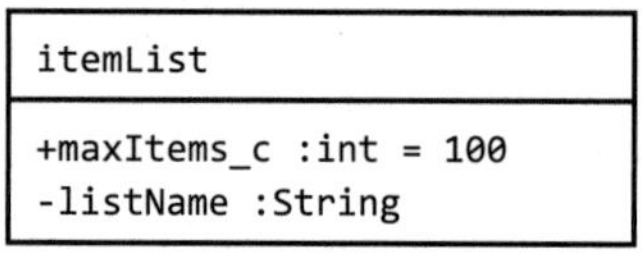

```
itemList
---
+maxItems_c :int = 100
-listName :String
```

图 6-10　属性

6.3.1　属性可见性

正如前面所讨论的，你可以通过在属性名称前加上+、-、#或~符号来指定属性的可见性，这些符号分别表示公共的、私有的、受保护的和包级别的可见性。请参阅 6.2 节“类图中的可见性”来了解更多细节。

6.3.2　属性派生值

在大多数情况下，一个类会将属性的值存储为变量或者常量数据字段（一个*基本值*）。但是，有些字段包含的是*派生值*而不是基本值。每当某个表达式引用该属性时，该类就会计算该派生值。有些语言，例如 Swift，提供了直接定义声明值的语法，而在其他语言（例如 C++）中，你通常需要编写 getter 和 setter 访问器函数来实现派生值。

如果要在 UML 中创建一个派生属性，则需要在属性名称的前面（在可见性符号之后）加上一个正斜杠（/），如图 6-11 所示。

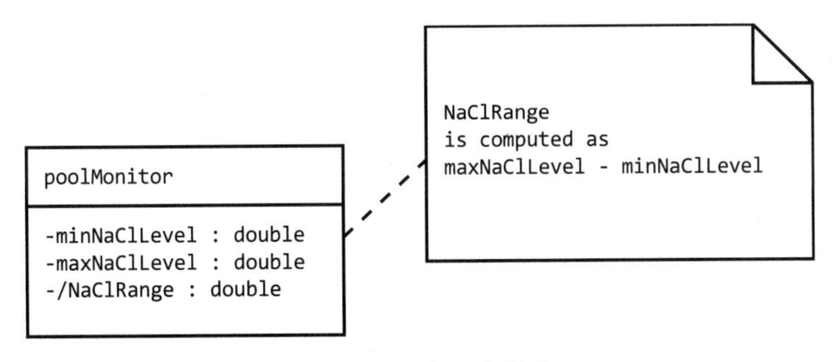

图 6-11　一个派生属性

无论你何时使用派生属性，都必须在某个地方定义如何计算它。图 6-11 使用了注释来实现，你也可以使用属性字符串（参见 6.3.8 节“属性字符串”）。

6.3.3　属性名称

属性名称应该适用于你实现设计所使用的任何编程语言。你应该尽可能避免命名跟特定的语法或约定有关，除非你必须要用该语言来实现。作为一个通用规则，下面的一些约定可以用来定义 UML 属性名称：

- 所有名称都应该以（ASCII）字母字符（a~z 或 A~Z）开头。
- 在第一个字符后，名称中应该只能包含 ASCII 字母字符（a~z, A~Z）、数字（0~9）或者下画线（_）。
- 所有名称的前 6~8 个字符应该是唯一的（有些编译器允许任意长度的名称，但在编译过程中，只在内部符号表中保留它们的前缀）。
- 名称应该短于某些长度（这里我们将使用 32 个字符）。
- 所有名称都应该是大小写中立的；也就是说，两个独立的名称必须至少包含一个不同的字符，而不仅仅是大小写不同。此外，所有出现的名称都应该保持字母大小写一致[1]。

1　大小写中立可以保证你所选择的名称在区分大小写和不区分大小写的语言中都有效。例如，hello 和 Hello 在像 C++这样区分大小写的语言中被认为是不同的名称，但在像 Pascal 这样不区分大小写的语言中是一样的。这两个名称都不是大小写中立的，所以你应该在 UML 图中始终只使用其中的一个。

6.3.4 属性数据类型

一个 UML 对象可以选择关联一种数据类型（参见图 6-10 中的例子）。UML 不要求你显式声明数据类型，如果没有数据类型，则假定读者可以从属性的名称或用途中推断出来，或者由程序员在实现时来决定数据类型。

你可以为基本数据类型使用任何类型名称，但是在编写代码时，程序员可以自行选择合适的或者最匹配的数据类型。也就是说，在处理泛型数据类型时，大多数人会选择 C++或者 Java 的类型名称（这是有意义的，因为 UML 的设计在很大程度上是基于这两种语言的）。你会发现在 UML 属性中经常包括如下一些数据类型：

- `int`, `long`, `unsigned`, `unsigned long`, `short`, `unsigned short`
- `float`, `double`
- `char`, `wchar`
- `string`, `wstring`

当然，用户定义的任何其他类型名称都是完全有效的。例如，如果你在设计中定义了 `uint16_t` 和 `unsigned short` 是一样的意思，那么使用 `uint16_t` 作为属性的数据类型是完全可接受的。此外，你在 UML 中定义的任何类对象，都可以作为合适的数据类型名称。

6.3.5 操作数据类型（返回值）

你还可以将数据类型与操作相关联。例如，函数可以返回具有某种数据类型的值。你需要在操作名称（和参数列表）后面添加一个冒号和数据类型，来指定返回的数据类型，如图 6-12 所示。

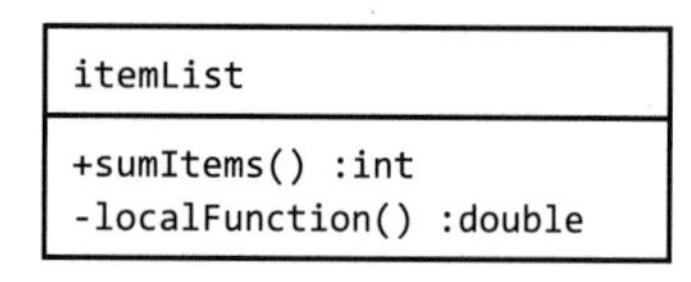

图 6-12　返回数据类型

我们将在 6.4 节“类操作”中更多地讨论各种操作。

6.3.6 属性多重性

一些属性可以包含一个数据对象（数组或者列表）的集合。在 UML 中，我们会使用方括号（[]）来表示属性的多重性，类似于许多高级语言中的数组声明，如图 6-13 所示。

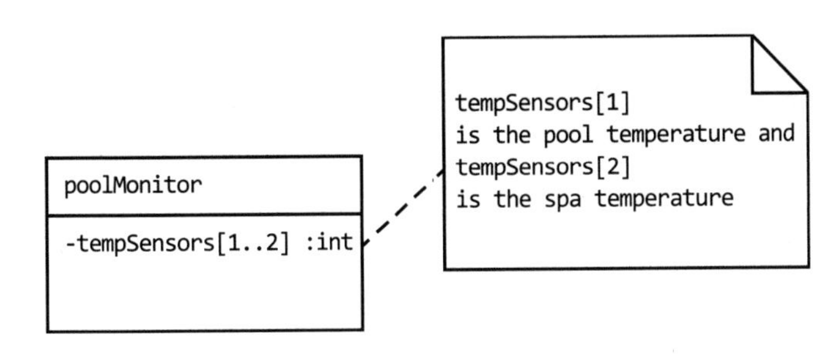

图 6-13　属性多重性

在方括号内，你可以指定一个表达式，该表达式可以是以下任意一个：

- 一个数值（例如，5），表示集合中元素的数量。
- 一个数字范围（例如，1..5 或 0..7），表示元素的数量，以及元素集合的有效后缀范围。
- 星号（*），表示任意数量的元素。
- 以星号结尾的范围（例如，0..*或 1..*），表示数组元素的数量没有限制。

如果没有以上表达式，则多重性默认为[1]（即一个数据对象）。

6.3.7 属性初始值

为了为属性指定一个初始值，你可以在等号（=）后紧跟一个表达式（以及一个适合该属性的类型）。这通常需要符合属性的多重性（如果存在的话）和/或类型。但是，如果类型可以由初始值推断出来，那么你可以省略数据类型和多重性。如果多重性不是[1]，那么你可以在一对花括号（{}）中包含一个以逗号分隔的初始值列表，如图 6-14 所示。

```
poolMonitor
-numTempSensors = 2
-tempSensorOffset[2] : double = {32.0, 32.0}
-tempSensorSpan = {100.0, 100.0}
```

图 6-14 属性初始值

在本例中，numTempSensors 属性是一个整数类型（可以通过初始值 2 推断出来），tempSensorSpan 是一个双精度数组，包含两个元素（通过花括号中值的数量和类型可以推断出来）。

6.3.8 属性字符串

UML 的属性语法可能无法涵盖属性的所有可能情况，因此它也提供了属性字符串来处理异常情况。要创建一个属性字符串，你需要在描述属性的括号后面添加一些描述性文本，如图 6-15 所示。

```
poolMonitor
-minNaClLevel : double
-maxNaClLevel : double
-/NaClRange : double {maxNaClLevel - minNaClLevel}
```

图 6-15 属性字符串

你还可以使用属性字符串来定义其他属性类型。常见的例子包括{readOnly}、{unique}和{static}[1]。记住，属性字符串是属性中的一个包罗万象的字段。你可以在花括号内定义任何你想要的语法格式。

6.3.9 属性语法

属性的正式语法格式如下（注意花括号中出现的可选项，除了有引号的花括号，它们表示花括号字符）：

```
{visibility}{"/"} name {":" type }{multiplicity}{"=" initial}{"{"property string"}"}
```

1 为属性加下画线，是在 UML 中指定静态对象的标准方法，但是使用属性字符串可能会更清楚。

6.4 类操作

类操作是类中执行动作的项。通常，操作代表类中的代码（但也可能是与派生属性相关联的代码，因此代码并不一定就是某个 UML 类中的操作）。

UML 类图将属性和操作放置在单独的矩形中，不过这并不是它们两者之间的区别（请考虑图 6-2：对于哪个类图中只包含属性，哪个类图中只包含操作，在部分类图中是不明确的）。在 UML 的某个类图中，我们会通过在操作名称后面加上一个用圆括号括起来的参数列表（可能是空的，请参考图 6-4 中的例子），来显式地指定操作。

正如 6.3.5 节“操作数据类型（返回值）”中所指出的，你还可以通过在参数列表的后面加上冒号和数据类型名称来指定操作的返回类型。如果存在数据类型，那么肯定有一个函数；如果没有，那么可能只有一个过程调用（void 函数）。

到目前为止，所有的操作示例中都缺少参数。如果你要指定参数，则可以在操作名称后面的括号内插入以逗号分隔的属性列表，如图 6-16 所示。

```
poolMonitor
-----------------------------------------------------------
-sumItems( count:int, items[*]:int ):int
+aveTemp( includeSpa:boolean,
          startDate:date, numDays:int ):double
+displayTemp( temp:double, in Fahrenheit:boolean )
```

图 6-16　操作参数

在默认情况下，UML 操作中的参数是值参数，这意味着它们是作为一个值传递给操作的，而且操作对值参数所做的更改，不会影响调用者传递给函数的实际参数。值参数是一个输入参数。

UML 还支持输出参数和输入/输出参数。顾名思义，输出参数将操作信息返回给调用代码，而输入/输出参数不仅将信息传递给操作，还从操作中返回数据。UML 使用下面的语法来表示输入、输出和输入/输出参数：

- 输入参数：`in` *paramName:paramType*
- 输出参数：`out` *paramName:paramType*
- 输入/输出参数：`inout` *paramName:paramType*

默认的参数传递机制是输入。如果在参数名称之前没有指定任何东西，那么 UML 就会假定它是一个 `in` 参数。`inout` 参数的示例如图 6-17 所示。

poolMonitor
-sortItems(count:int, inout items[*]:int)

图 6-17　`inout` 参数的示例

在这个图中，要排序的列表是一个输入参数和一个输出参数。在输入时，`items` 数组包含要排序的数据；在输出时，它会包含已经排序的数据（即时排序）。

UML 试图尽可能地通用化。`in`、`out` 和 `inout` 参数的传递标识，不一定意味着按值传递或者按引用传递。这个实现细节需要留给具体的实现。从设计的角度来看，UML 只是指定了数据传输的方向，而不是数据如何传输。

6.5　UML 的类关系

在本节中，我们将探索类间 5 种不同类型的关系：依赖关系、关联关系、聚合关系、组合关系和继承关系。

和可见性一样，类关系也可以形成一个光谱（如图 6-18 所示）。这个光谱的范围是基于它们的关系强度，或者两个类之间的关联级别和类型的。

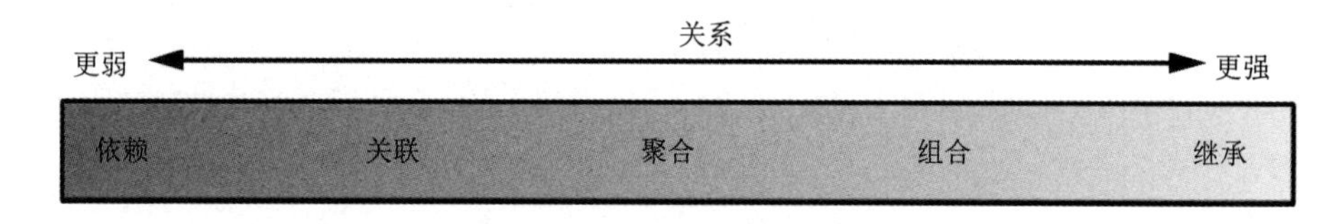

图 6-18　类关系光谱

强度范围从松耦合到紧耦合。当两个类紧密耦合时，对一个类的任何修改都可能影响到另一个类的状态。松耦合的类大多是彼此独立的，对其中一个类的改变不太可能影响到另一个类。

我们将根据耦合度从弱到强来依次讨论每种类型的类关系。

6.5.1 类的依赖关系

当一个类的对象需要与另一个类的对象一起（暂时）工作时，这两个类是相互依赖的。在 UML 中，我们使用一个虚线单向箭头来表示依赖关系，如图 6-19 所示。

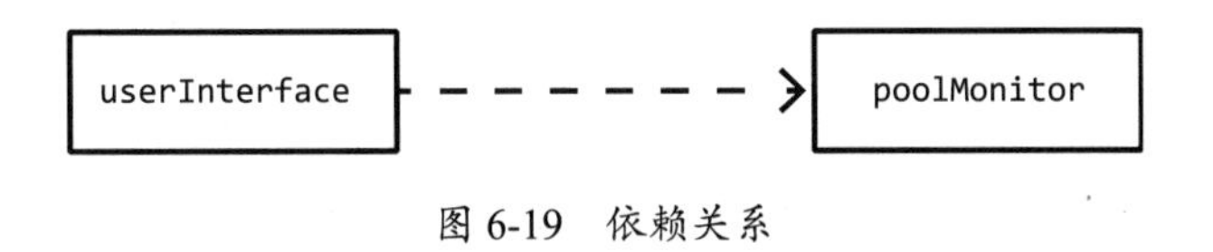

图 6-19　依赖关系

在本例中，每当 `userInterface` 对象要获取显示的数据时（例如，当将 `poolMonitor` 对象作为参数传递给 `userInterface` 方法时），`userInterface` 和 `poolMonitor` 类就会一起工作。除此之外，这两个类（以及这些类的对象）之间是相互独立操作的。

6.5.2 类的关联关系

当一个类包含一个其类型是另一个类的属性时，两者就会出现关联关系。在 UML 中有两种方法来绘制关联关系，分别是内联属性和关联关系链接。你之前已经看到了内联属性，即在 6.3.9 节“属性语法”中看到的普通属性定义。唯一的要求是类型名称必须是其他的类。

指定类关联关系的第二种方法是使用一条关联线或者关联关系链接，如图 6-20 所示。

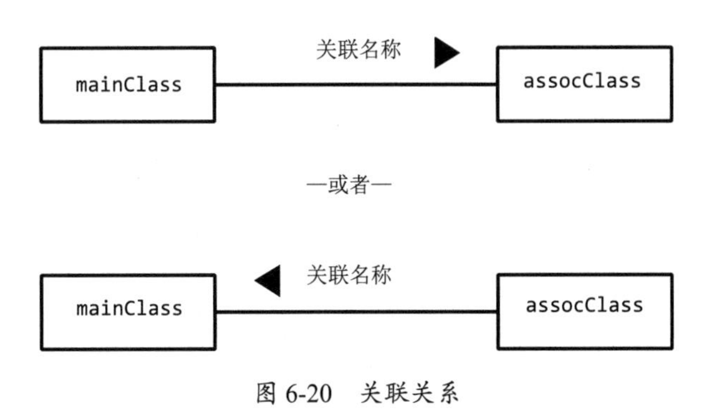

图 6-20　关联关系

关联名称通常是一个描述关联的动词短语，例如 *has*、*owns*、*controls*、*is owned by* 和 *is controlled by*（如图 6-21 所示）。

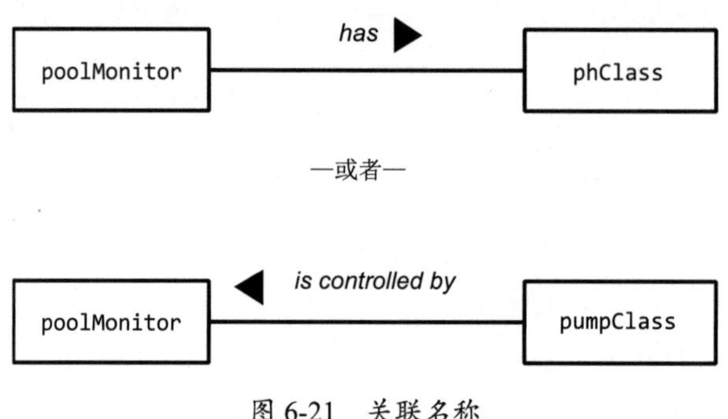

图 6-21　关联名称

我们如何从一个关联关系图中辨别出哪个类是另一个类的属性呢？注意关联名称左边或右边的箭头，它指明了关联关系的方向。在图 6-21 中，它显示了 `poolMonitor` 类有一个 `phClass` 属性，而不是反过来的。

虽然一个有意义的关联名称和一个带有箭头方向的动词短语，可以给你提供线索，但是不能保证你的直觉是正确的。尽管这看起来可能违反直觉，但是图 6-21 中的 `pumpClass` 可以将 `poolMonitor` 对象作为自己的一个属性，即使 `poolMonitor` 类控制着 `pumpClass` 对象。UML 的解决方法是用一个开放的箭头，指向作为另一个类的属性的类来表示关系的导航性（请参考 6.5.5.9 节“导航性”），如图 6-22 所示。

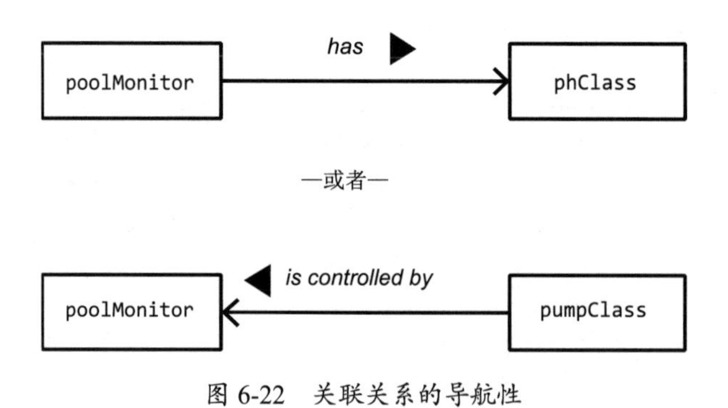

图 6-22　关联关系的导航性

6.5.3 类的聚合关系

聚合关系是一种更紧密耦合的关联关系，具有聚合关系的类可以作为一个独立的类存在，但是它也是某个更大的类的一部分。大多数时候，聚合关系是一种控制关系，也就是说，一个控制类（聚合类或者整个类）控制着一组从属的对象或者属性（部件类）。如果没有部件类，那么聚合类就不能存在；然而，部件类可以存在于聚合类的上下文之外（例如，部件类可以与聚合类和另一个类相关联）。

聚合类充当着部件类属性的看门人，确保使用适当的（例如，经过范围检查的）参数来调用部件类的方法，并且保证这些部件类的操作环境是一致的。聚合类还可以检查返回值是否一致，以及处理部件类引发的异常和其他问题。

例如，假设你有一个使用 pH 计的 `pHSensor` 类，以及一个使用盐度（或导电性）传感器的 `salinitySensor` 类。`poolMonitor` 类不是一个独立的类，它需要前面两个类来完成它的工作，即使这两个类不需要 `poolMonitor` 来完成它们自己的工作。我们在聚合类（`poolMonitor`）上使用一个空心菱形符号和一条指向部件类（`pHSensor` 和 `salinitySensor`）的关联线，来建立它们之间的这种关系，如图 6-23 所示。

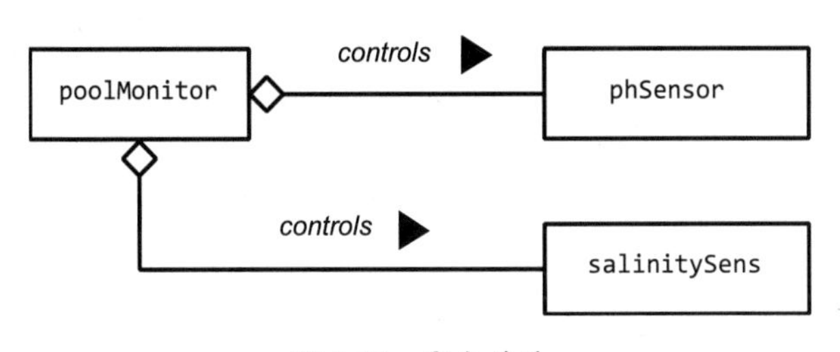

图 6-23　聚合关系

关联线一端为空心菱形标记的类（即聚合类），总是会包含另一端含有相关属性的类（部件类）。

聚合对象及其关联部件对象的生存期不一定相同。你可以创建几个部件对象，然后将它们附加到一个聚合对象上。当聚合对象完成其任务后，你可以在部件对象继续解决其他问题的同时，释放聚合对象。换句话说，从底层的编程角度来看，系统将指向部件对象的指针存储在聚合对象中。当系统释放聚合对象时，指针可能会消失，但是它们引用的对象可能仍然会持久地存在（可能系统中有其他的聚合对象指向它们）。

为什么要使用聚合关系图？关联关系和聚合关系生成的代码其实是相同的。二者之间的差别在于意图。在聚合关系图中，设计者希望表示部件对象或部件类在聚合类或聚合对象的控制之下。回到我们的 `poolMonitor` 示例，在聚合关系中，`poolMonitor` 是完全具有主动权的，控制着 `salinitySensor` 和 `pHSensor` 对象，而不是反过来被它们控制。然而，在关联关系中，关联的类是对等的，没有主/从关系。也就是说，`pHSensor` 和 `salinitySensor` 对象都可以独立于 `poolMonitor` 对象存在，反之亦然，它们只在必要的时候相互共享信息。

6.5.4 类的组合关系

在组合关系中，被大类包含的小类并不是孤立的类，它们的存在是为了能够支撑那个包含类或者组合类。与聚合关系不同，组合关系中的各个部分只能属于一个单独的组合类。

组合对象和部件对象的生存期是相同的。当你销毁组合对象时，也就同时销毁了它包含的部件对象。组合对象会负责分配和释放相关联的部件对象。

我们使用实心菱形符号来表示组合关系，如图 6-24 所示。

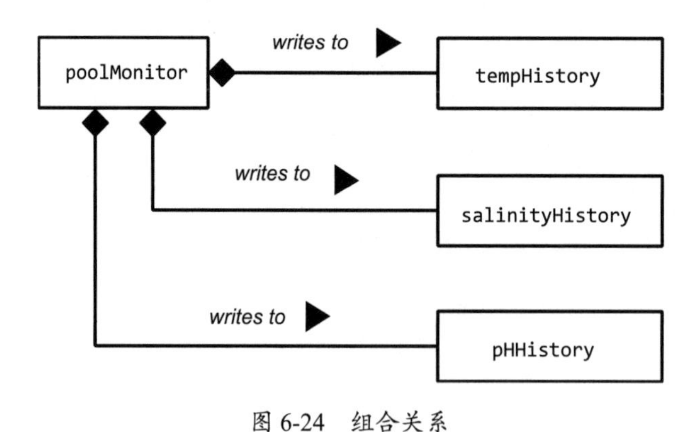

图 6-24　组合关系

6.5.5 关系特性

对于依赖关系、关联关系、聚合关系和组合关系，UML 支持以下 10 个特性，其中一些你已经见过了：

- 属性名称
- 角色
- 接口说明符
- 可见性
- 多重性
- 顺序
- 约束
- 限定符
- 导航性
- 可变性

这些特性不适用于继承关系，这也是我还没有介绍它的原因。我们将在 6.5.6 节“类的继承关系”中简要介绍继承关系，但是先要逐一介绍这些关系特性。

> **注意**：为了简单起见，我会基于关联关系来介绍每个特性，但是其同样也适用于依赖关系、聚合关系和组合关系。

6.5.5.1 属性名称

一个链接上的关联名称可以告诉你两个类的交互类型或者所有权，但是不能告诉你它们之间是如何相互引用的。关联关系链接仅能够让两个类对象之间连接起来。不同的类之间，是通过类定义中的属性和操作字段来相互引用的。

正如你在 6.5.2 节“类的关联关系”中所了解的，关联关系图可以有效地代替合并类属性或操作名称的内联语法。图 6-25 中的两个图是等价的。

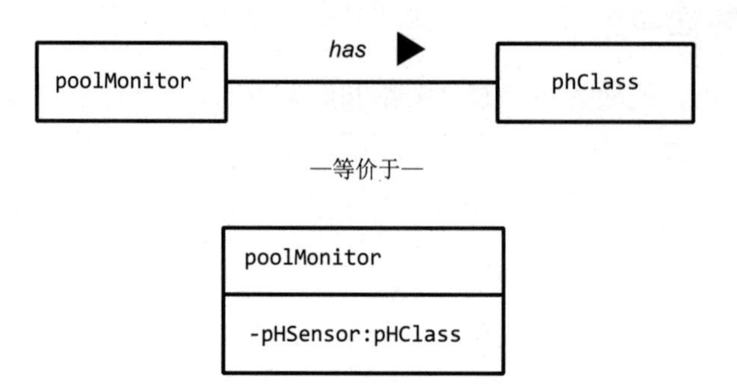

图 6-25　简化（上面）和普通（下面）的关联关系图

在图 6-25 中，虽然简化版缺少属性或操作名称（在这个例子中是 pHSensor）和可见性（-或者私有的），但是你可以通过将属性名称附加到距离持有对象引用数据字段的对象最近的关联关系链接上，来提供这些缺失的内容，如图 6-26 所示。

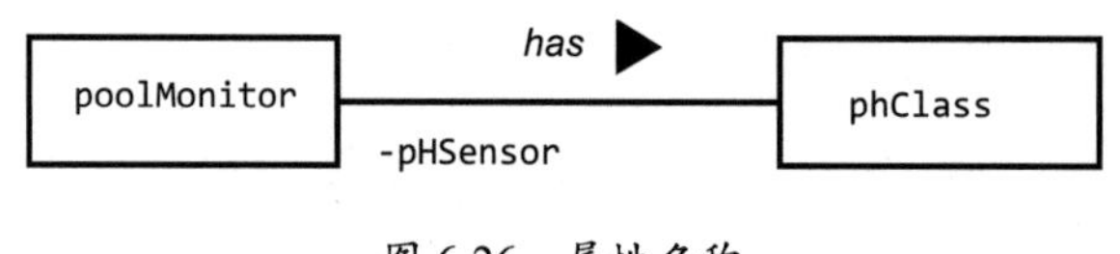

图 6-26　属性名称

与内联语法一样，属性名称由带有可见性符号前缀（-、~、#或+）的属性或操作名称组成。可见性符号必须存在，因为需要用它来区分属性名称与角色（下面的章节中会介绍）。

另一种选择是将关联名称和属性名称结合起来使用，如图 6-27 所示。

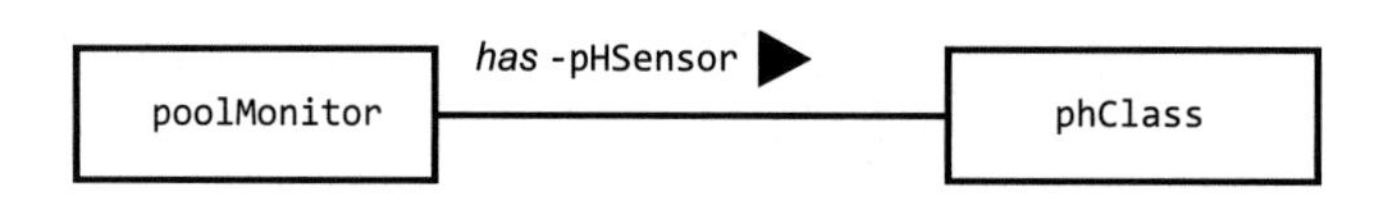

图 6-27　将关联名称和属性名称结合起来

6.5.5.2　角色

在图 6-27 中，我们并不完全清楚这两个类在做什么。poolMonitor 类中有一个 pHSensor 字段与 pHClass 类相连，但除此之外，图中没有解释发生了什么。这时候，会通过角色（通常出现在关联关系链接的两端）来提供这个缺失的描述。

在这个例子中，`poolMonitor` 类或对象通常会从某个 pH 传感器设备（被封装在 `pHClass` 中）中读取 pH 值。相反，`pHClass` 类或对象可以提供 pH 值读数。你可以使用 UML 中的角色来描述这两个活动（读取 pH 值和提供 pH 值）。角色的示例如图 6-28 所示。

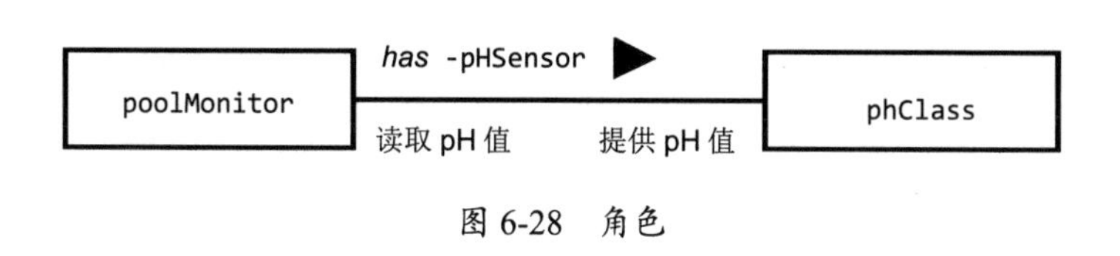

图 6-28 角色

6.5.5.3 接口说明符

接口是某些类的一个操作集合。它类似于一个类，除了无法实例化成对象。遵循某个接口的各个类，需要保证提供接口中所有的操作（并为这些操作提供具体的方法）。如果你是 C++程序员，则可以将接口看作只包含抽象成员函数的一个抽象基类。Java、C#和 Swift 语言都有自己的特定语法来定义接口（也被称为协议）。

> **注意**：虽然 UML 1.x 支持接口说明符，但是它已经被从 UML 2.0 中删除了。我在这里介绍它，是因为你可能会遇到它，但是你不应该在新的 UML 文档中使用它，因为它已经被弃用了。

如果一个类实现了一个接口，那么它实际上继承了该接口的所有操作。也就是说，如果一个接口提供了 A、B 和 C 操作，而某个类实现了该接口，那么这个类也必须提供 A、B 和 C 操作（并且提供这些操作的具体实现）。指定接口有两种不同的方式，分别是使用板型符号和球形符号，如图 6-29 所示。

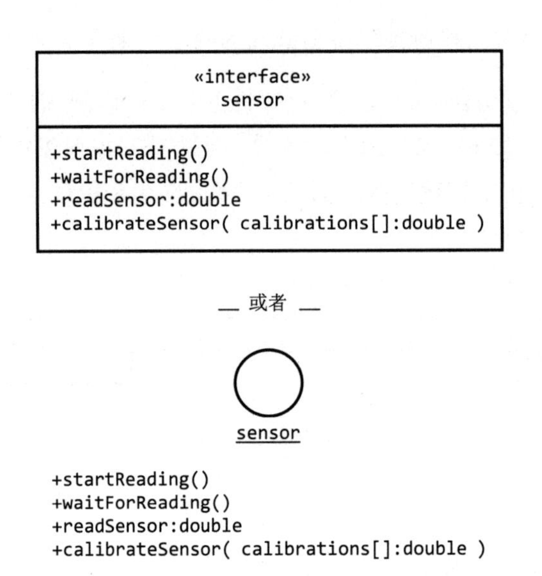

图 6-29 接口语法：板型符号（上面）和球形符号（下面）

为了显示一个类实现了某个接口，你需要画一条带有空心箭头的虚线，从类指向接口，如图 6-30 所示。

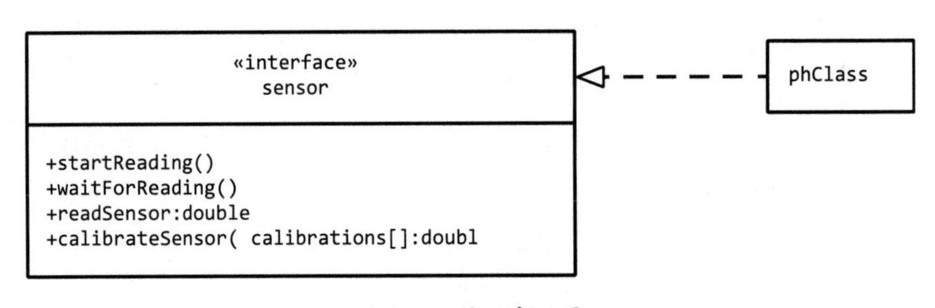

图 6-30 接口实现图

6.5.5.4 可见性

可见性适用于关联关系链接中的属性名称。正如前面所提到的，所有属性名称都必须以符号（-、~、#或+）作为前缀，来指定它们的可见性（分别为私有的、包级别的、受保护的或者公共的）。

6.5.5.5 多重性

6.3.6 节“属性多重性”描述了内联属性的多重性。你还可以通过在关联关系链接的任意一端或者两端指定多重性值，从而在关联关系图中包含多重性（如图 6-31 所示）。你可以将多重性值放在链接的上方或下方，靠近它们应用的类或对象。如果没有提供多重性值，则默认为 `1`。

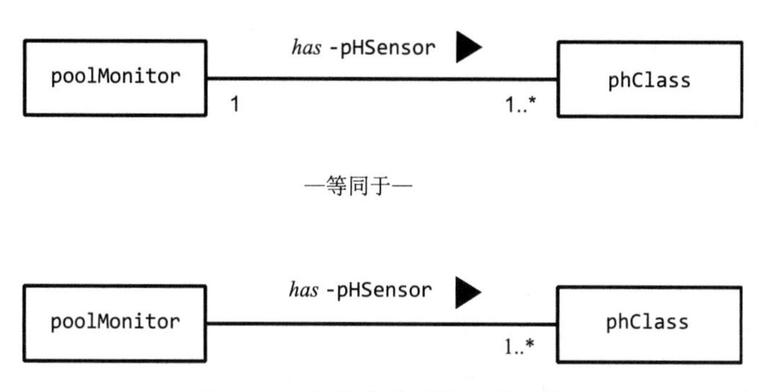

图 6-31　关联关系链接的多重性

图 6-31 表明有一个 `poolMonitor` 对象，它可以有一个或多个关联的 `pHSersor` 对象（例如，在水疗中心和游泳池中可能有单独的 pH 传感器）。

这个示例展示了一个一对多的关系。在这些图中也可能存在多对一甚至多对多的关系。例如，图 6-32 显示了 `poolMonitor` 和 `pHClass` 类或对象之间的多对多关系（如果你很难理解它们的关系，则可以想象一个有多个水池的水上公园，每个水池中都有多个 pH 传感器）。

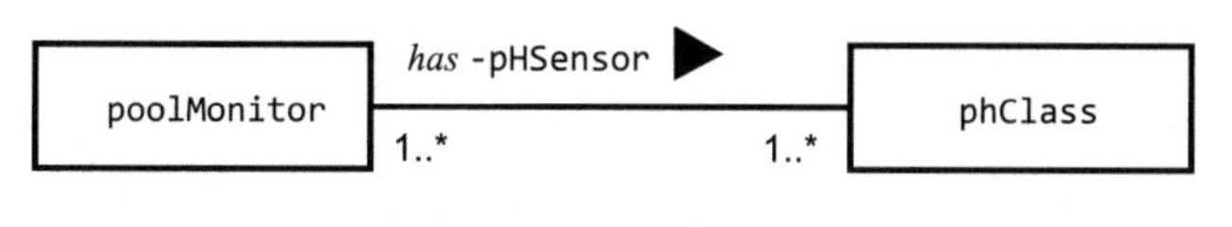

图 6-32　多对多关系

6.5.5.6 顺序

UML 提供了`{ordered}`约束，你可以把它添加到任何一个多重性值不为 1 的关联关系上（如图 6-33 所示）。

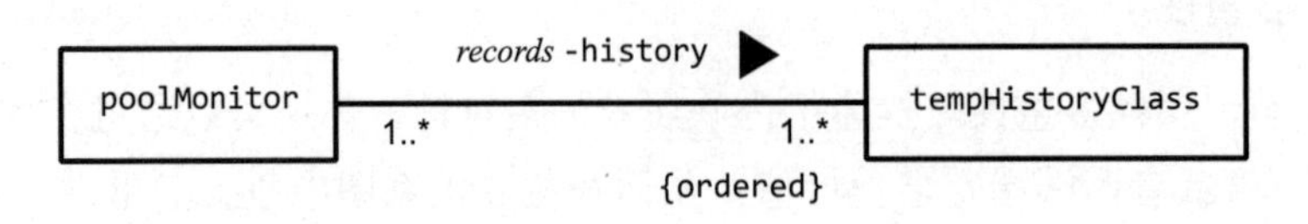

图 6-33 一个有序的关联关系

当{ordered}约束出现时，它不会指定如何对元素列表进行排序，只是表示它们是有序的。排序方式必须由实现来处理。

6.5.5.7 约束

约束是一段用花括号包围起来的特定于应用程序的文本，可以被添加到关联关系链接上。虽然 UML 提供了一些预定义的约束（像上面提到的{ordered}约束），但是你通常需要自己创建约束，并且在关联关系链接上增加一些由应用程序定义的控制。你甚至可以在花括号中指定用逗号分隔的多个约束。例如，图 6-33 中的{ordered}约束并没有描述如何对温度历史信息进行排序。你可以通过向图中添加另一个约束来指定排序，例如，按日期/时间排序，如图 6-34 所示。

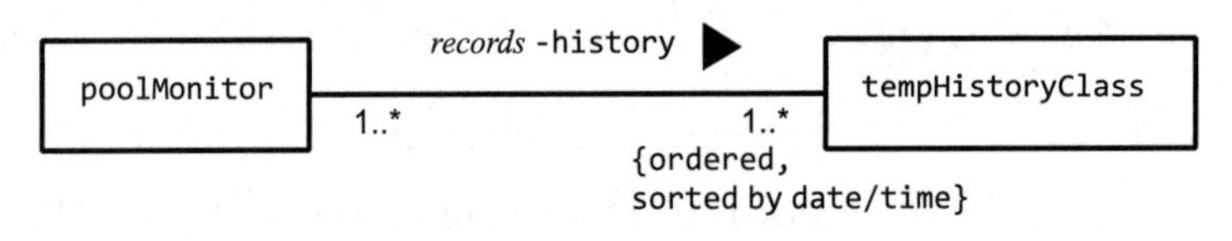

图 6-34 自定义约束

6.5.5.8 限定符

限定符用来告诉实现者，所指定的关联关系需要被快速访问，这通常需要使用键或者索引值。例如，假设图 6-34 中的温度记录机制，每分钟会记录一次水池温度。那么，在一周的时间内，历史对象将累积 10 080 个读数；在一年的时间里，它将累计超过 360 万个读数。为了能够获取过去一年里每天的一个读数(比如中午的温度)，你必须扫描近 400 万个读数，才能获得 365 个或者 366 个读数。这可能是一个计算密集型的操作，并且会产生一些性能问题，特别是对于实时系统来说（水池监控系统很可能就会遇到这种情况）。相反，我们可以给每个读数一个唯一的索引值，这样就可以快速提取到所需的索引值。

为了创建一个 UML 限定符，你需要在关联关系链接一端的矩形中设置一些限定信息（通常是限定类或对象中的某个属性名称），如图 6-35 所示。

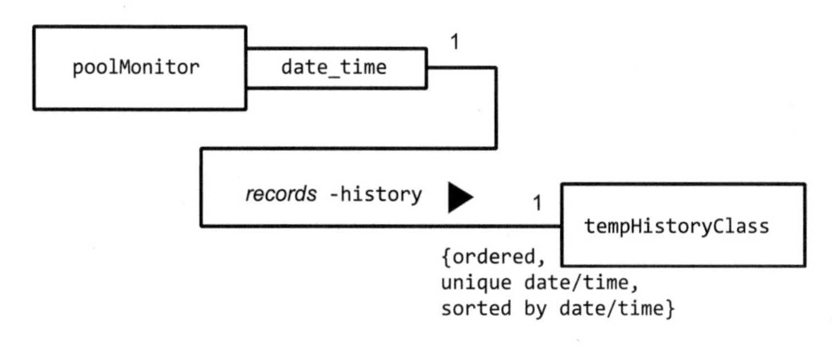

图 6-35　限定符示例

唯一限定符要求所有的 tempHistoryClass 对象具有唯一的日期和时间；也就是说，没有两个读数具有相同的日期和时间值。

图 6-35 表明系统将维护一种特殊的机制，允许我们根据 date_time 值直接获取单个 tempHistoryClass 对象。这类似于数据库表中的主键[1]。

在这个例子中，多重性值都是 1，因为日期和时间都是唯一的，date_time 限定符将选择一个特定的日期，对应这个日期只能有一条关联的记录（从技术上讲，可能没有匹配的值，但是 UML 图不允许这样做，所以必须有一个匹配的对象）。

如果 date_time 键在历史对象中不是唯一的，那么多重性值可以不是 1。例如，如果你想要生成一个包含中午所有温度记录的报告，那么你可以指定它，如图 6-36 所示。

假设 tempHistoryClass 对象中有一年的读数，那么你将获得一组 365/366 个读数，它们的时间相同（本例中为中午），但是日期不同。

1　与主键相似，但是不完全相同。数据库以磁盘文件的形式来保存记录和主键，而限定符通常使用内存中的数据结构，例如关联数组、哈希表或者映射，来提供对特定记录的访问。

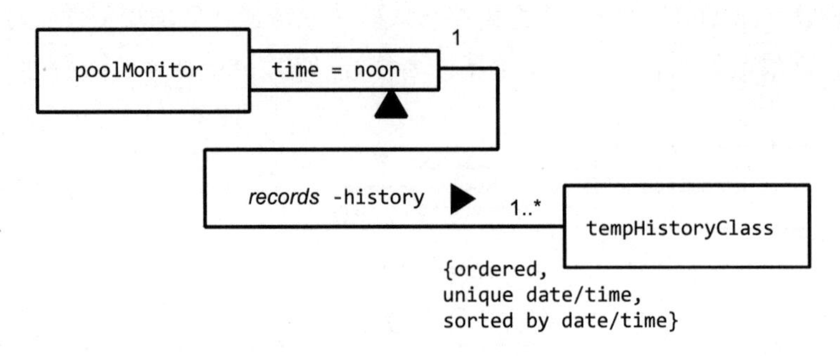

图 6-36 限定符集合示例

需要记住的是，你可以用多个关联关系图来描述同一个关联关系的变体。例如，在同一组 UML 文档中，出现图 6-34、图 6-35 和图 6-36 是合理的。图 6-34 描述了 `poolMonitor` 类或对象与 `tempHistoryClass` 对象之间的一般关联关系。图 6-35 可能描述了一个搜索操作，你正在搜索一个特定的温度；这个操作非常常见，以至于你可能希望生成某种类型的关联数组（即一个哈希表）来提高性能。同样，图 6-36 建议你使用另一个快速查找表，来加快收集一组中午记录的读数。每个图都存在于它自己的上下文中，相互之间并不冲突。

6.5.5.9 导航性

在 6.3.3 节“属性名称”中，我引入了将属性名称添加到关联关系链接上的概念。建议你将属性名称放在包含属性的类或对象附近（也就是在关联关系链接两端引用的另一个类或对象）。尽管这种隐式指定通信方向和属性所有权的方法，对于大多数简单的图都很有效，但是当 UML 图变得更复杂时，就会变得非常混乱。因此，UML 通过导航性来弥补这个缺点。

导航性指定了某个图中信息流的方向（即数据如何在系统中流动）。在默认情况下，关联关系链接是双向导航的，这意味着链接一端的类/对象可以访问另一端的数据字段或方法。但是，你也可以指定信息只沿着关联关系链接的一个方向流动。

为了表示导航的通信方向，我们可以在关联关系链接的末尾放置一个箭头（不需要在关联关系链接的两端都放置箭头来表示双向通信）。例如，在图 6-37 中，通信是从 `poolMonitor` 类或对象发往 `pHClass` 类或对象的。这个方向说明了两件事情：

pHSensor 属性是 poolMonitor 类或对象的成员，并且 pHClass 没有任何属性可以引用 poolMonitor 中的任何内容。

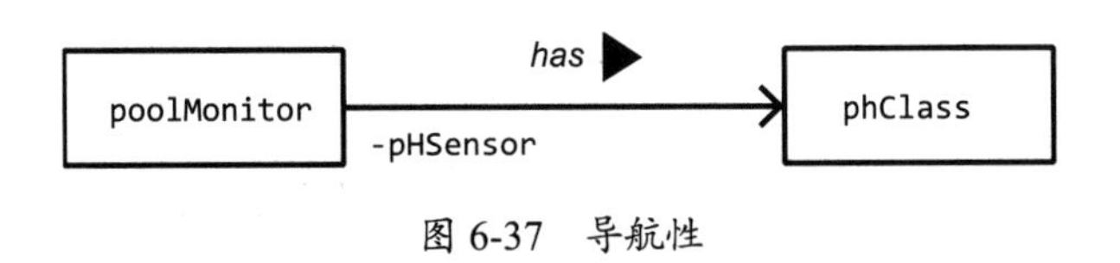

图 6-37 导航性

UML 2.x 中添加了一个新的符号，用来明确表示通信不是在指定的方向上发生的，即在关联关系链接上靠近禁止通信的一侧放置一个小的×符号（如图 6-38 所示）。

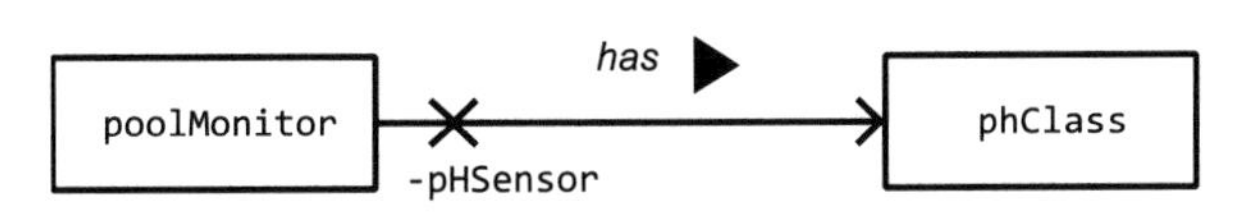

图 6-38 显式指定不可导航性

我认为这会让图变得混乱，并使其更加难以阅读，因此我坚持使用默认的规范。你可以自己来决定如何使用。

6.5.5.10 可变性

UML 可变性允许你指定一个数据集在创建之后是否可以被修改。在图 6-34 所示的历史记录示例中，一旦温度被记录到历史数据库中，就不希望系统或者某个用户编辑或删除这个值。你可以通过在关联关系链接上添加{frozen}约束来实现这一点，如图 6-39 所示。

图 6-39 {frozen}约束示例

现在，你应该可以更好地理解前面 4 种关系的特性了，下面让我们介绍最后一种关系：继承。

6.5.6 类的继承关系

继承关系（在 UML 中也被称为泛化关系）是两个类之间关联最强或者耦合最紧的关系形式。对基类字段所做的任何更改，都将对子（继承的）类或对象产生直接而显著的影响[1]。继承是一种与依赖、关联、聚合或组合截然不同的关系。其他关系描述的是一个类或对象如何使用另一个类或对象，而继承关系描述的是一个类如何包含另一个类的所有内容。

对于继承关系，我们使用一端带有空心箭头的线来表示。箭头指向基类（泛化类），另一端连接到继承的（派生的）类，如图 6-40 所示。

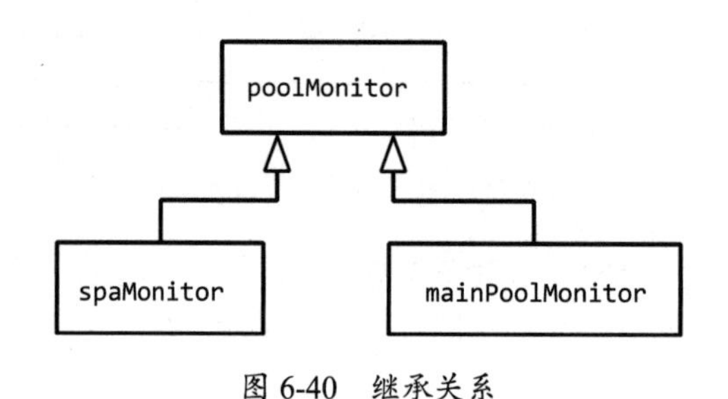

图 6-40　继承关系

在本例中，`spaMonitor` 和 `mainPoolMonitor` 是继承了基类（祖先类）`poolMonitor` 中所有字段的派生类（很可能在派生类中还添加了新的属性和操作）。

继承关系不像依赖关系、关联关系、聚合关系或组合关系，其不具有多重性、角色和导航性等特性。

6.6 对象

到目前为止，在所有的图中，你已经看到了两个主体，分别是参与者和类。具体来说，大多数都是类。但是，从面向对象编程的角度来看，类仅仅是一种数据类型，而不是软件可以操作的实际数据。对象是类的实例化，即在应用程序中实际维护状态的数据对象。在 UML 中，你可以使用矩形来表示对象，就像表示类一样。不

1　基类也被称为祖先类。

同的是，你需要指定对象名称及其关联的类名，然后在对象图中给它们加上下画线，如图 6-41 所示。

pMon:poolMonitor

图 6-41　对象

6.7　获取更多信息

Michael Bremer 编写的 *The User Manual Manual: How to Research, Write, Test, Edit, and Produce a Software Manual*，UnTechnical Press，1999 年。

Craig Larman 编写的 *Applying UML and Patterns: An Introduction to Object-Oriented Analysis and Design and Iterative Development. 3rd ed*，Prentice Hall，2004 年。

Russ Miles 和 Kim Hamilton 编写的 *Learning UML 2.0: A Pragmatic Introduction to UML*，O'Reilly Media，2003 年。

Tom Pender 编写的 *UML Bible*，Wiley，2003 年。

Dan Pilone 和 Neil Pitman 编写的 *UML 2.0 in a Nutshell: A Desktop Quick Reference.2nd ed*，O'Reilly Media，2005 年。

Jason T. Roff 编写的 *UML: A Beginner's Guide*，McGraw-Hill Education，2003 年。

UML 线上教程，*UML Tutorial*。

7

UML 交互图

交互图用来为系统中不同对象（主体）之间发生的操作建模。在 UML 中有三种主要类型的交互图：时序图、协作（通信）图和计时图。本章的大部分内容将集中在时序图上，然后简单介绍一下协作图。

7.1 时序图

时序图是按照事情发生的顺序来显示各个主体（参与者和对象）之间的交互的。活动图用来描述对象上某个操作的细节，而时序图用来将活动图联系在一起，从而显示多个操作发生的顺序。从设计的角度来看，时序图比活动图能够提供更多的信息，因为它们说明了系统的总体架构，但是在活动图（较低）的层次上，系统架构师通常可以放心地假定实现系统的软件工程师能够找出设计所需的活动。

7.1.1 生命线

在时序图的顶部，你可以使用多个矩形或者条形（如图 7-1 所示）来绘制一个主体的集合，然后从每个主体到图的底部绘制一条虚线来表示对象的生命线。**生命线**显示了从最早（最高）的执行点到最近（最低）的执行点的时间流逝。但是，生命线本身并不代表流逝了多少时间，只是表示时间是从图的上方到下方流逝的，而且每条生命线的长度不需要代表同样的时间量——某一段 1cm 可能表示天，而其他的 1cm 可能表示微秒。

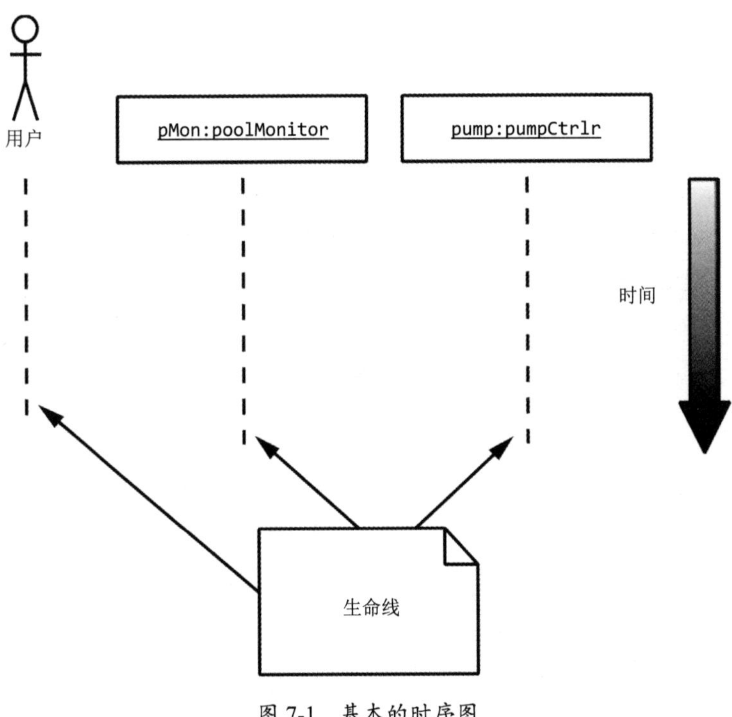

图 7-1　基本的时序图

7.1.2 消息类型

主体之间的通信需要采用消息的形式（我有时将它们称为操作），它由在生命线之间绘制的箭头组成，甚至包括生命线它自己。

你可以使用 4 种类型的消息箭头，如图 7-2 所示。

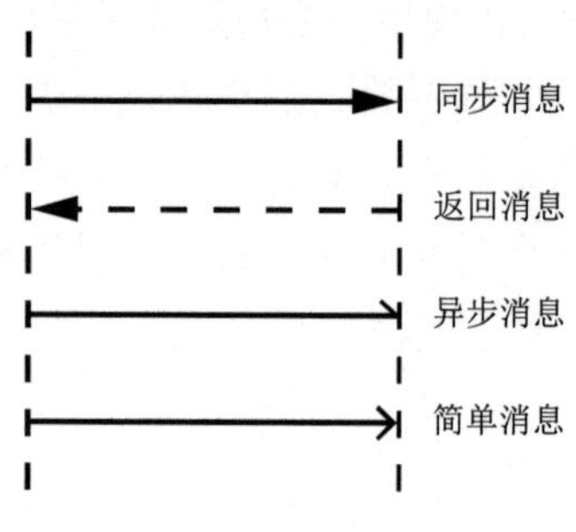

图 7-2　时序图中的消息类型

同步消息是大多数程序使用的典型的调用/返回操作（用于执行对象的方法、函数和过程）。发送方会暂停执行，直到接收方返回消息的控制权。

返回消息表示控制权从同步消息返回给消息发送方，但是它们在序列图中不是必需的。一个对象不能在同步消息完成之前继续执行，因此，如果在同一时间轴上出现了其他消息（接收或发送），则必然意味着有一个返回操作。因为大量的返回箭头会让时序图变得混乱，所以，如果消息很多，则最好不要使用返回箭头。不过，如果时序图相对简单，那么返回箭头可以帮助准确地显示正在发生的事情。

异步消息会触发并调用接收方的某段代码，但是消息发送方在继续执行之前不必等待消息的返回。出于这个原因，我们没有必要为时序图中的异步调用绘制一个显式的返回箭头。

简单消息可以是同步的，也可以是异步的。当消息类型对于设计并不重要，并且你希望将选择权留给实现代码的工程师时，可以考虑使用简单消息。一般来说，你不需要为简单消息绘制返回箭头，因为这意味着实现者必须使用同步调用。

注意：简单消息只存在于 UML 1.x 版本中。在 UML 2.0 版本中，需要使用带有全开放箭头的异步消息来代替简单消息。

7.1.3 消息标签

当你绘制一条消息时，请务必将一个标签添加到消息的箭头上。这个标签可以只是对消息的简单描述，如图 7-3 所示。

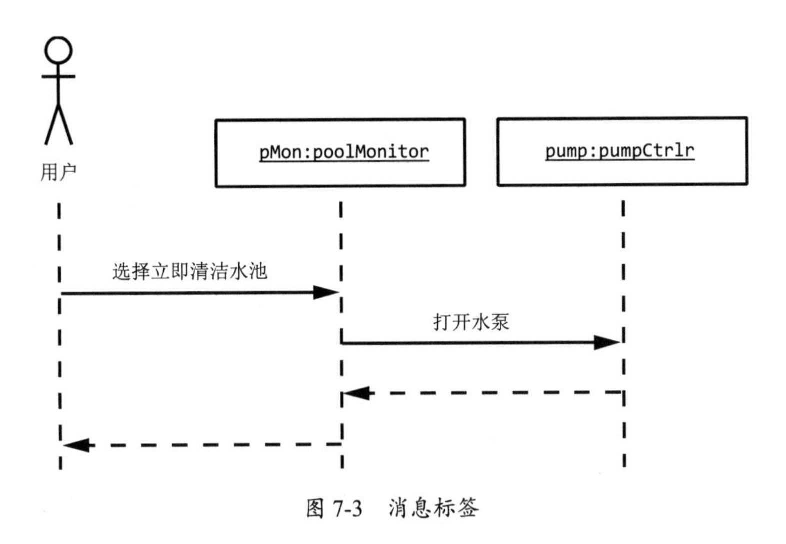

图 7-3 消息标签

消息的顺序由它们的垂直位置表示。在图 7-3 中，“选择立即清洁水池”标签是第一个消息行，这意味着它是要执行的第一个操作。向下移动，“打开水泵”标签是第二个消息行，因此它会在下一步执行。从“打开水泵”返回的消息是第三个操作，从“选择立即清洁水池”返回的消息是第四个操作。

7.1.4 消息序号

随着时序图变得越来越复杂，你可能很难仅从消息的位置来确定执行的顺序，因此需要在每个消息标签上都添加一个序号（例如，数字）。图 7-4 中使用了顺序的整数来作为序号，但是 UML 不需要一定用顺序的整数，你可以使用像 3.2.4 这样的数字，甚至非数字序号（例如，A、B、C）。使用序号的目的是使确定消息顺序变得容易，因此，如果这里用得太复杂，则可能无法达到这个目的。

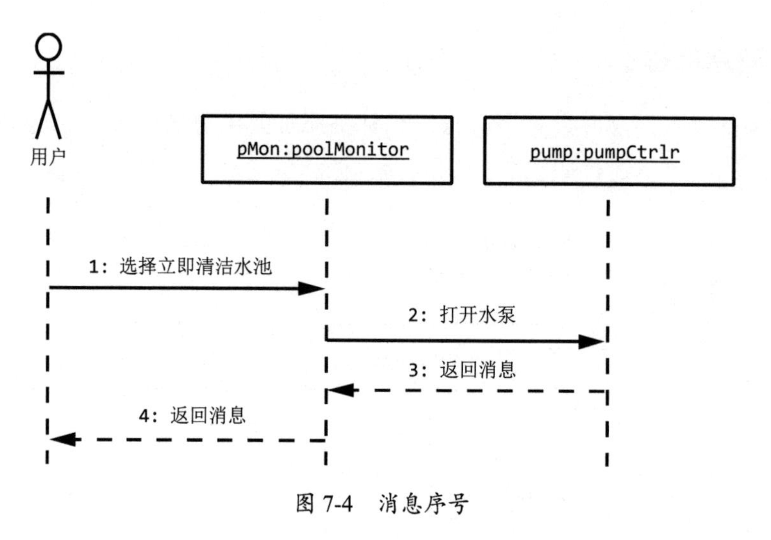

图 7-4　消息序号

到目前为止，虽然你看到的消息标签都是相对简单的描述，但是在实际中也经常会使用操作名称、参数和返回值作为消息箭头上的标签，如图 7-5 所示。

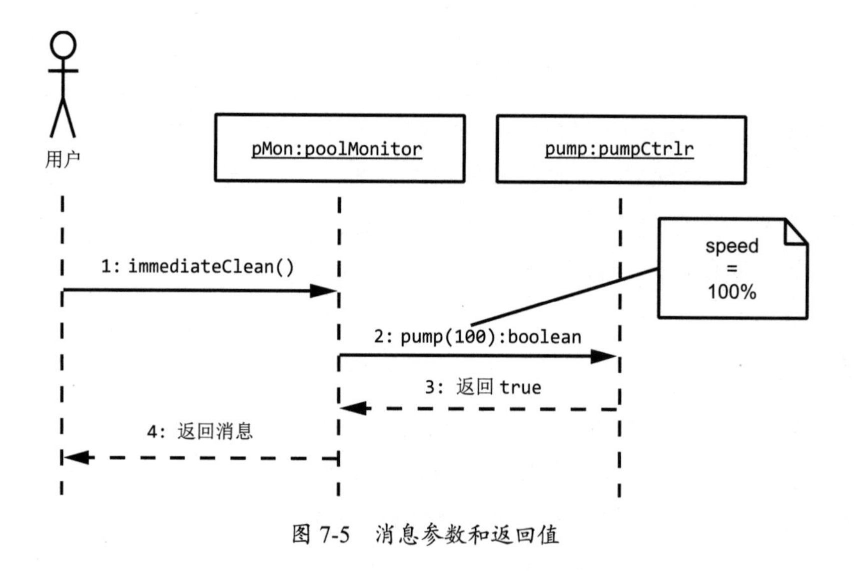

图 7-5　消息参数和返回值

7.1.5　守卫条件

在消息标签中也可以包含守卫条件，即在方括号内指定一个布尔表达式（如图 7-6 所示）。如果守卫表达式的计算结果为 `true`，则系统发送消息；如果计算结果为

false，则系统不发送消息。

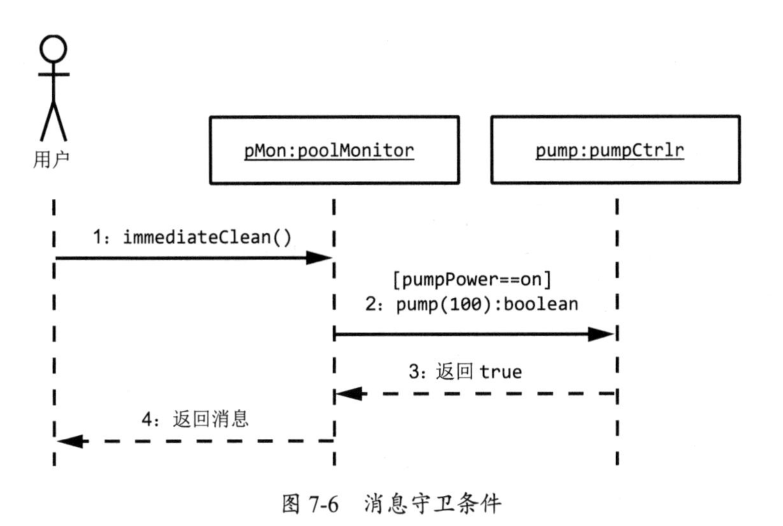

图 7-6　消息守卫条件

在图 7-6 中，只有当 pumpPower 为 on（true）时，pMon 对象才会向 pump 发送一条 pump(100)消息。如果 pumPower 为 off（false），并且 pump(100)消息没有被发送，那么相应的返回操作（序列项 3）也不会被执行，控制权将移动到 pMon 生命线中下一个箭头指向的对象（序列项 4，将控制权返回给用户对象）。

7.1.6　迭代

你还可以在时序图中提供一个迭代计数，从而指定消息执行的次数。要指定迭代，你可以使用星号符号（*），后面跟着守卫条件或者 for 循环迭代计数（如图 7-7 所示）。只要守卫条件为 true，系统就会重复发送该消息。

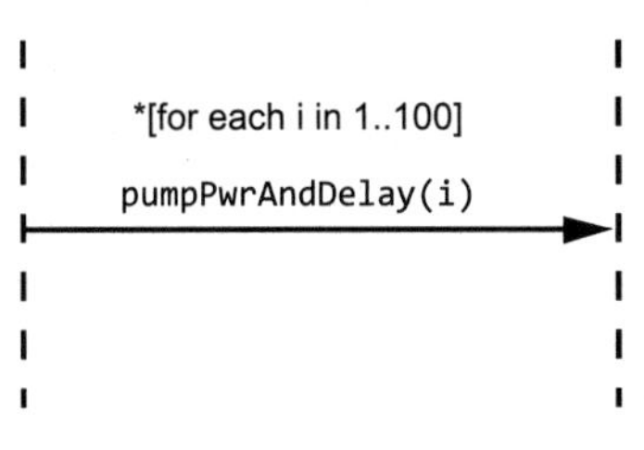

图 7-7　带有迭代的时序图

在图 7-7 中，该消息执行了 100 次，因为变量 `i` 的起始值为 `1`，且每次迭代都会递增 `1`，直到 `i` 的值为 `100`。如果 `pumpPwrAndDelay` 函数使用了在参数中指定的功率百分比，并且延迟 1 秒，那么在大约 1 分 40 秒内，水泵会以全速度运转（每秒增加总速度的 1%）。

7.1.7 长延迟和时间约束

时序图通常只描述消息的顺序，而不是每条消息执行所需的时间。但是，有时候设计者可能希望指出，某个特殊操作相对于其他操作来说需要较长的时间。当一个对象向位于当前系统边界之外的另一个对象发送消息时（例如，当某个组件通过互联网向远程服务器上的某个对象发送消息时），这种情况尤其常见，稍后我们将对此进行讨论。你可以通过将消息箭头稍微向下来表示操作将花费更多的时间。例如，在图 7-8 中，你可能预期 `scheduleClean()`操作会比普通操作花费更多的时间。

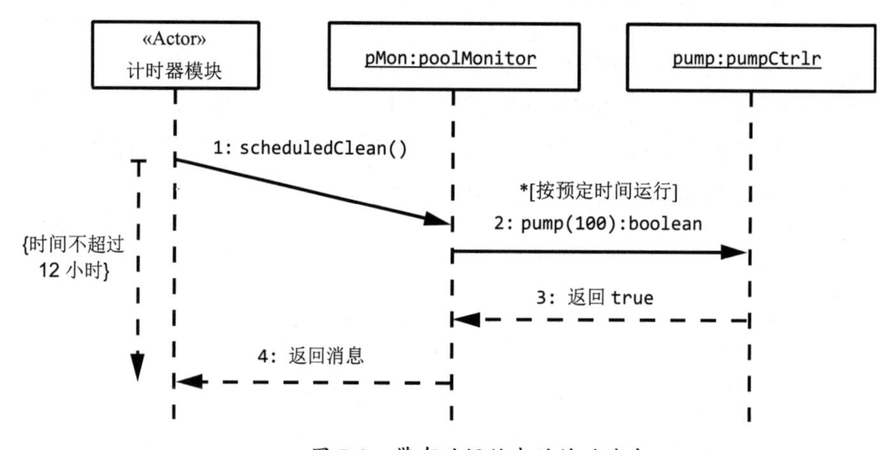

图 7-8 带有时间约束的计时消息

为了指定每条消息的预期执行时间，你还必须向图中添加某种约束。图 7-8 中使用了一个垂直的虚线箭头，从 `scheduleClean()`操作开始，到生命线上将控制权返回给计时器模块参与者（可能是水池监控系统上的物理计时器）的点。所需的时间约束会显示在虚线箭头旁边的花括号内。

7.1.8 外部对象

有时候，时序图中的某个组件必须与系统外部的某个对象通信。例如，水池监控系统中的代码可能会检查盐度水平，如果盐度太低，则会向负责人的手机上发送一条通知短信。实际传输短信的代码可能是由物联网（IoT）设备来处理的，不在水池监控系统的范围内。因此，短信（SMS）代码是一个外部对象。

你可以在外部对象周围画一个粗边框，然后用实线代替虚线作为生命线（如图7-9 所示）。

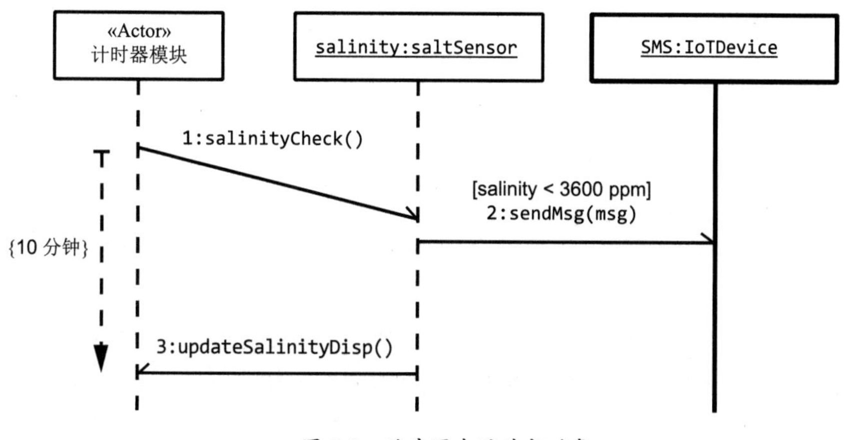

图 7-9　时序图中的外部对象

在图 7-9 中，计时器模块会异步调用 `salinity` 对象，但是没有从 `salinityCheck()`操作返回。在调用之后，计时器模块可以执行其他任务（在这个简单的时序图中没有显示）。10 分钟后，正如时间约束所显示的，`salinity` 对象会再次异步调用计时器模块，并让它更新显示盐度值。

因为 `sendMsg()`操作没有明确的时间限制，所以它可以在 `salinityCheck()`操作之后和 `updateSalinityDisp()`操作之前的任何时间发生，这在图中的表现是，`sendMsg()`消息箭头位于其他两条消息之间。

7.1.9 激活条

激活条表明一个对象被实例化并且被激活，在生命线上显示为一个空心的矩形（如图 7-10 所示）。它们不是必需的，因为你通常可以通过查看往返于对象之间的消息来推断对象的生命周期。

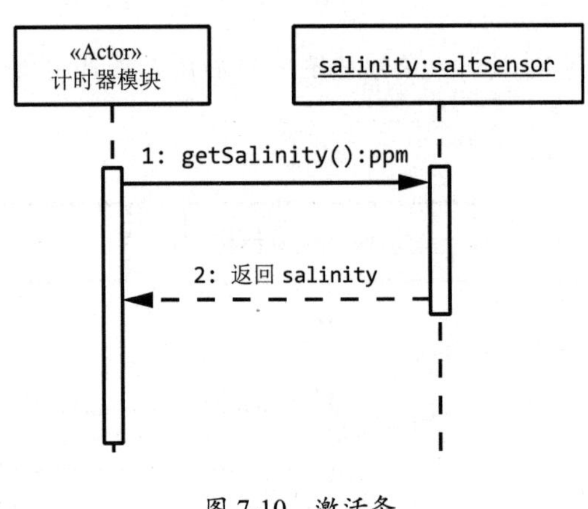

图 7-10 激活条

注意：在大多数情况下，激活条会让时序图变得混乱，所以本书不会使用它们。这里对它们进行了介绍，以防你在其他时序图中遇到它们。

7.1.10 分支

正如 7.1.5 节“守卫条件”中所指出的，你可以将守卫条件应用到消息上，即“如果为 `true`，则执行消息，否则继续沿着生命线前进”。另一个方便的工具是分支，它相当于 C 语言风格的 `switch/case` 语句，在有多条消息的情况下，如果每条消息都有一个守卫条件，那么你可以根据这些守卫条件，从多条消息中选择某一条来执行。为了根据水池是使用氯气还是溴气作为杀菌剂的条件来执行不同的消息，你可能会绘制如图 7-11 所示的分支逻辑。

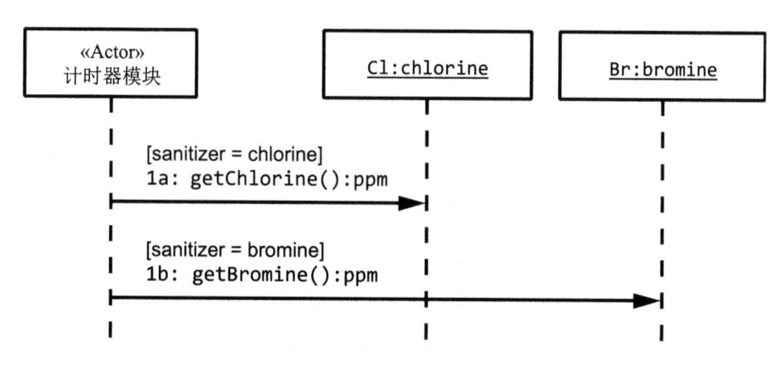

图 7-11　分支逻辑的错误实现

从某个角度来看，这个图很有意义。如果这个水池的杀菌剂是溴气而不是氯气，那么第一条消息不会执行，控制流会执行第二条消息。但是这个图的问题在于，两条消息出现在了生命线上的不同点上，因此，它们可以在完全不同的时间点执行。特别是当序列图变得更加复杂时，其他一些消息调用可能会在这两者之间结束，因此会在 `getBromine()`消息之前执行。相反，如果杀菌剂不是氯气，那么你会想要立即检查它是不是溴气，而不应该有任何干扰信息。正确的逻辑绘制方法应该如图 7-12 所示。

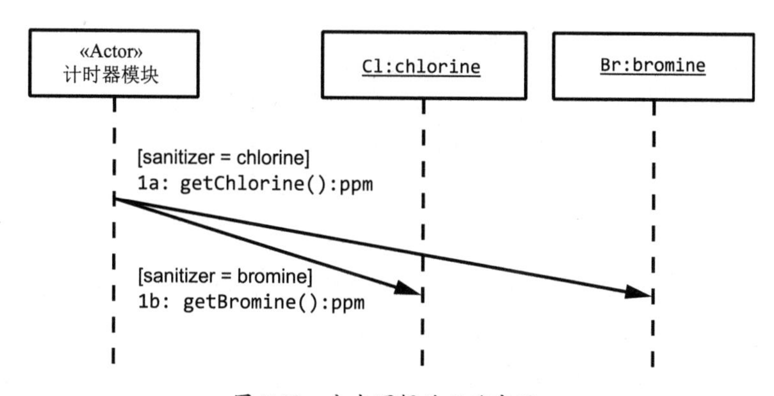

图 7-12　分支逻辑的正确实现

为了清楚地绘制分支逻辑，你应该让箭头的尾部从相同的垂直位置出发，然后箭头的头部结束在同一垂直位置，这样可以避免在顺序执行时出现任何模棱两可的结果（假设守卫条件是互斥的，那么不可能两个条件同时成立）。

分支会使用类似于长延迟的倾斜消息箭头，但是长延迟项将有一个相关的时间约束[1]。

7.1.11 可选流

关于分支还存在一个潜在的问题：当你需要向同一个目标对象发送两条不同消息的其中之一时，会发生什么？因为箭头的头部和尾部必须在相同的垂直位置开始和结束，那么这两个箭头会重叠在一起，所以不会体现出任何分支逻辑。这个问题的解决方案是使用**可选流**。

在一个可选流中，一条生命线会在某个点上分裂为两条独立的生命线（如图 7-13 所示）。

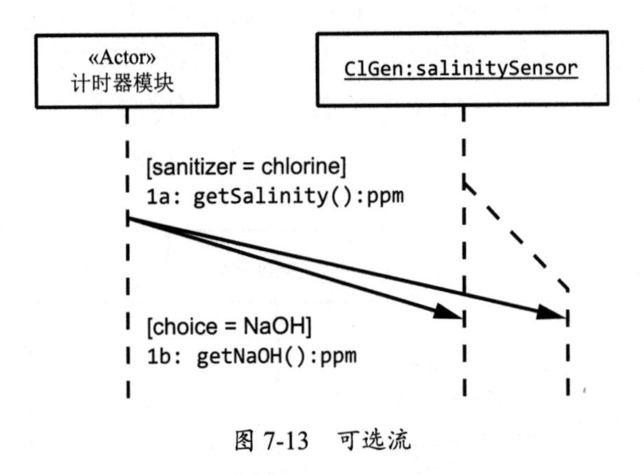

图 7-13 可选流

在本例中，计时器模块必须在获取当前盐度（NaCl）或者氢氧化钠浓度（NaOH）之间做出选择。`getSalinity()`和 `getNaOH()`操作是同一个类中的两个方法，因此它们的消息箭头都将指向 `ClGen` 生命线上的同一点。为了避免消息箭头重叠，在图 7-13 中将 `ClGen` 生命线分成了两条生命线：原始流和可选流。

在消息调用之后，如果需要，那么你可以将两个流合并回一个流。

1 如果你认为这在 UML 中是一个糟糕的设计，那么你是对的。如果你了解它的历史，以及知道它是由一个（政治风气的）委员会设计出来的，那么就应该能理解，为什么 UML 看起来这么复杂。

7.1.12 对象的创建和销毁

到目前为止，在这些例子中，对象在时序图的整个生命周期中都存在；也就是说，所有对象都存在于第一条消息（操作）执行之前，并且在最后一条消息执行之后会继续存在。在实际的系统设计中，你需要创建和销毁在程序整个执行过程中不存在的对象。

对象的创建和销毁也是消息，与其他任何消息一样。在 UML 中，常见的约定是，使用特殊的消息«创建»和«销毁»（如图 7-14 所示）来显示时序图中对象的生命周期，但是你也可以使用任何自己喜欢的消息名称。`cleanProcess` 生命线末端的 X，在«销毁»操作的下方，表示生命线的尽头，因为此处对象已经不存在了。

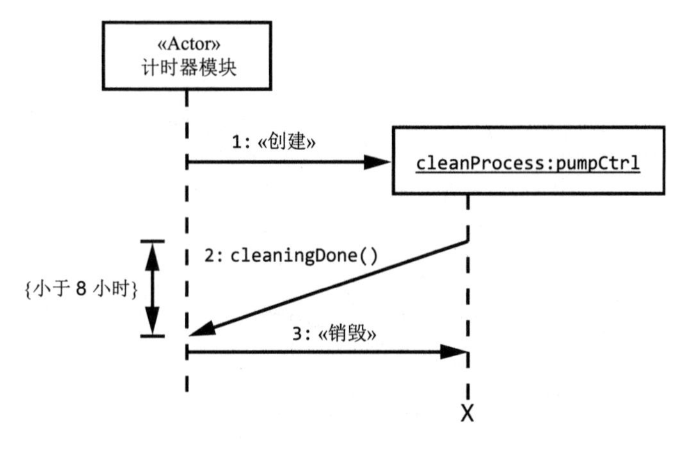

图 7-14 对象的创建和销毁

这个例子使用了一个下拉标题框来表示新对象的生命线的开始。正如 Russ Miles 和 Kim Hamilton 在 *Learning UML 2.0*（O'Reilly，2003 年）中所指出的，许多标准化的 UML 工具不支持使用下拉标题框，只允许你将对象的标题框放置在图的顶部。对于这个问题，有几种解决方案适用于大多数的标准 UML 工具。

你可以将对象放在图的顶部，并添加一条注释，明确表示对象创建和销毁发生的位置（如图 7-15 所示）。

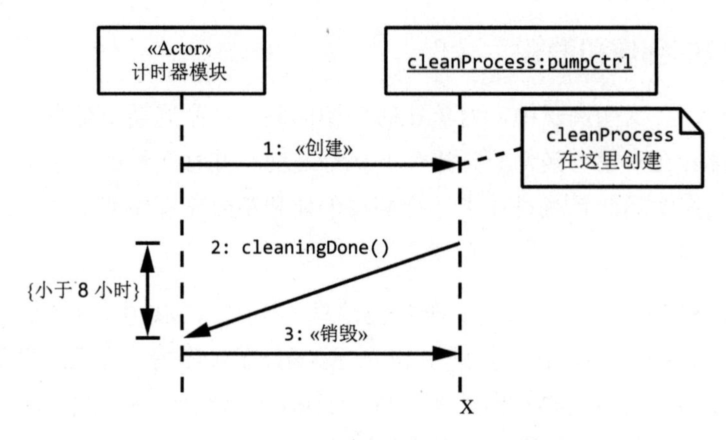

图 7-15　用注释表示对象的生命周期

你还可以使用可选流来表示对象的生命周期（如图 7-16 所示）。

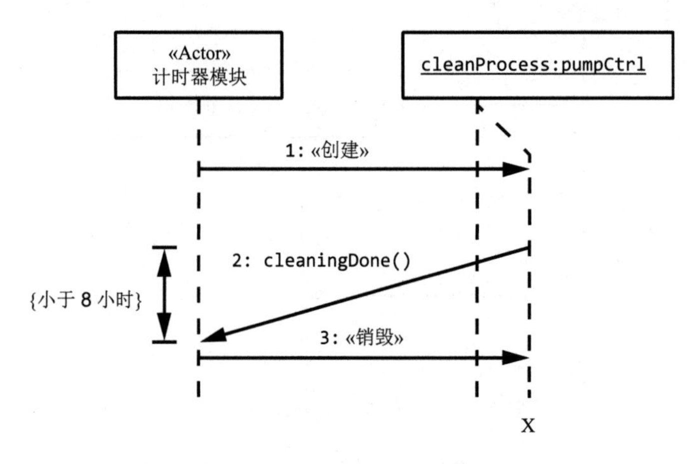

图 7-16　用可选流表示对象的生命周期

激活条是第三种可能更清楚的表示方式。

7.1.13　时序片段

UML 2.0 中添加了时序片段来表示循环、分支和其他符号，使你能够更好地管理时序图。UML 定义了几种你可以使用的标准时序片段类型，如表 7-1 中的简要定义所示（完整的描述将在本节后面介绍）。

表 7-1 时序片段类型的简要描述

类型	描述
alt	只执行结果为 true 的可选片段（想想 if/else 或者 switch 语句）
assert	注意，如果守卫条件为 true，那么片段中的操作就是有效的
break	退出一个循环的片段（基于某些守卫条件的结果）
consider	提供某个时序片段中有效的消息列表
ignore	提供某个时序片段中无效的消息列表
loop	执行多次，根据守卫条件来确定片段是否需要重复执行
neg	永远不执行
opt	只有当关联条件为 true 时才执行。与 alt 相比，只有一个可选片段
par	并行执行多个片段
ref	表示调用另一个时序图
region	（也被称为 critical）定义一个关键区域，其中只有一个线程可以执行
seq	表示操作（在多任务环境中）必须以指定的顺序发生
strict	比 seq 更严格的类型

通常，你需要将时序片段绘制为一个围绕着消息的矩形，在它的左上角放置一个特殊的五边形符号（一个右下角被裁剪的矩形），它包含了 UML 片段的名称/类型（参见图 7-17，你可以用任何实际的片段类型来代替图中的 *typ*）。

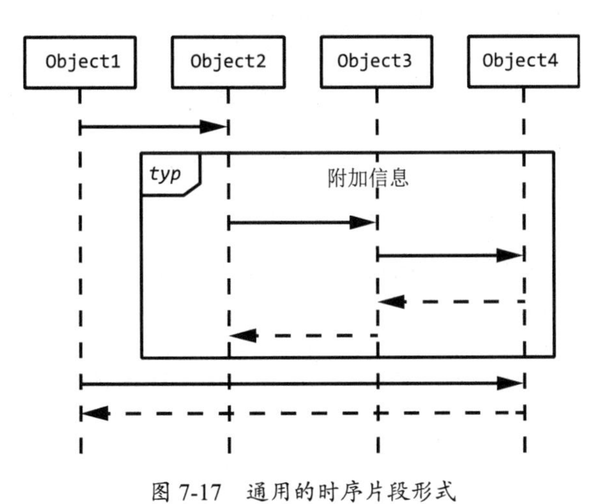

图 7-17 通用的时序片段形式

例如，如果你想多次重复执行一组消息，那么可以将这些消息封装在一个循环时序片段中。这会告诉实现程序的工程师重复这些消息，重复的次数由 `loop` 片段指定。

你还可以添加一条可选的附加信息，它通常是一个守卫条件或者迭代计数。下面将详细介绍表 7-1 中的时序片段类型，以及它们可能需要的任何附加信息。

7.1.13.1 ref 片段

一个 `ref` 时序片段有两个组成部分：UML 交互事件和引用本身。交互事件是一个独立的时序图，对应于代码中的子程序（过程或者函数）。交互事件被一个时序片段框所包围。片段框左上角的五边形中包含 `sd`（表示时序图），后面跟着 `ref` 片段的名称，以及任何你想要分配给它的参数（如图 7-18 所示）。

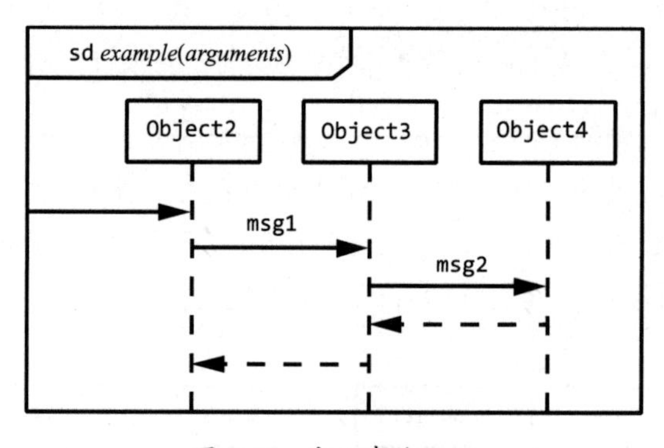

图 7-18　交互事件示例

最左边的输入箭头对应着子程序的入口点。如果没有这个箭头，那么你可以假定控制权会流动到生命线顶部最左边的参与者。

现在我们来看 `ref` 时序片段的第二个组成部分：如何在一个不同的时序图中引用交互事件（如图 7-19 所示）。

引用交互事件，对应于代码中对某个子程序（过程或者函数）的调用。

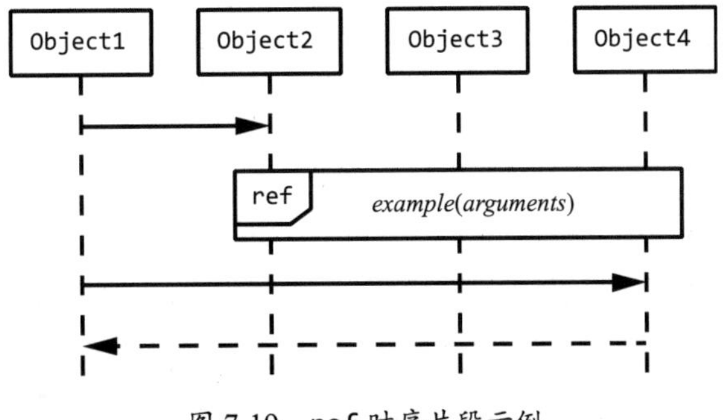

图 7-19　ref 时序片段示例

7.1.13.2　consider 和 ignore 片段

consider 时序片段列出了序列图中某个部分的全部有效消息，所有其他消息/操作符都是非法的。ignore 时序片段列出了序列图中某个部分的全部无效消息，所有其他操作符/消息都是合法的。

consider 和 ignore 要么作为操作符与某个时序片段一起使用，要么自己作为时序片段。consider 或者 ignore 操作符的形式如下：

```
consider{ 用逗号分隔的操作符列表 }
ignore{ 用逗号分隔的操作符列表 }
```

在一个交互事件中，consider 和 ignore 操作符可能会出现在 sd 名称标题之后（如图 7-20 所示），在这种情况下，它们适用于整个时序图。

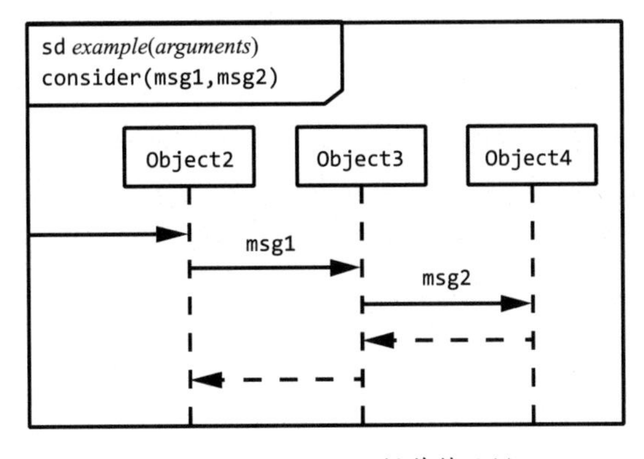

图 7-20　consider 操作符示例

你还可以在另一个时序图中创建一个时序片段，并使用 consider 或 ignore 操作符来标记该片段。在这种情况下，consider 或 ignore 操作符只适用于特定时序片段中的消息（如图 7-21 所示）。

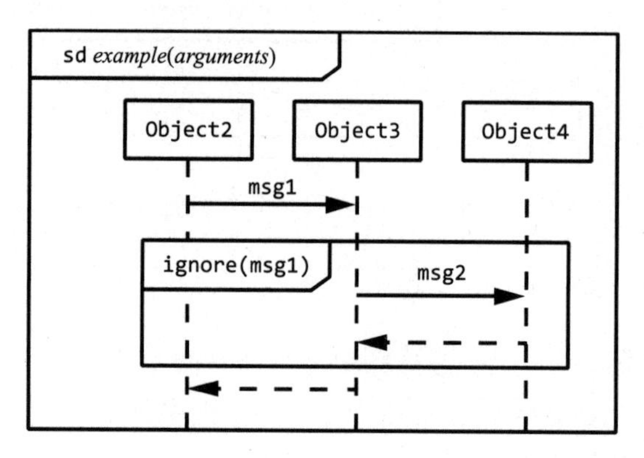

图 7-21 ignore 时序片段示例

如果这些片段类型看起来很奇怪，那么你可以考虑创建一个非常通用的 ref 片段，只处理某些消息，然后从其他地方引用该 ref 片段，同时将未处理的消息与已处理的消息一起传递过来。通过向 ref 片段添加一个 consider 或 ignore 操作符，可以让该片段直接忽略它无法明确处理的消息，这样你不必向系统中增加任何额外的设计，就可以使用该 ref 片段了。

7.1.13.3 assert 片段

assert 时序片段会告诉系统实现者，只有当某个守卫条件的计算结果为 true 时，片段中的消息才有效。在 assert 片段的末尾，通常会提供某种布尔条件表达式（守卫条件），一旦时序执行完成，该条件表达式就必须为 true（如图 7-22 所示）。如果在 assert 片段执行完成后，该条件表达式不为 true，那么设计不能保证正确的结果。assert 片段会提醒工程师来验证这个条件表达式是否为 true，例如，使用 C++语言的 assert 宏调用（或者其他语言中类似的东西，甚至只是一条 if 语句）。

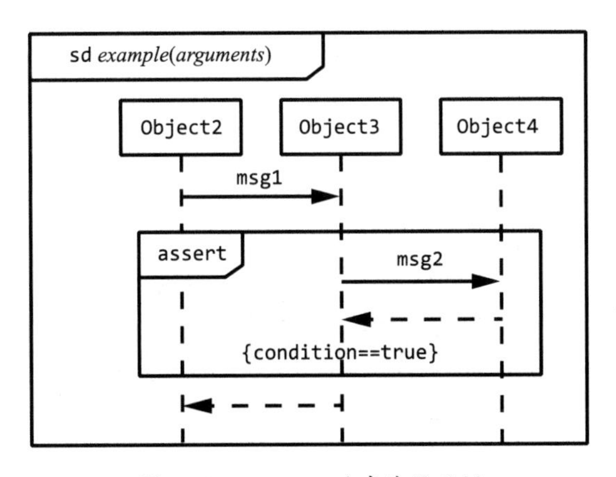

图 7-22　assert 时序片段示例

在 C/C++语言中，你可能会使用如下代码来实现图 7-22 中的时序片段：

```
Object3->msg1();             // 在示例中
Object4->msg2();             // 在 Object3::msg1 中
assert( condition == TRUE ); // 在 Object3::msg1 中
```

7.1.13.4　loop 片段

loop 时序片段表示迭代。你可以将 loop 操作符放在与时序片段相关的五边形中，还可以在时序片段顶部的括号中包含一个守卫条件。loop 操作符和守卫条件结合起来可以控制迭代的次数。

这个时序片段最简单的形式是无限循环，只需要在 loop 操作符中不指定任何参数和守卫条件（如图 7-23 所示）即可。大多数的“无限”循环实际上并不是无限的，而是在某些条件为真时通过一个 break 时序片段来结束循环（我们将在下一节中讨论 break 时序片段）。

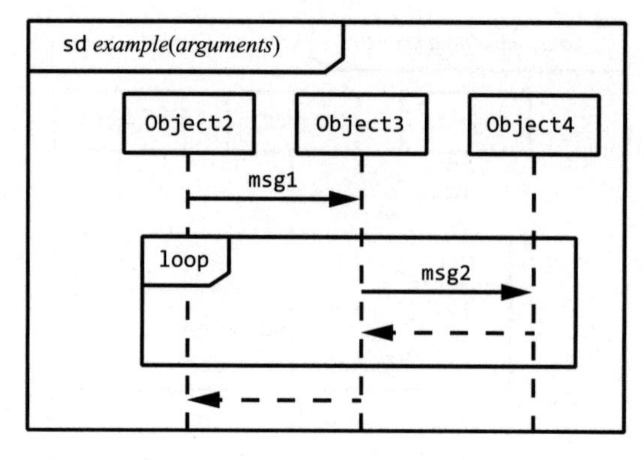

图 7-23　无限循环

图 7-23 中的循环大致相当于下面的 C/C++代码：

```
// 这个循环出现在 Object3::msg1 中
for(;;)
{
       Object4->msg2();
} // 结束 for 循环
```

或者，类似于下面这段代码：

```
while(1)
{
       Object4->msg2()
} // 结束 while 循环
```

注意：从我个人来讲，我更喜欢以下代码：

```
#define ever ;;
.
.
.
for(ever)
{
     Object4->msg2();
} // 结束 for 循环
```

我觉得这是最易读的方案。当然，如果你“不惜一切代价反对使用宏”，则可能会不同意我实现无限循环的方式！

有限循环会执行一个固定的次数，并且可以以两种形式出现。第一种是 `loop(integer)`，它是 `loop(0, integer)`的简写形式。也就是说，它的最少执行次数为 `0`，最多执行次数为 integer 次。第二种是 `loop(minInt, maxInt)`，它表示循环将执行最少 `minInt` 次和最多 `maxInt` 次。如果没有一个守卫条件，那么最少次数是无关紧要的，循环将始终执行 `maxInt` 次。因此，大多数确定次数的循环都使用 `loop(integer)`的形式，其中 `integer` 是要执行的迭代次数（如图 7-24 所示）。

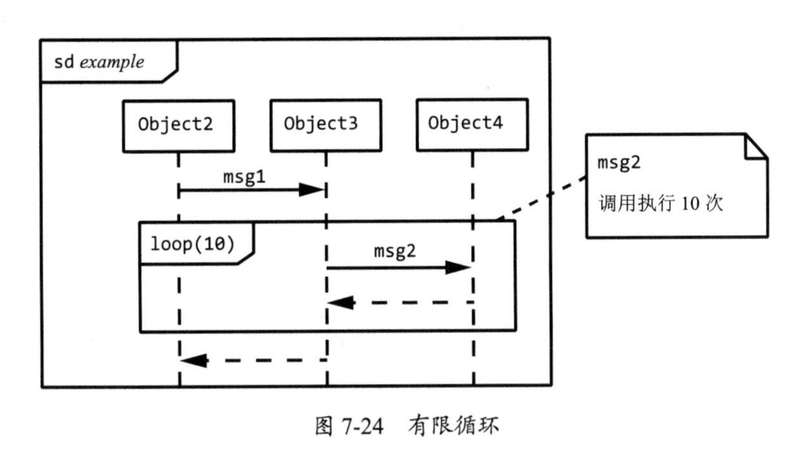

图 7-24　有限循环

图 7-24 中的循环大致相当于下面的 C/C++代码：

```
// 这段代码出现在 Object3::msg1 中
for( i = 1; i<=10; ++i )
{
      Object4->msg2();
} // 结束 for 循环
```

你也可以使用多重性符号“*”来表示无限循环。因此，`loop(*)`等价于 `loop(0, *)`，`loop(0, *)`等价于 `loop`（换句话说，你得到一个无限循环）。

一个不确定循环执行的次数是不确定的[1]（对应于编程语言中的 `while`, `do/while`, `repeat/until`，以及其他循环形式）。不确定循环会包含一个守卫条件

1　直到遇到循环的第一次迭代时才知道无法确定。

作为 loop 时序片段的一部分[1]，这意味着 loop 时序片段将始终循环执行 minInt 次（如果 minInt 不存在，则为 0 次）。在 minInt 次迭代之后，loop 时序片段将开始测试守卫条件，并且只在守卫条件为 true 时继续迭代循环。loop 时序片段将最多执行 maxInt 次迭代（总共次数，不包括第 minInt 次迭代）。图 7-25 展示了一个经典的 while 循环，它的最少执行次数为 0 次，最多执行次数为无穷次，只要守卫条件（[cond == true]）的结果为 true。

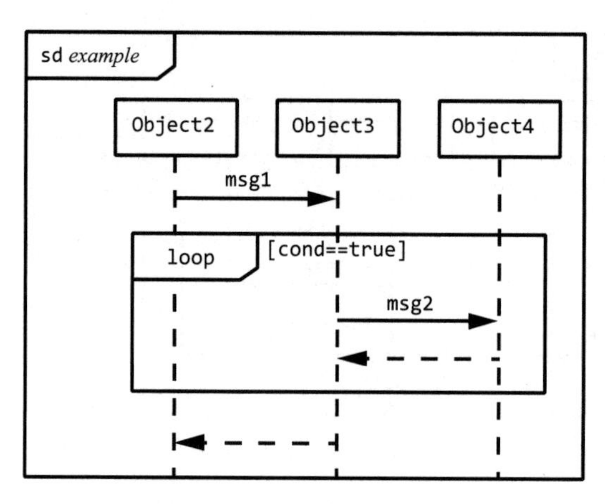

图 7-25　不确定的 while 循环

图 7-25 中的循环大致相当于下面的 C/C++代码：

```
// 这段代码出现在 Object3::msg1 中
while( cond == TRUE )
{
      Object4->msg2();
} // 结束 while 循环
```

你可以通过设置 minInt 值为 1、maxInt 值为*来创建一个 do...while 循环，然后指定一个布尔表达式来继续循环的执行（如图 7-26 所示）。

1　可以说，带有 break 时序片段的无限循环也是一个不确定循环，而不是一个无限循环。

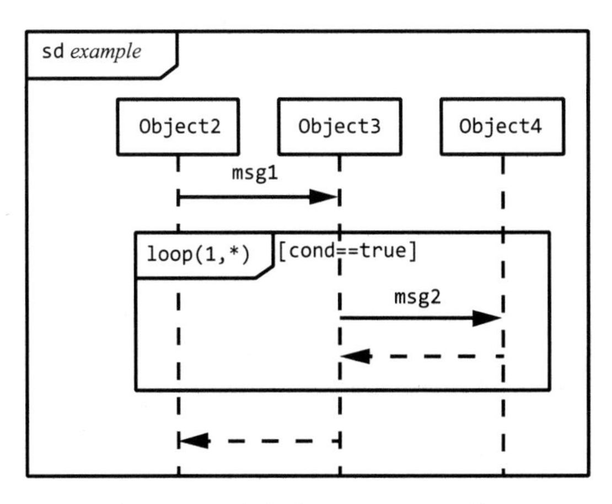

图 7-26 不确定的 do...while 循环

图 7-26 中的循环大致相当于下面的 C/C++代码：

```
// 这段代码出现在 Object3::msg1 中
do
{
      Object4->msg2();
} while( cond == TRUE );
```

我们还可以创建许多其他复杂的循环类型，但我把它们留给感兴趣的读者作为练习。

7.1.13.5 break 片段

break 时序片段由一个带有 break 文字的五边形，以及一个守卫条件组成。如果守卫条件的计算结果为 true，那么系统将执行 break 时序片段内的消息，在此之后，控制将立即退出其所在的时序片段。如果外部的时序片段是一个 loop 片段，那么将立即执行经过 loop 片段的第一条消息（就像 Swift、C/C++和 Java 等语言中的 break 语句一样）。图 7-27 提供了一个 break 时序片段示例。

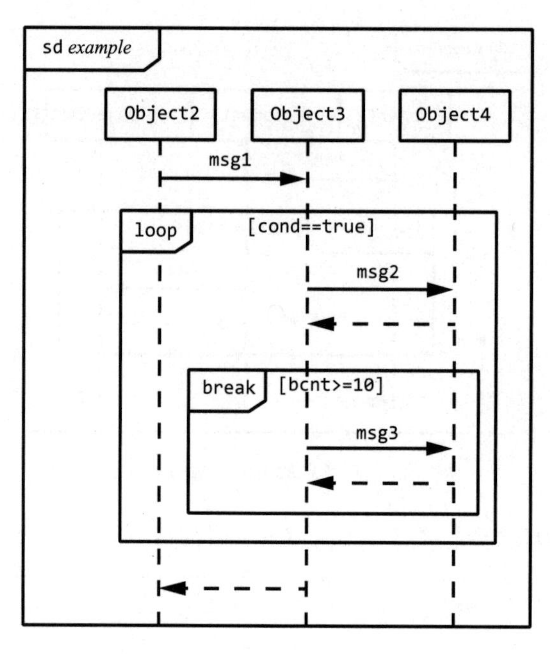

图 7-27　break 时序片段示例

图 7-27 中的循环大致相当于下面的 C++代码片段：

```
// 这段代码出现在 Object3::msg1 中
while( cond == TRUE )
{
        Object4->msg2();
        if( bcnt >= 10 )
        {
            Object4->msg3();
            break;
        } // 结束 if
        Object4->msg4();
} // 结束 while 循环
```

如果最近包含 break 的片段是一个子程序，而不是一个循环，那么 break 时序片段的行为就会类似于从一个子程序操作返回。

7.1.13.6　opt 和 alt 片段

opt 和 alt 时序片段允许你使用一个守卫条件来控制一组消息的执行，尤其是当组成守卫条件的值可以在时序执行过程中被改变时。

opt 时序片段就像是一个没有 else 子句的简单 if 语句。你可以附加一个守卫条件，只有当守卫条件的结果为 true 时，系统才会执行 opt 片段中所包含的消息（如图 7-28 所示）。

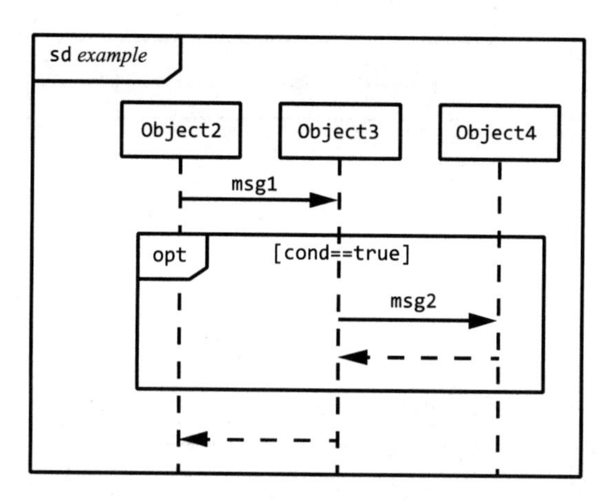

图 7-28　opt 时序片段示例

图 7-28 中的示例大致相当于下面的 C/C++代码：

```
// 假设：Class2 是 Object2 的数据类型。因为控制权会从生命线的顶部传输到
// Object2 时序，所以 example 函数必须是 Object2/Class2 的一个成员函数

void Class2::example( void )
{
      Object3->msg1();
} // 结束 example

--分割线--
// 这段代码出现在 Object3::msg1 中
if( cond == TRUE )
{
      Object4->msg2();
} // 结束 if
```

对于更复杂的逻辑，你可以使用 alt 时序片段，它的作用类似于 if/else 或者

switch/case。要创建 alt 时序片段，你需要组合几个矩形，每个矩形都有自己的守卫条件和一个可选的 else，从而形成一个多路决策（如图 7-29 所示）。

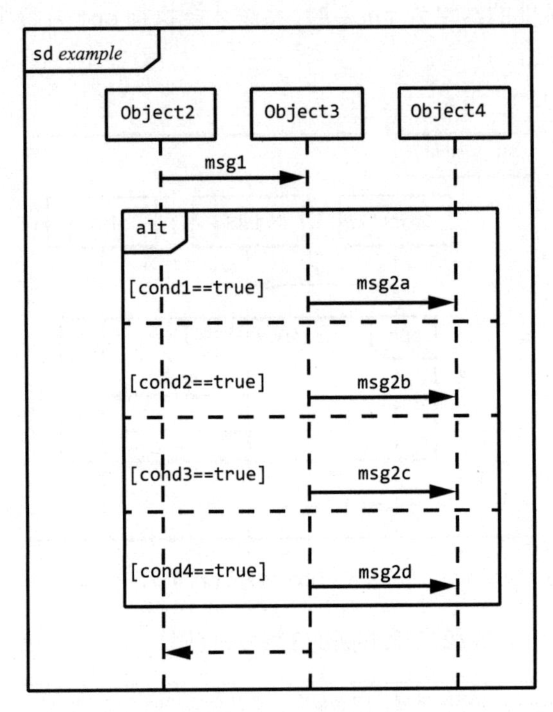

图 7-29　alt 时序片段

图 7-29 中的交互事件大致相当于以下代码：

```
// 假设：Class2 是 Object2 的数据类型。因为控制权会从生命线的顶部传输到
// Object2 时序，所以 example 函数必须是 Object2/Class2 的一个成员函数

void Class2::example( void )
{
        Object3->msg1();
} // 结束 example

--分割线--
// 这段代码出现在 Object3::msg1 中
if( cond1 == TRUE )
{
```

```
        Object4->msg2a();
}
else if( cond2 == TRUE )
{
        Object4->msg2b();
}
else if( cond3 == TRUE )
{
        Object3->msg2c();
}
else
{
        Object4->msg2d();
} // 结束 if
```

7.1.13.7 neg 片段

你可以使用一个 neg 时序片段来封装一个不属于最终设计的时序。简单来讲，就是使用 neg 注释掉一个时序。如果某个时序不是设计的一部分，那么为什么还要包含它呢？这样做至少有两个好处：代码生成和考虑将来的功能。

虽然在大多数情况下，UML 是一种绘图语言，希望在使用 Java 或 Swift 之类的编程语言实现之前帮助进行系统设计，但是有一些特殊的 UML 工具可以将 UML 图直接转换为代码。在开发过程中，你可能想要包括一些说明某些东西的图，但是还不完善（当然，还没有到直接生成可执行代码的地步）。在这种情况下，你可以使用 neg 时序片段来避免生成那些尚未就绪的时序代码。

即使你不打算直接从 UML 图生成代码，也可能希望在将来的功能中使用 neg。当你把 UML 图交给一个工程师来实现时，它们就代表了一个契约，意思是说“代码应该按照这样来写”。但是有的时候，你会希望 UML 图展示出你计划在未来的软件版本中包含的功能，而不是在第一个（或者当前）版本中。neg 时序片段可以清晰地告诉工程师，忽略这一部分设计。neg 时序片段的简单示例如图 7-30 所示。

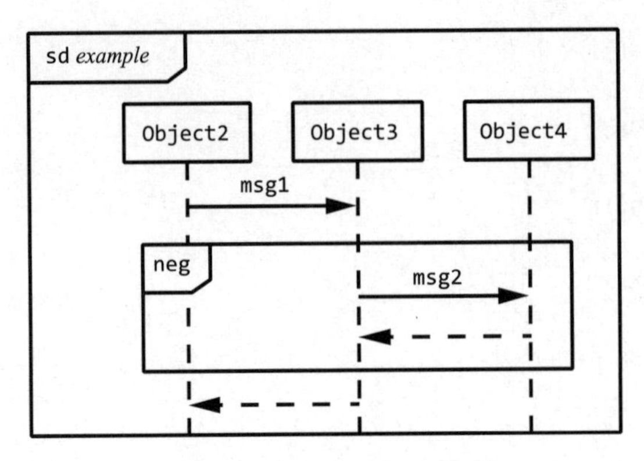

图 7-30 neg 时序片段示例

图 7-30 中的示例大致相当于下面的 C/C++代码：

```
// 假设：Class2 是 Object2 的数据类型。因为控制权会从生命线的顶部传输到
// Object2 时序，所以 example 函数必须是 Object2/Class2 的一个成员函数

void Class2::example( void )
{
      Object3->msg1();
} // 结束 example
```

7.1.13.8 par 片段

图 7-31 所示的 par 时序片段示例，说明了这些时序[1]（操作）可以相互并行执行。

图 7-31 中给出了三个运算对象：时序{msg2a,msg2b,msg2c}、时序{msg3a,msg3b,msg3c}和时序{msg4a,msg4b,msg4c}。par 时序片段要求指定时序中的操作必须按照它们出现的顺序执行（例如，首先执行 msg2a，然后执行 msg2b，最后执行 msg2c）。但是，只要能够维持这些运算对象的内部执行顺序，系统就可以自由地调整不同的运算对象的执行。因此，在图 7-31 中，{msg2a,msg3a,msg3b,msg4a,msg2b,msg2c,msg4b,msg4c,msg3c} 和 {msg4a,msg4b,msg4c,msg3a,msg3b,msg3c,msg2a,msg2b,msg2c}的顺序都是合法的，因为时序内的顺序是不变的。然而，{msg2a,msg2c,msg4a,msg4b,msg4c,msg3a,msg3b,msg3c,msg2b}是不合法的，因为 msg2c 在 msg2b 之前（这与图 7-31 中规定的顺序相反）。

1 这里会有两个或更多用虚线分隔的时序，语法类似于 alt 时序片段。

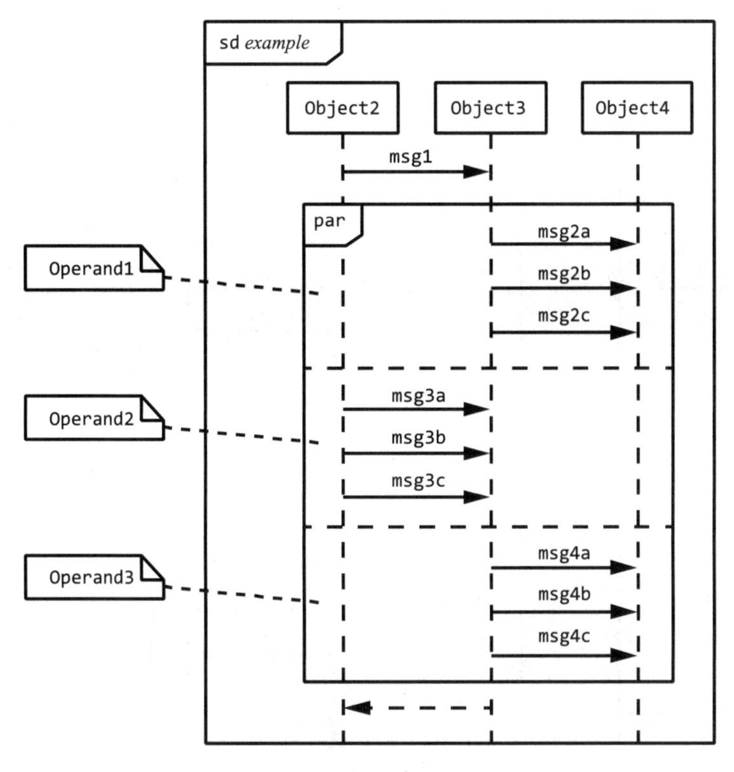

图 7-31　par 时序片段示例

7.1.13.9　seq 片段

par 时序片段会强制按照以下限制来执行：

- 系统会维护运算对象中的操作顺序。
- 系统允许以任何顺序，执行不同运算对象的不同生命线上的操作。

而 seq 时序片段增加了另一个限制：

- 在同一条生命线上，不同运算对象的操作必须按照图中显示的顺序来执行（从上到下）。

例如，在图 7-32 中，Operand1 和 Operand3 的消息都被发送到同一个对象（生命线）上。因此，在一个 seq 时序片段中，msg2a、msg2b 和 msg2c 都必须在 msg4a 之前执行。

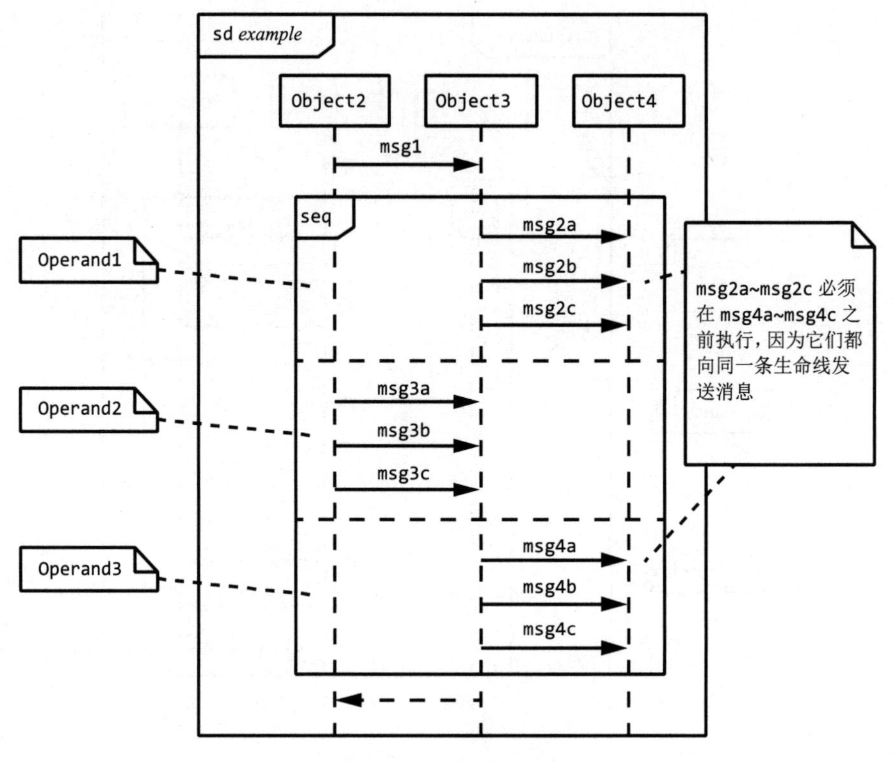

图 7-32 seq 时序片段示例

图 7-32 显示了一个单独的 seq 时序片段。但是，在常见的使用中，seq 时序片段会出现在 par 时序片段中，从而控制 par 时序片段中部分运算对象的执行顺序。

7.1.13.10 strict 片段

strict 时序片段会强制各个操作按照它们在每个运算对象中出现的顺序来执行，即不允许在运算对象之间交叉执行操作。strict 时序片段的格式类似于 par 和 seq 时序片段（如图 7-33 所示）。

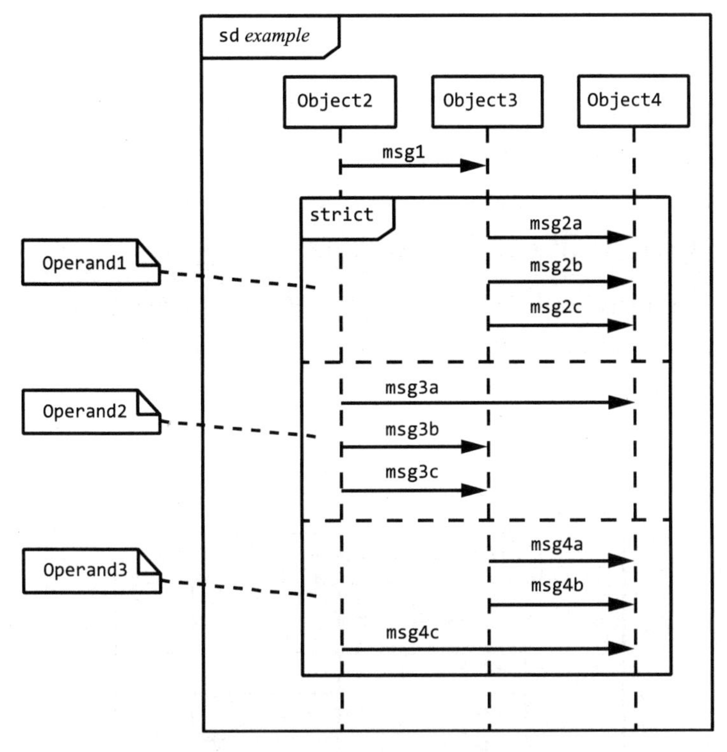

图 7-33 strict 时序片段示例

strict 并行操作允许运算对象以任何顺序执行，但是一旦指定的运算对象开始执行，它内部的所有操作就必须按照指定的顺序完成，然后其他运算对象才能开始执行。

在图 7-33 中，有 6 种不同的操作执行顺序：{Operand1,Operand2,Operand3}、{Operand1,Operand3,Operand2}、{Operand2,Operand1,Operand3}、{Operand2,Operand3,Operand1}、{Operand3,Operand1,Operand2}和{Operand3,Operand2,Operand1}。

但是，运算对象内部的操作不能相互交错，必须从上到下依次执行。

7.1.13.11 region 片段

在 5.2 节“扩展 UML 活动图”中，我使用了一个自制的临界区示例，来演示如何根据自己的目的来扩展 UML 活动图。我也指出了为什么这是一个糟糕的想法（请重新阅读该部分的细节），并且提到过有另一种方法，可以通过标准的UML图来实现你想要做的事情，即 region 时序片段。UML 活动图不支持临界区，但是时序图支持。

region 时序片段指定，一旦操作执行进入该区域，同一个并行执行上下文中的其他操作都不能交叉执行，直到该操作执行完成。region 时序片段必须总是与其他的并行时序片段一同出现（通常是 par 或者 seq 时序片段。从技术上讲，它也可能出现在 strict 时序片段内，尽管这没什么用）。

参考图 7-34 中的示例，系统根据 par 时序片段给出的规则，可以自由地交叉执行任何操作的消息，但是一旦系统进入临界区（执行 msg4a 操作），par 时序片段中的其他线程就不能执行。

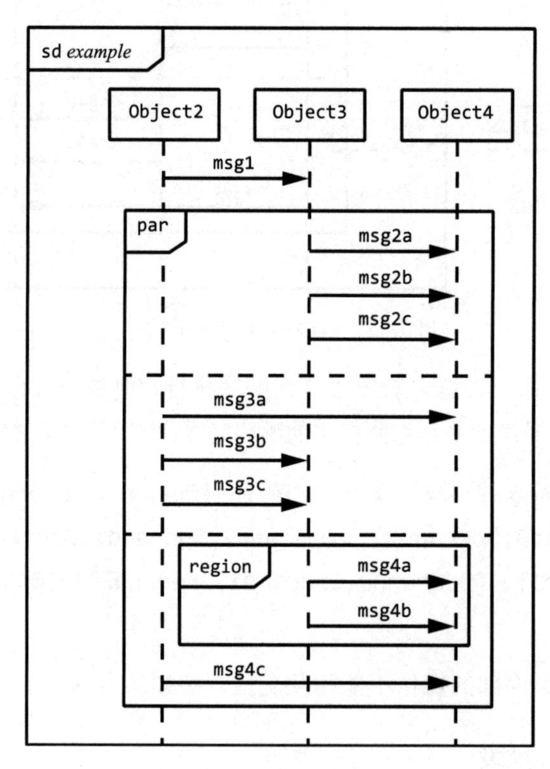

图 7-34　region 时序片段

7.2 协作图

协作（或者通信）图提供了与时序图相同的信息，但是其形式更加紧凑。在协作图中，我们不是在生命线之间绘制箭头的，而是在对象之间直接绘制消息箭头，并在每条消息上添加数字来表示顺序（如图 7-35 所示）。

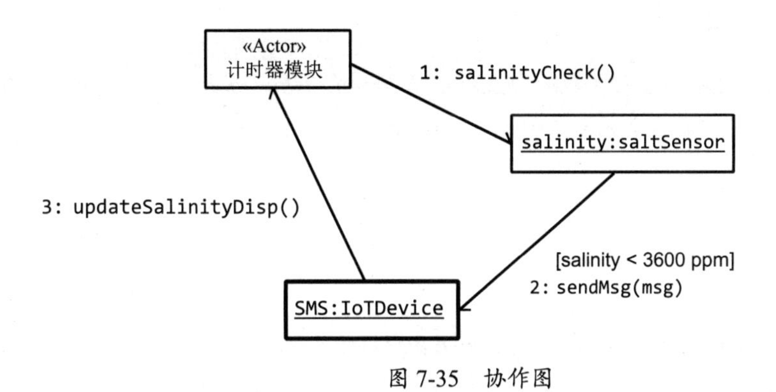

图 7-35 协作图

图 7-35 中的协作图大致相当于图 7-9 中的时序图（没有 10 分钟的时间约束）。在图 7-35 中，首先会执行 salinityCheck 消息，然后执行 sendMsg 消息，最后执行 updateSalinityDisplay 消息。

图 7-36 展示了一个更复杂的协作图，更好地演示了协作图的紧凑性。在示例中发送的 6 条消息，在时序图中需要 6 条线，但在这里只需要 3 条线即可。

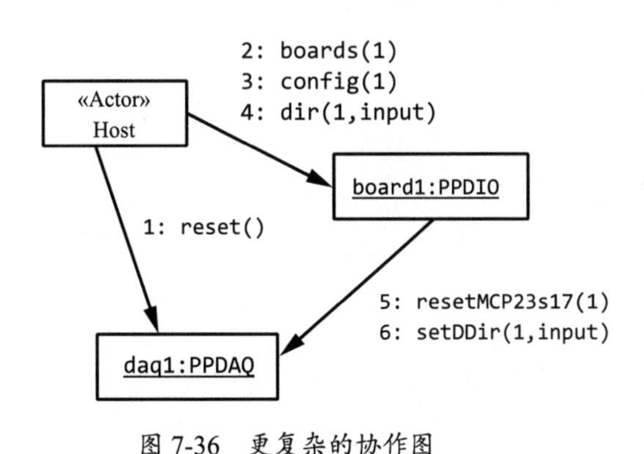

图 7-36 更复杂的协作图

注意：当创建完 UML 图时，你可能需要同时拥有协作图和时序图，才能将不同的系统合并到一起。你选择使用哪一个图属于个人偏好，但是请记住，随着图变得越来越复杂，协作图会变得更加难以理解。

7.3 获取更多信息

Michael Bremer 编写的 *The User Manual Manual: How to Research, Write, Test, Edit, and Produce a Software Manual*，UnTechnical Press，1999 年。

Craig Larman 编写的 *Applying UML and Patterns: An Introduction to Object-Oriented Analysis and Design and Iterative Development.* 3rd ed，Prentice Hall，2004 年。

Russ Miles 和 Kim Hamilton 编写的 *Learning UML 2.0*: *A Pragmatic Introduction to UML*，O'Reilly Media，2003 年出版。

Tom Pender 编写的 *UML Bible*，Wiley，2003 年。

Dan Pilone 和 Neil Pitman 编写的 *UML 2.0 in a Nutshell*: *A Desktop Quick Reference.2nd ed*，O'Reilly Media，2005 年。

Jason T. Roff 编写的 *UML*: *A Beginner's Guide*，McGraw-Hill Education，2003 年。

UML 线上教程，*UML Tutorial*。

8

其他 UML 图

本章通过描述另外 5 个对 UML 文档有用的图——组件图、包图、部署图、合成结构图和状态图，来结束本书对 UML 的讨论。

8.1 组件图

UML 使用组件图来封装可重用的组件，比如一些库和框架。虽然组件通常比类更大，也承担更多的职责，但是它们支持与类相同的大多数功能，包括：

- 泛化，以及与其他类和组件的关联。
- 操作。
- 接口。

UML 使用带有«component»的板型矩形来定义组件（如图 8-1 所示）。一些用户（以及 CASE 工具）也会使用带有«subsystem»的板型矩阵来表示组件。

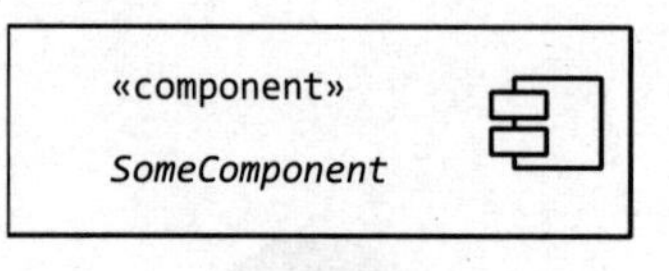

图 8-1 UML 组件

组件会借助接口（或者协议）来鼓励封装和松耦合。通过让组件的设计独立于外部对象，可以提高组件的可用性。组件和系统的其余部分，可以通过两种预定义的接口进行通信，分别是所提供的接口和所需要的接口。所提供的接口是由组件所提供，且外部代码可以使用的接口。所需要的接口必须是外部代码为组件提供的接口。这可能是组件调用的一个外部函数。

正如你对 UML 所期望的那样，我们有不止一种绘制组件的方法：使用板型符号（有两个版本）或者球和球窝符号。

使用接口来表示 UML 组件最简洁的方法，可能就是图 8-2 中所示的简化板型符号，它列出了组件内部的接口。

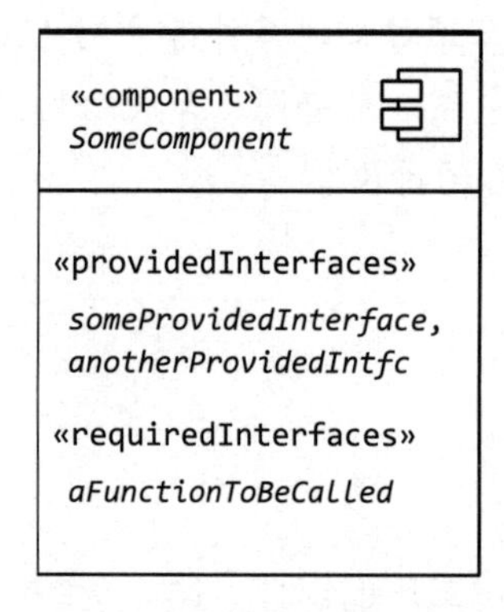

图 8-2 板型符号的简化形式

图 8-3 展示了板型符号的一个更完整（虽然比较笨重）的版本，其中包含了单独的 `interface` 对象。当你想要列出接口的各个属性时，这种方式会更好。

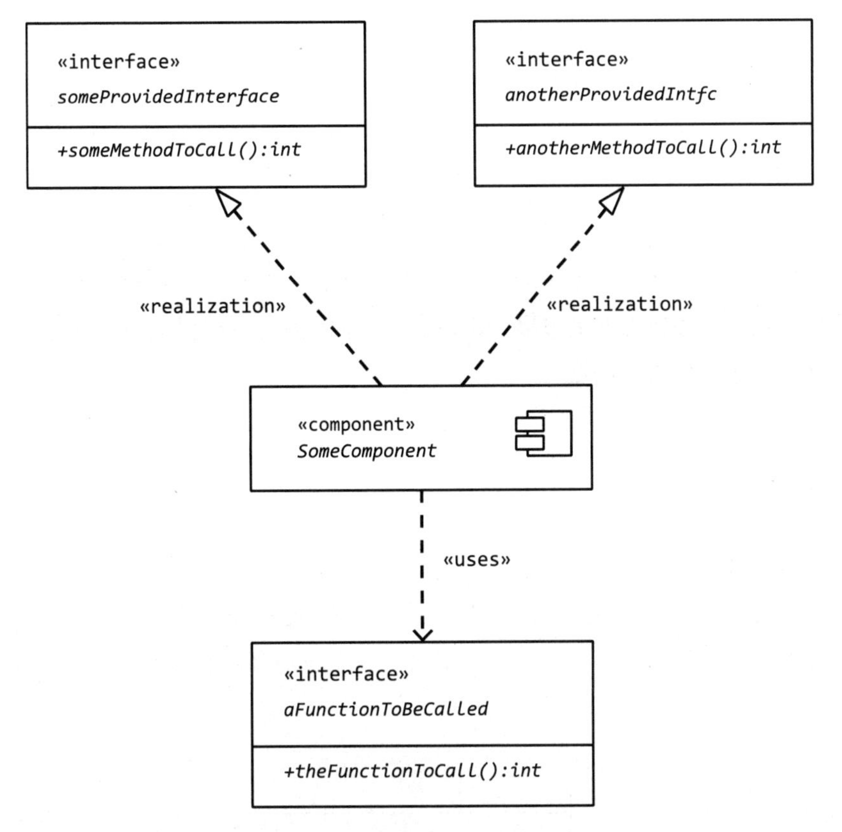

图 8-3　板型符号的更完整形式

球和球窝符号可以用来代替板型符号——你可以使用一个圆形图标（球）来表示所提供的接口，使用一个半圆形图标（球窝）来表示所需要的接口（如图 8-4 所示）。

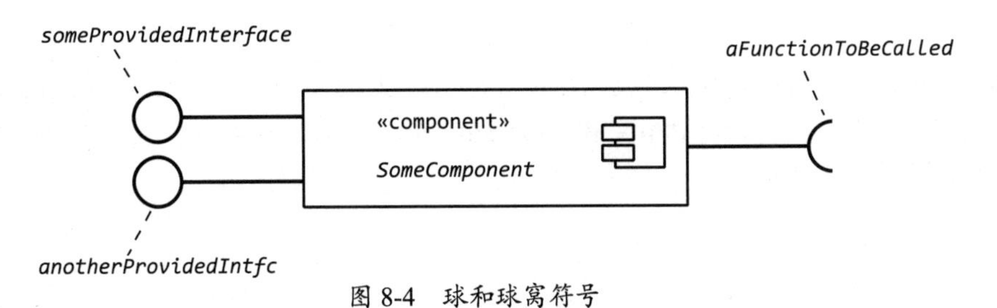

图 8-4　球和球窝符号

球和球窝符号的好处是，使用它们连接起来的组件在视觉上可能会更加吸引人（如图 8-5 所示）。

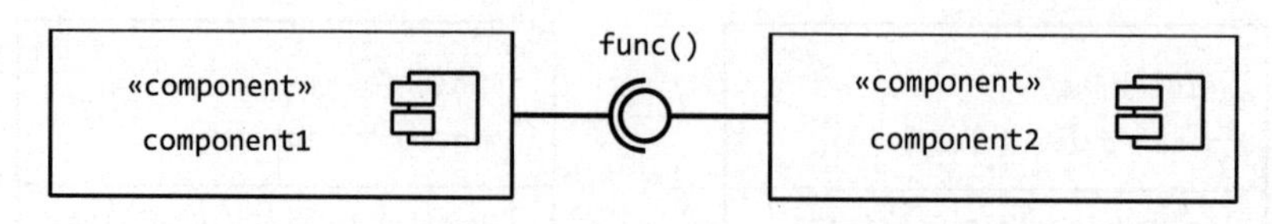

图 8-5　将两个球和球窝表示的组件连接起来

如你所见，component1 所需要的接口与 component2 所提供的接口可以很好地连接在一起。然而，尽管球和球窝符号比板型符号更加紧凑、更有吸引力，但当接口很多的时候，它不能很好地扩展。随着你添加更多的所提供的接口和所需要的接口，板型符号通常是更好的选择。

8.2　包图

UML 包是其他 UML 项目（包括其他的包）的一个容器。UML 包相当于文件系统中的子目录、C++和 C#编程语言中的命名空间，或者 Java 和 Swift 编程语言中的包。如果你要在 UML 中定义一个包，则需要使用带有包名的文件夹图标（如图 8-6 所示）。

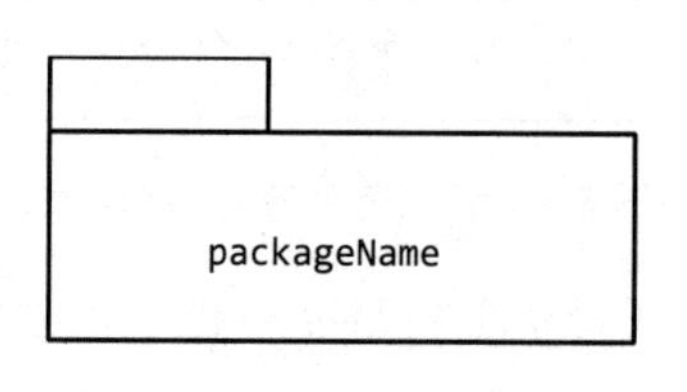

图 8-6　UML 包

为了介绍一个更具体的例子，让我们回到水池监控应用程序。假设有一个 sensors 包，里面包含与 pH 值和盐度传感器相关的类和对象。图 8-7 展示了这个包在 UML 中的样子。phSensors 和 saltSensor 对象上的+前缀，表示这些是可以在包外访问的公共对象[1]。

1　受保护的、私有的和包级别的可见性前缀在这里也是有效的，具有相应的含义。

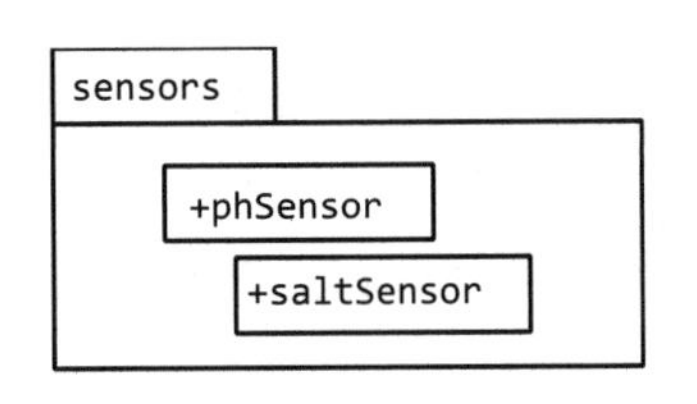

图 8-7 sensors 包

如果要在包外引用（公共的）对象，则可以使用像 packageName::objectName 这样形式的名称。例如，在 sensors 包外，你可以使用 sensors::pHSensor 和 sensors::saltSensor 来访问包的内部对象。如果一个包被嵌套在另一个包中，那么可以使用 outsidePackage::internalPackage::object，按照这样的顺序来访问最内层包中的对象。例如，假设你有两个名为 NP 和 NPP 的核能通道（来自第 4 章的用例示例），你可以创建一个名为 instruments 的包来涵盖 NP 和 NPP 这两个包。NP 和 NPP 包还可以包含与 NP 和 NPP 工具直接相关的对象（如图 8-8 所示）。

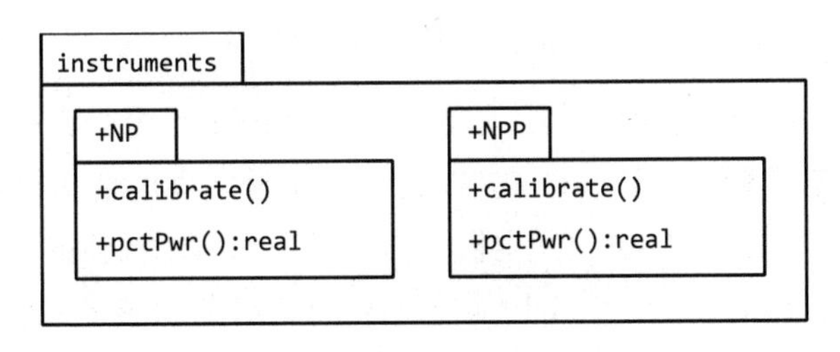

图 8-8 嵌套的包

请注意，NP 和 NPP 包都包含名为 calibrate()和 pctPwr()的函数，不过应该调用哪个函数不会有歧义，因为在各个包外，你必须使用限定名称来访问这些函数。例如，在 instruments 包外，你必须使用像 instruments::NP::calibrate 和 instruments::NPP::calibrate 这样的名称来访问，这样就不会发生混淆。

8.3 部署图

部署图展示了一个系统的物理视图。物理对象包括 PC、打印机和扫描仪等外设，以及服务器、插件接口主板和显示器等。

UML 使用节点来展示物理对象，它的图案是一个 3D 框。在框中，你需要指定«device»以及节点的名称。图 8-9 给出了一个简单的 DAQ 数据采集系统示例。它显示了主机PC连接到DAQ_IF主板和Plantation Productions公司的PPDIO96(96通道)数字 I/O 主板。

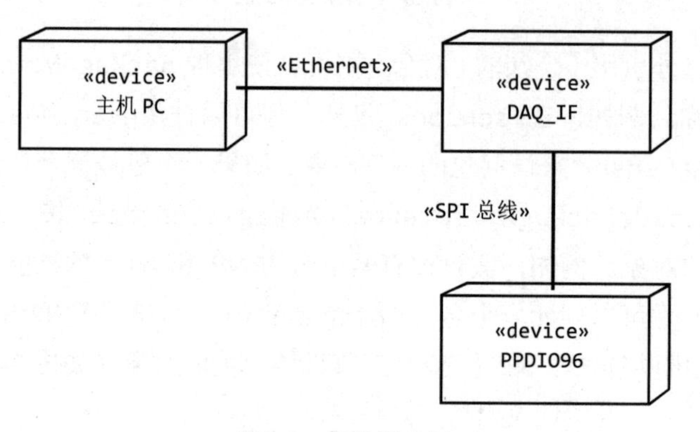

图 8-9　部署图示例

这个图中缺少系统上实际安装的软件。在该系统中，至少存在两个可能运行的应用程序：一个是运行在主机 PC 与 DAQ_IF 主板之间的通信模块（我们称之为 *daqtest.exe*）；另一个是在 DAQ_IF 主板（这可能是部署图描述的真正软件系统）上运行的固件程序（*frmwr.hex*）。图 8-10 展示了用一个小图标来表示已安装软件的扩展版本。部署图使用«artifact»来表示这是一段二进制的机器代码。

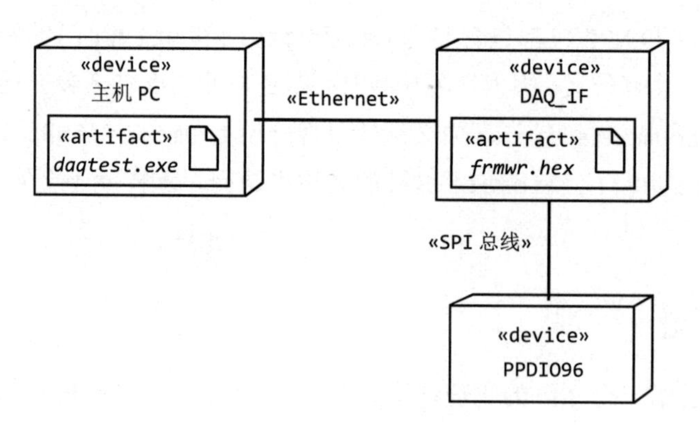

图 8-10　一个扩展的部署图

请注意，PPDIO96 主板由 DAQ_IF 主板直接控制：由于 PPDIO96 主板上没有 CPU，因此 PPDIO96 上也没有加载任何软件。

实际上，关于部署图还有很多内容，但是本书中的讨论已经足够了。如果你对这方面感兴趣，请见 8.7 节“获取更多信息”，以获得对部署图更详细的介绍。

8.4 合成结构图

在某些情况下，类图和时序图都不能准确地描述某些类中各个组件之间的关系和操作。如图 8-11 所示，这里展示了一个 `PPDIO96` 类。

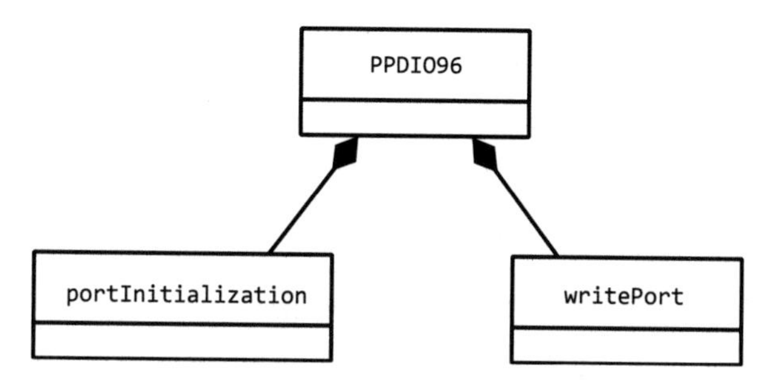

图 8-11　`PPDIO96` 类合成

这个类合成图告诉我们，`PPDIO96` 类包含了两个子类（由两个子类组成）：`portInitialization` 和 `writePort`。但是它没有告诉我们 `PPDIO96` 的这两个子类是如何相互作用的。例如，当你通过 `portInitialization` 类初始化一个端口时，可能这个 `portInitialization` 类也会调用 `writePort` 中的一个方法，使用一些默认值（比如 `0`）来初始化该端口。但是类图并不能展示出这一点，也不应该由它来展示。让 `portInitialization` 通过调用 `writePort` 来写入一个默认值，这只是 `PPDIO96` 可能出现的许多不同的操作之一。任何试图展示 `PPDIO96` 内部通信的做法，都可能会产生一个非常混乱、难以理解的图。

合成结构图提供了一种解决方案，它只关注那些感兴趣的通信链接（可能只是一个通信链接，或者几个，但通常不会太多，否则图会变得难以理解）。

图 8-12 展示了我们对合成结构图的第一次尝试（但是有问题）。

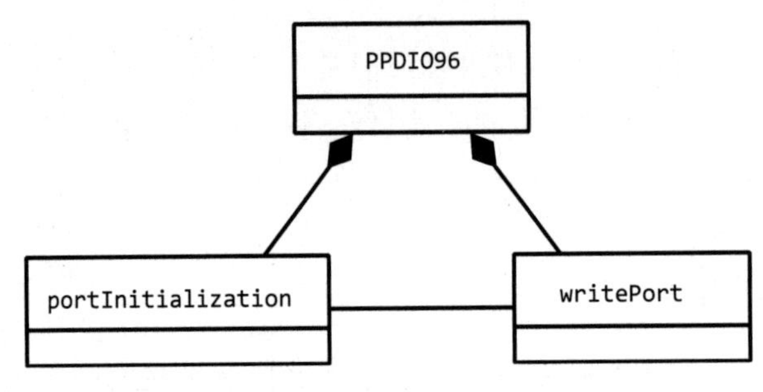

图 8-12　尝试合成结构图

这个图的问题是，它没有显式声明 portInitialization 正在与哪个 writePort 对象通信。请记住，这些类只是泛型类型，而实际通信发生在具体实例化的对象之间。在一个实际的系统中，图 8-13 可能能够更好地表达图 8-12 的意图。

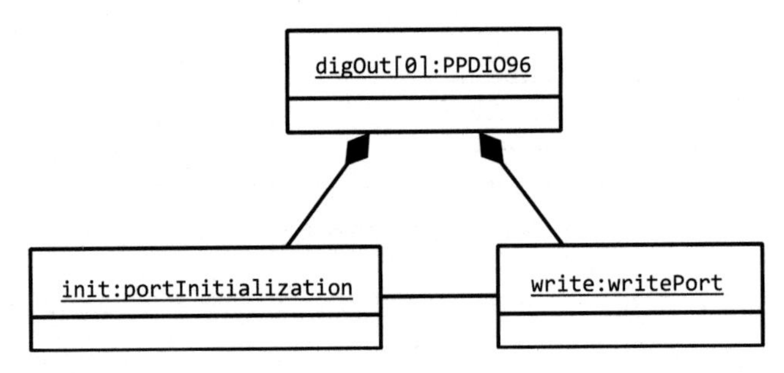

图 8-13　实例化的合成结构图

但是，图 8-12 与图 8-13 都不能说明 portInitialization 和 writePort 实例化的对象都专门属于 PPDIO96 对象。例如，如果有两组 PPDIO96、portInitialization 和 writePort 对象，那么按照图 8-12 所示的类图，图 8-14 所示的拓扑是完全有效的。

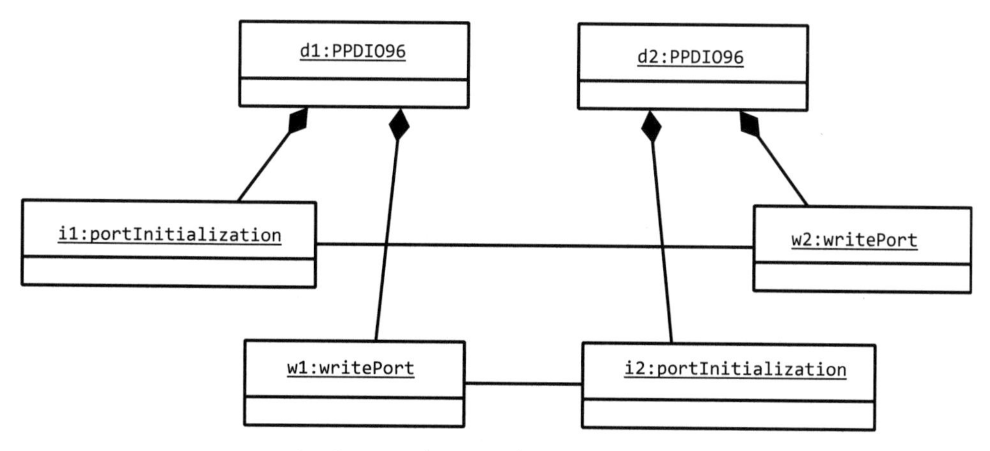

图 8-14　奇怪但是有效的通信链接

在这个例子中，i1（属于对象 d1）调用 w2（属于对象 d2）将数值写入其端口；i2（属于对象 d2）调用 w1 将其初始值写入其端口。这可能不是最初设计者所期望的，尽管图 8-12 所示的合成结构图在技术上允许这样做。虽然任何合理的程序都会立即意识到 i1 应该调用 w1，i2 应该调用 w2，但是合成结构图并没有清楚地说明这一点。显然，我们希望在设计中尽可能消除这种不确定性。

为了弥补这个缺点，UML 2.0 提供了一个（真正的）合成结构图，它可以将成员属性直接合并到封装的类图中，如图 8-15 所示。

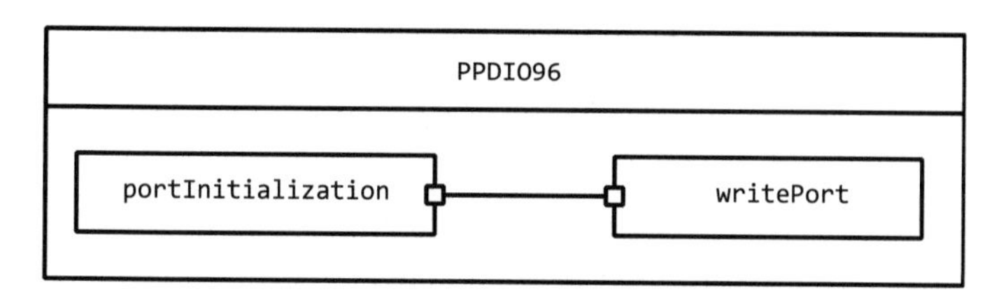

图 8-15　合成结构图

这个图清楚地表明，PPDI096 的一个实例化对象会约束 portInitialization 和 writePort 类，让它们只能与同一个实例关联的对象进行通信。

portInitialization 和 writePort 两侧的小方块表示端口（port）。这里的端口与 writePort 对象或 PPDI096 上的硬件端口无关，它是 UML 中的一个概念，指的是 UML 中两个对象之间的交互操作点。端口可以出现在合成结构图和组件图中（参考 8.1 节“组件图”），指定对象所需要的接口或者所提供的接口。在图 8-15 中，`portInitialization` 侧的端口（很可能）是一个所需要的接口，而 `writePort` 侧的端口（很可能）是一个所提供的接口。

注意：在一个连接的任意一边，一个端口通常是所需要的接口，而另一个端口则是所提供的接口。

在图 8-15 中，端口是匿名的。但是，在许多 UML 图（特别是列出某个系统接口的图）中，你可以给每个端口都添加一个名称（如图 8-16 所示）。

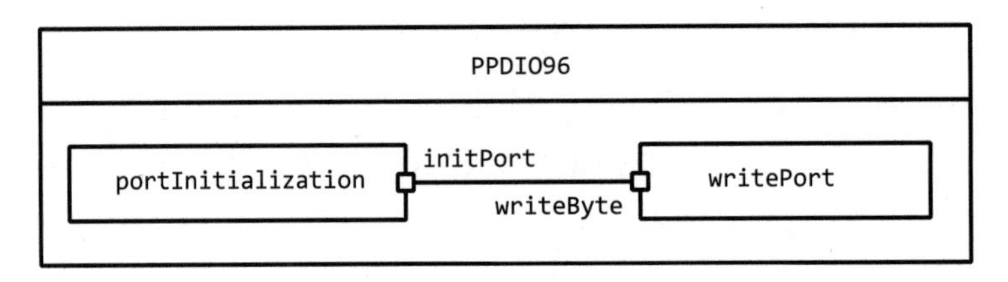

图 8-16　带有名称的端口

你还可以使用球和球窝符号来说明通信链接的哪一边是所提供的接口，哪一边是所需要的接口（记住，球窝侧表示所需要的接口，而球侧表示所提供的接口）。如果你愿意，甚至可以给通信链接也起一个名字（如图 8-17 所示）。常见的通信链接的命名形式是 *name:type*，其中 *name* 是唯一的名称（在组件中），*type* 是通信链接的类型。

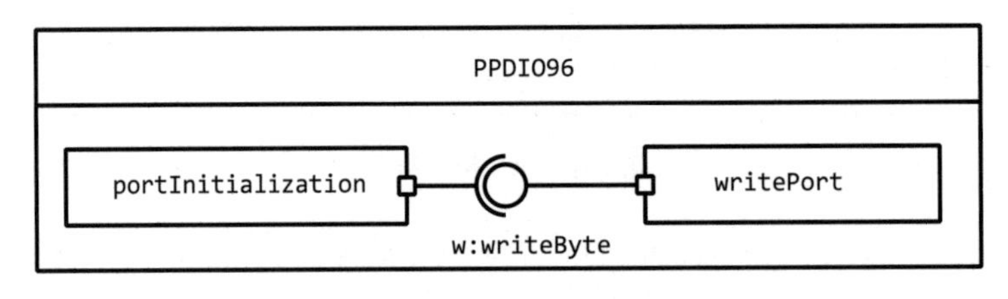

图 8-17　指明所提供的接口和所需要的接口

8.5 状态图

UML 状态图（或者状态机）非常类似于活动图，因为它们也展示了通过某个系统的控制流。其主要区别在于，状态图仅仅显示了系统可能存在的各种状态，以及系统如何从一种状态转换到另一种状态。

状态图不会引入任何新的图形符号，它们使用活动图中已有的元素，尤其是开始状态、结束状态、状态转换、状态符号，以及（可选的）决策符号，如图 8-18 所示。

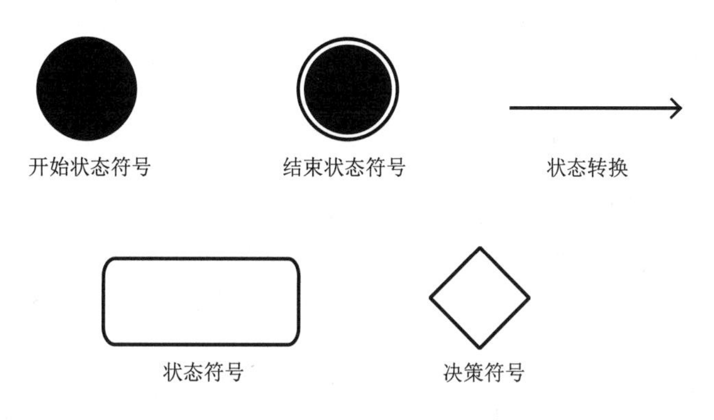

图 8-18　状态图的各个元素

一个状态图只有一个*开始状态*符号，表示这是活动开始的地方。状态图中的状态符号总会有一个关联的状态名称（很明显，它用来表示当前的状态）。一个状态图可以有多个*结束状态*符号，用来标记活动结束的特殊状态（进入任何一个结束状态符号，都将停止整个状态机）。转换箭头表示状态机中各种状态之间的流转（如图 8-19 所示）。

状态转换通常发生在响应一些外部事件或者触发器的时候。*触发器*可以促使系统从一种状态转换到另一种状态。你可以在状态转换上增加一些守卫条件，来表示导致转换发生的触发器，如图 8-19 所示。

转换箭头有头部和尾部。当在某个状态图中有活动发生时，状态转换总是从箭头尾部的状态转换到箭头指向的状态。

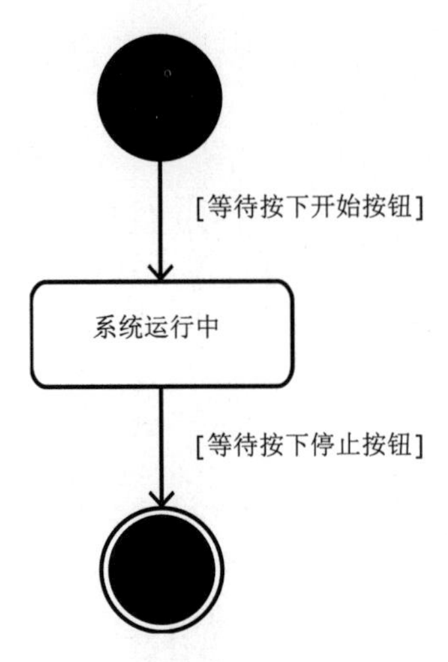

图 8-19　一个简单的状态图

如果系统处于某种特定的状态，并且发生了某个事件，但是该事件没有触发任何状态转换，那么状态机会忽略该事件[1]。例如，在图 8-19 中，如果系统已经处于“系统运行中”状态，并且有一个按下开始按钮的事件发生，那么系统仍然会处于“系统运行中”状态。

如果某种状态的同一个守卫条件出现了两种状态转换，那么状态机就处于*不确定状态*。这意味着转换箭头可能会选择任意一种状态（并且可以是随机选择）。在 UML 状态图中，不确定性是一件不好的事情，因为它引入了歧义。在创建 UML 状态图时，你应该努力确保所有的状态转换都有互斥的守卫条件，从而保持它们的确定性。从理论上讲，对于每个可能发生的事件，都应该有一个退出某种状态的转换，但是，正如前面所提到的，大多数系统设计人员会假设：如果某个事件发生了，但是没有退出转换，那么状态机会忽略该事件。

从一种状态过渡到另一种状态，但是没有守卫条件，这种情况是可能存在的。这意味着系统可以任意从第一种状态（在转换箭头的尾部）移动到第二种状态（在转换箭头的头部）。当你在状态机中使用决策符号时，这是非常有用的（如图 8-20 所示）。决策符号在状态图中不是必需的，就像在活动图中一样，你可以从一种状态

1　从技术上讲，对于这种情况，我们应该放置一个转换箭头，从一种状态返回到标记为 `else` 的相同状态。但是，`else` 条件在 UML 状态图中通常是隐含的。

直接进行多次转换（例如，图 8-20 中的“系统运行中”状态），但是有时候你可以通过它们来清理状态图。

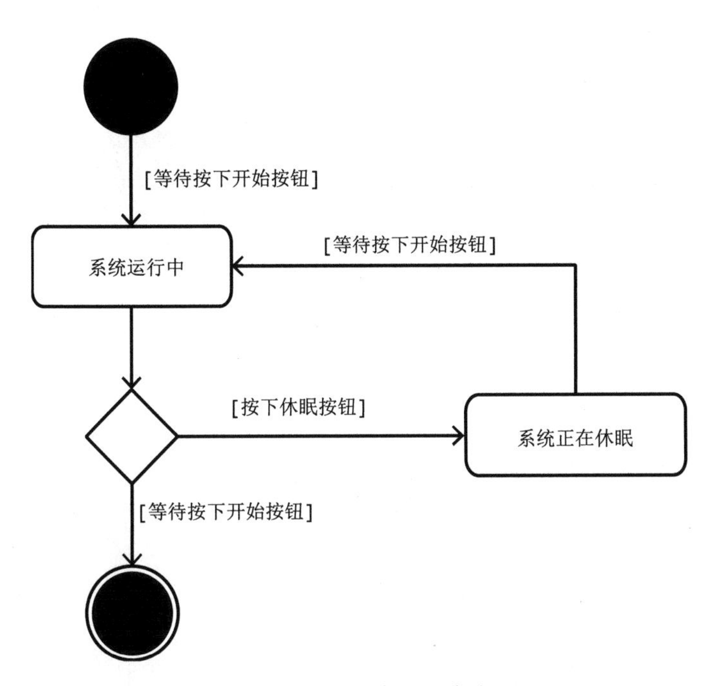

图 8-20　状态图中的决策符号

8.6　关于 UML 的更多信息

这里只是对 UML 做了一个简短的介绍。UML 还有更多的图和其他特性，比如对象约束语言（OCL），因为本书中用不到它们，所以本章中也不会进行讨论。但是，如果你对使用 UML 来描述软件项目感兴趣，那么你应该花更多的时间来学习它。请见下一节推荐的阅读资料。

8.7　获取更多信息

Michael Bremer 编写的 *The User Manual Manual: How to Research, Write, Test,*

Edit, and Produce a Software Manual，UnTechnical Press，1999 年。

Craig Larman 编写的 *Applying UML and Patterns: An Introduction to Object-Oriented Analysis and Design and Iterative Development. 3rd ed*，Prentice Hall，2004 年。

Russ Miles 和 Kim Hamilton 编写的 Learn*ing UML 2.0*: *A Pragmatic Introduction to UML*，O'Reilly Media，2003 年。

Tom Pender 编写的 *UML Bible*，Wiley，2003 年。

Dan Pilone 和 Neil Pitman 编写的 *UML 2.0 in a Nutshell*: *A Desktop Quick Reference.2nd ed*，O'Reilly Media，2005 年。

Jason T. Roff 编写的 *UML*: *A Beginner's Guide*，McGraw-Hill Education，2003 年。

UML 线上教程，*UML Tutorial*。

第 3 部分

文档

9

系统文档

系统文档用来说明系统需求、设计、测试用例和测试过程。在一个大型软件系统中，系统文档往往是成本最高的部分。例如，瀑布式软件开发模型往往会产生比代码更多的文档。此外，通常你必须手动维护系统文档，因此，如果你更改了某一个文档中的描述（例如，某个需求），那么需要搜索整个系统文档，然后更新每个引用了这段内容的其他文档，从而保持所有文档的一致性。这是一个困难且昂贵的过程。

在这一章中，我们将介绍一些系统文档的常见类型，如何保持它们内部的一致性，以及如何编写文档能够降低开发相关成本。

注意：本章讨论的是系统文档，不是用户文档。如果你想详细了解用户文档，请见 9.5 节“获取更多信息”。

9.1 系统文档类型

传统的软件工程通常会用到以下几种系统文档类型：

系统需求规范（SyRS）文档

SyRS（请参考 10.3 节“系统需求规范文档”）是一个系统级的需求文档。除了软件需求，它还可能包括硬件、业务、过程、手册和其他与软件无关的需求。SyRS 是一个给客户/管理层/利益相关方看的文档，它回避了很多细节，为的是呈现所有需求的“概览”视图。

软件需求规范（SRS）文档

SRS 文档（请参考 10.4 节“软件需求规范文档”）从 SyRS 文档中提取了部分软件需求[1]，并且深化了高层次的需求，在更细节的层面引入了（适合软件工程师的）新需求。

> **注意**：SyRS 和 SRS 虽然都是需求文档，但是它们在范围和细节上有所不同。许多组织只会编写一个文档，而不是两个单独的文档，但是本书将它们分开对待，因为 SyRS 文档覆盖的需求范围比 SRS 文档更广泛（例如，包括硬件和业务需求）。

软件设计描述（SDD）文档

SDD 文档（请参考第 11 章）描述了系统将如何构造（而 SyRS 和 SRS 文档描述了系统将要做什么）。理论上，任何程序员都应该能够阅读 SDD 文档，并且根据它来编写相应的代码，实现软件系统。

软件测试用例（STC）文档

STC 文档（请参考 12.4 节“软件测试用例文档”）描述了各种测试用例，用来验证系统是否满足所有的需求，以及除此之外，它是否还能够正确地运行。

1 硬件需求可能会被单独放到硬件需求规范（HRS）文档中，其他类型的需求也可以被专门放到相关文档中。对这些文档的介绍超出了本书的范围。

软件测试过程（STP）文档

STP 文档（请参考 12.5 节“软件测试过程文档”）描述了如何有效地执行（STC 文档中规定的）软件测试用例，从而验证系统是否可以正确运行的过程。

需求（或反向）可追溯性矩阵（RTM）文档

RTM 文档（请参考 9.2.3 节“需求/反向可追溯性矩阵”）将需求与设计、测试用例和代码关联起来。通过 RTM 文档，软件的利益相关方可以验证软件设计和代码是否实现了需求，以及测试用例和测试过程是否正确地检查了需求的实现。

> **注意**：一些组织可能也会编写一份功能需求规范（Functional Requirements Specification）文档，但这通常指的是外部客户提出的需求，或者它跟 SRS 或 SyRS 文档是一样的。本书中不会再使用这个术语。

还有许多其他类型的文档，但是以上这些类型的文档是任何项目（至少是非极限编程项目）都需要的最基础的文档，并且它们对应着瀑布模型的各个阶段（请参考 3.2.2 节“瀑布模型”），如图 9-1 所示。

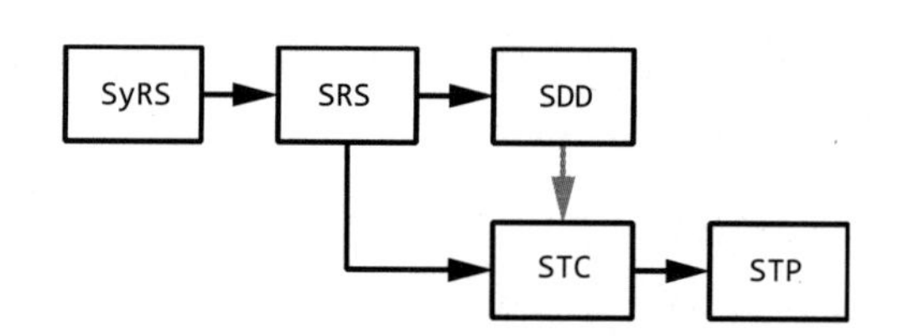

图 9-1　系统文档之间的依赖关系

如你所见，SRS 文档由 SyRS 文档生成。而 SDD 文档和 STC 文档都是由 SRS 文档生成的（在某些情况下，STC 文档也受 SDD 文档的影响，如灰色箭头所示[1]）。STP 文档由 STC 文档生成。

1　虽然 STC 文档会受到 SDD 文档的影响，但它是从 SRS 文档中生成的，因为测试用例是根据需求，而不是根据设计创建的。任何由 SDD 文档创建出来的测试用例，所对应的设计最终都来源于需求。

9.2 可追溯性

系统文档最大的问题就是一致性。一个需求通常会产生一些设计项和测试用例（这是 STP 文档中测试过程的一部分）。当你遵循严格的瀑布模型时，文档的编写进展是非常直观和自然的——首先编写 SRS 文档，然后编写 SDD、STC 和 STP 文档。但是，当你必须对这个链条中的早期文档进行更正时，就会出现问题。例如，当你更改了某个需求时，可能也需要更改 SDD、STC 和 STP 文档中的内容。因此，最佳实践是使用*可追溯性*，它允许你轻松地从一个文档追溯到所有其他的系统文档。如果可以从需求追溯到设计元素、测试用例和测试过程，那么你就可以在修改某个需求时，快速定位并更改这些内容。

*反向可追溯性*允许你从测试过程追溯到相应的测试用例，以及从测试用例和设计追溯到它们相应的需求。例如，你可能会遇到需要更改某个测试过程的情况，那么就可以通过反向可追溯性，定位到相应的测试用例和需求，以确保你对测试过程的更改，仍然可以满足这些测试用例和需求。通过这种方式，反向可追溯性还可以帮助确定是否要更改测试用例或者需求。

9.2.1 建立文档可追溯性的方法

实现可追溯性和反向可追溯性有两种方法。第一种方法是创建一个标识符或者标签，将需求、设计、测试用例或测试过程文档关联起来。这个标签可以是一个段落（或者项目）编号、一个描述词，或者其他一些可以唯一标识引用文本的符号集合。使用标签的软件文档，可以通过引用其他文档来避免浪费空间。

文档作者经常会使用段落编号作为标签，这在文字处理软件中可以很容易做到。但是，许多文字处理软件不支持跨文档类型的交叉引用。另外，你想要使用的标签机制或者格式，也可能与文字处理程序不匹配。

虽然我们可以编写定制化的软件，或者使用数据库应用程序来提取和维护交叉引用的信息，但是最常见的解决方案还是手动维护标签。这听起来似乎需要相当大的精力，但是其实只要稍加计划，就不难做到。

第二种方法（也许是最好的解决方案）是创建一个 RTM（请参考 9.2.3 节“需求/

反向可追溯性矩阵”)，它可以跟踪系统文档中各个内容之间的链接。尽管 RTM 是另一个你必须维护的文档，但是它提供了一种完整且易用的机制来跟踪系统中的所有组件。

我们将首先讨论常见的标签格式，然后研究如何构建一个 RTM。

9.2.2 标签格式

标签语法没有特定的标准，只要语法一致，并且每个标签都是唯一的，你就可以使用自己喜欢的任何标签格式。出于我自己（以及本书）的目的，我创建了一种语法，可以将可追溯性的内容直接加入标签中。接下来的标签格式都是按照文档类型来组织的。

9.2.2.1 SyRS 标签

对于 SyRS 文档，标签的格式为[*productID*_SYRS_*xxx*]，其中：

productID 指产品或者项目。例如，对于一个泳池监控应用程序，*productID* 可能是“POOL”。我们不希望这个 ID 很长（最好不超过 4 个或 5 个字符），因为它会被频繁地使用。

SYRS 表明这是一个来自 SyRS 文档的标签（这可能是一个系统需求标签）。

xxx 表示一个或多个数字，如果使用了多个整数，则可以用句点分隔。这个数字序号可以唯一标识 SyRS 中的标签。

在理想的情况下，所有 SyRS 需求（以及需要标签的其他内容）都将从 1 开始按顺序进行编号，这些整数和它们所引用的文本含义之间没有任何相关性。

假设某个 SyRS 文档中有以下两个需求：

[POOL_SYRS_001]：**泳池温度监控**
该系统应该监控泳池的温度。

[POOL_SYRS_002]：**最高泳池温度**
如果泳池的温度超过 86 华氏度，那么系统将打开“高温”LED 灯。

假设[POOL_SYRS_002]之后还有 150 个额外的需求。

现在假设有人提出了一个需求，如果泳池的温度降到 70 华氏度以下，那么就要打开泳池加热器。你可以添加以下这些需求：

[POOL_SYRS_153]：最低泳池温度
如果泳池的温度下降到 70 华氏度以下，那么系统应该打开泳池加热器。

[POOL_SYRS_154]：最高加热温度
如果泳池的温度超过 70 华氏度，那么系统应该关闭泳池加热器。

在 SyRS 文档中，我们应该将相关的需求安排在相邻的位置上，这样读者就可以在文档的某一个位置，找到与指定功能相关的所有需求。你可以想象一下，为什么我们不希望按照标签对需求进行排序，因为这样做会将泳池加热器的两个新需求安排到文档的末尾，离其他泳池温度的需求太远。

你应该尽力把这些需求放在一起；然而，如果看到这样一组需求，则会有点让人感到困惑：

[POOL_SYRS_001]：泳池温度监控
该系统应该监控泳池的温度。

[POOL_SYRS_153]：最低泳池温度
如果泳池的温度下降到 70 华氏度以下，那么系统应该打开泳池加热器。

[POOL_SYRS_154]：最高加热温度
如果泳池的温度超过 70 华氏度，那么系统应该关闭泳池加热器。

[POOL_SYRS_002]：最高泳池温度
如果泳池的温度超过 86 华氏度，那么系统应该打开“高温”LED 灯。

一种更好的解决方案是使用点序号对标签重新编号，从而扩展标签的编号。点序号是由两个或多个用点分隔的整数组成的。例如：

[POOL_SYRS_001]：泳池温度监控
该系统应该监测泳池的温度。

[POOL_SYRS_001.1]：最低泳池温度
如果泳池的温度下降到 70 华氏度以下，那么系统应该打开泳池加热器。

[POOL_SYRS_001.2]：最高加热温度
如果泳池的温度超过 70 华氏度，那么系统应该关闭泳池加热器。

[POOL_SYRS_002]：最高泳池温度
如果泳池的温度超过 86 华氏度，那么系统应该打开“高温”LED 灯。

这样你就可以在文档的任何地方输入新的需求或者更改需求了。注意，001.1 和 001.10 是不一样的。这些数字不是浮点数值，它们是用一个点隔开的两个整数。数字 001.10 可能是 001.1~001.10 序号中的第 10 个值。同样，001 和 001.0 也不一样。

如果你需要在 001.1 和 001.2 之间插入其他需求，则可以简单地在序号的末尾添加另一个点，例如 001.1.1。如果你希望将来能够插入其他标签，那么也可以在标签序号之间留下间隔，如下所示：

[POOL_SYRS_010]：泳池温度监控
该系统应该监控泳池的温度。

[POOL_SYRS_020]：泳池最高温度
如果泳池的温度超过 86 华氏度，那么系统应该打开“高温”LED 灯。

因此，当你决定添加其他两个需求时，只需要：

[POOL_SYRS_010]：泳池温度监控
该系统应该监控泳池的温度。

[POOL_SYRS_013]：最低泳池温度
如果泳池的温度下降到 70 华氏度以下，那么系统应该打开泳池加热器。

[POOL_SYRS_017]：最高加热温度
如果泳池的温度超过 70 华氏度，那么系统应该关闭泳池加热器。

[POOL_SYRS_020]：最高泳池温度
如果泳池的温度超过 86 华氏度，那么系统应该打开“高温”LED 灯。

记住，所有标签都应该是唯一的，这一点很重要。

注意：到目前为止，在本章节中，标签一直是段落标题的一部分，当人们想在文档中搜索标签时（特别是当文档不是电子格式时），这是很有用的。但是，你也可以在段落中使用标签。

9.2.2.2 SRS 标签

对于只有 SRS 文档（而不是 SyRS 文档）作为需求文档的系统文档集合，使用"SRS"可以简单地替换标签中的"SyRS"，例如，[POOL_SRS_010]：泳池温度监控。

但是，当项目的文档集合中同时包含一个 SyRS 文档和一个 SRS 文档时，本书使用了一种约定，直接在 SRS 标签中实现了从 SRS 到 SyRS 的反向可追溯性。SRS 标签的格式为[*productID*_SRS_*xxx*_*yyy*]。

productID 与 SyRS 标签的相同；SRS 表示软件需求规范说明的标签（相对于系统需求规范说明的标签）；*xxx* 和 *yyy* 是十进制数字，其中 *xxx* 是对应 SyRS 标签的编号（请参考 9.2.2.1 节"SyRS 标签"）。

通过将父 SyRS 需求的标签编号直接嵌入 SRS 需求的标签中，我们实现了反向追溯信息。因为几乎所有的 SRS 需求都来自一个对应的 SyRS 标签，所以 SyRS 需求和 SRS 需求之间是一对多的关系，一个 SyRS 需求可以产生一个或多个 SRS 需求，但是每个 SRS 需求都可以被追溯到一个 SyRS 需求，如图 9-2 所示。

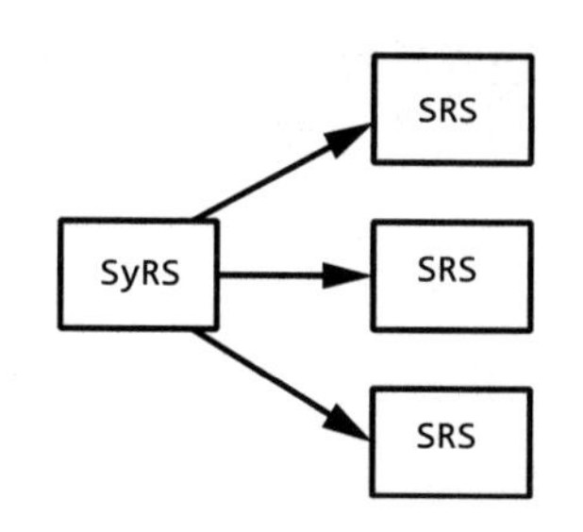

图 9-2 SyRS 和 SRS 之间的关系

yyy 是 SRS 标签值。作为一个通用规则（以及本书遵循的惯例），*yyy* 在所有的 SRS 标签中不必是唯一的，但是 *xxx*_*yyy* 组合必须是唯一的。以下所有 SRS 标签都是有效的（和唯一的）：

[POOL_SRS_020_001]
[POOL_SRS_020_001.5]
[POOL_SRS_020_002]
[POOL_SRS_030.1_005]
[POOL_SRS_031_003]

本书还使用了一种约定，对于每个 *xxx* 值，重新开始计算 *yyy* 编号。

通过这种方式构造的 SRS 标签，你可以直接构建从 SRS 到 SyRS 的自动反向可追溯性。如果要定位与 SRS 需求相关的 SyRS 需求，那么只需要提取 *xxx* 值并在 SyRS 文档中搜索相应的标签即可。在 SRS 文档中也很容易找到与 SyRS 标签相关联的 SRS 标签。例如，要查找与 POOL_SYRS_030 相关的所有 SRS 需求，可以在 SRS 文档中搜索所有“SRS_030”出现过的地方。

在 SRS 文档中可能会出现一些不是来自 SyRS 需求的新需求。如果出现这种情况，那么在 SRS 标签中就不会有 *xxx* 编号。为了解决这个问题，本书保留了编号为 000 的 SyRS 标签（也就是说，永远不会有一个 SyRS 标签[*productID*_SYRS_000]），任何不基于 SyRS 需求的 SRS 新需求，都将采用[*productID*_SRS_000_*yyy*]的形式。

注意：本书使用的另一种约定是，用星号（*）来代替 000 值。

在 SRS 文档中直接包含 SyRS 文档中所有与软件相关的需求[1]，这是一个好主意。这允许 SRS 作为一个独立的文档供软件开发人员使用。当将 SyRS 需求直接复制到 SRS 文档中时，我们会对复制的需求使用类似于[*productID*_SRS_*xxx*_000]的标签。即当 *yyy* 值为 000 时，表示这是一个复制的标签。

9.2.2.3 SDD 标签

遗憾的是，SRS 需求和 SDD 设计元素之间并不存在一对多的关系[2]。这使得在

1 请记住，SyRS 文档中可能包含一些与硬件和其他非软件相关的需求，这些需求不会被复制到 SRS 文档中。关于这方面的更多信息，请参考 9.2.3 节“需求/反向可追溯性矩阵”，特别是对需求配置的描述。

2 在一个设计良好的系统中，需求和设计之间可能存在多对一的关系，在最差的情况下，它们之间可能是多对多的关系。

SDD 标签语法中，反向追溯到对应的 SRS 标签变得更加困难。你不得不依赖一个外部的 RTM 文档，来提供 SRS 文档和 SDD 文档之间的链接。

由于反向可追溯性在 SDD 标签中不实用，所以本书会使用简化的 SDD 标签格式[*productID*_SDD_*ddd*]，其中 *productID* 的含义与之前一样，而 *ddd* 是一个唯一标识符，类似于 SyRS 标签中的 *xxx*。

9.2.2.4 STC 标签

SRS 需求和 STC 测试用例之间应该是一对多的关系，如图 9-3 所示。

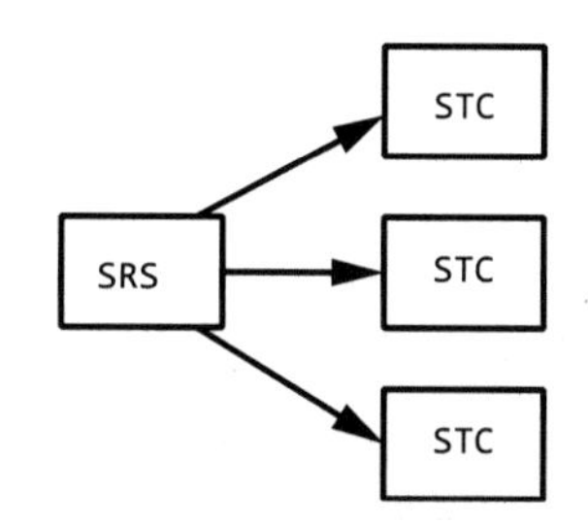

图 9-3 SRS 和 STC 标签之间的关系

这意味着你可以在标签中实现从 STC 到 SRS 的反向可追溯性，就像从 SRS 到 SyRS 所做的那样。对于 STC 标签，本书使用的语法是[*productID*_STC_*xxx*_*yyy*_*zzz*]。如果所有的 *yyy* 值都是唯一的（而不是 *xxx*_*yyy* 组合是唯一的），那么可以去掉标签中的 *xxx*。但是因为 *xxx* 和 *yyy* 组合起来可以提供反向追溯 SRS 和 SyRS 的能力，所以这样会更加方便（不过需要在 STC 标签中引入额外的信息）。

尽管这种情况很少发生，但是你可以创建一个不基于任何 SRS 需求的唯一的测试用例[1]。例如，使用 SDD 来实现代码的软件工程师，可能会基于他们编写的源代码来创建测试用例。在这种情况下，对于任何不基于 SyRS 需求的 SRS 需求，本书中仍然会使用前面所介绍的方案，即保留 *xxx*_*yyy* 值为 000_000 或*_*，并且任何没有

1 一般来说，如果你需要测试某些功能，则应该由需求来驱动测试。但是，你可能会从 SDD 文档，而不是 SRS 文档来生成一些测试用例。例如，需求通常不会描述细节，比如编码人员是否应该使用数组或者字典（查找表）来实现某些操作。另一方面，SDD 文档可以指定特定的数据结构，比如数组。这可能会产生一个测试用例，比如在测试索引数组时程序不会出现越界的情况。

对应需求的新的 STC 标签，都将会使用 000 作为标签编号后缀。*xxx*_000 意味着该测试用例是基于 SyRS 需求的，而不是基于任何 SRS 需求的（或者它可能基于从 SyRS 中复制过来的 SRS 标签，如之前所述）。这个用例不是一个独立的测试用例。

数字形式为 000_000 的 STC 标签不包含任何追溯信息。在这种情况下，你需要显式地提供链接信息来描述测试用例的来源。以下是一些建议：

- 在标签后面使用*:source* 来描述测试用例的来源（*source* 是指包含产生该测试用例的文件或者其他文档的名称）。
- 使用 RTM 文档来提供来源信息（请参考 9.2.3 节“需求/反向可追溯性矩阵”来了解更多细节）。
- 确保包含测试用例来源的文档，其中有一个指向 STC 标签的注释或者链接。

9.2.2.5 STP 标签

STC 测试用例与 STP 测试过程是多对一的关系，如图 9-4 所示。

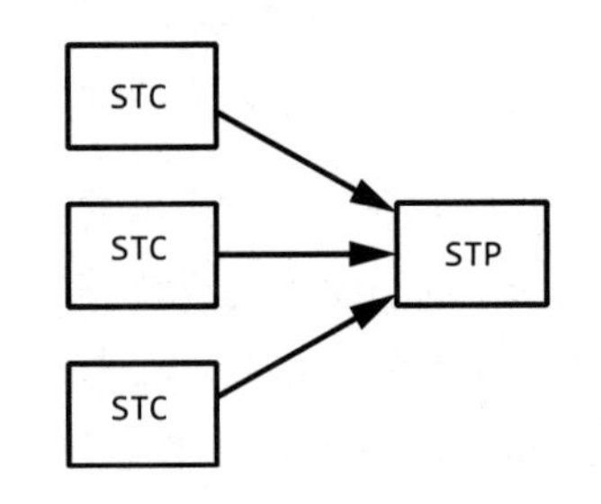

图 9-4 STC 和 STP 标签之间的关系

这意味着，与使用 SDD 文档一样，你不能将反向追溯信息加入 STP 标签中。因此，对于 STP 标签，本书中使用的语法是[*productID*_STP_*ppp*]，其中 *productID* 的含义与之前一样，*ppp* 是一个唯一的 STP 标签值。

9.2.3 需求/反向可追溯性矩阵

正如前面所提到的，在 SDD 和 STP 标签中构建反向可追溯性是不可能的，因此你需要需求/反向可追溯性矩阵（RTM）。

顾名思义，RTM 是一个二维矩阵或者表格，其中：

- 每一行都指定了一个需求、设计、测试用例或测试过程之间的链接。
- 每一列都指定了一个特定的文档（SyRS、SRS、SDD、STC 或者 STP 文档）。
- 每个单元格都包含了相关文档类型的标签。

表格中一个典型的行可能包含如下内容：

POOL_SYRS_020	POOL_SRS_020_001	POOL_SDD_005	POOL_STC_020_001_001	POOL_STP_005

一般来说，RTM 是由 SyRS 或 SRS 需求标签来驱动的，你通常需要通过这些列对表格进行排序使用。

由于 SyRS 需求和 SRS 需求之间存在一对多的关系，所以你可能需要跨多行复制 SyRS 需求，如下例中所示：

1	POOL_SYRS_020	POOL_SRS_020_001	POOL_SDD_005	POOL_STC_020_001_001	POOL_STP_005
2	POOL_SYRS_020	POOL_SRS_020_002	POOL_SDD_005	POOL_STC_020_002_001	POOL_STP_005
3	POOL_SYRS_020	POOL_SRS_020_003	POOL_SDD_005	POOL_STC_020_003_001	POOL_STP_004
4	POOL_SYRS_020	POOL_SRS_020_003	POOL_SDD_005	POOL_STC_020_003_002	POOL_STP_006
5	POOL_SYRS_030	POOL_SRS_030_001	POOL_SDD_006	POOL_STC_030_001_001	POOL_STP_010

第 1~3 行使用不同的 SRS 标签，但是共享相同的 SyRS 标签；第 3 行和第 4 行使用不同的 STC 标签，但是共享相同的 SRS 标签（和 SyRS 标签）。

有时候，省略重复的 SyRS 和 SRS 标签会让表格显得更干净，你可以从前面的行推断出当前行的内容，如下所示：

1	POOL_SYRS_020	POOL_SRS_020_001	POOL_SDD_005	POOL_STC_020_001_001	POOL_STP_005
2		POOL_SRS_020_002	POOL_SDD_005	POOL_STC_020_002_001	POOL_STP_005
3		POOL_SRS_020_003	POOL_SDD_005	POOL_STC_020_003_001	POOL_STP_004
4			POOL_SDD_005	POOL_STC_020_003_002	POOL_STP_006
5	POOL_SYRS_030	POOL_SRS_030_001	POOL_SDD_006	POOL_STC_030_001_001	POOL_STP_010

虽然你可以使用文字处理软件（例如，Microsoft Word 或者 Mac Apple Pages 软件）来创建一个 RTM，但更好的方式是使用电子表格程序（例如，Microsoft Excel

或者 Apple Numbers 软件）或者数据库应用程序，它允许你根据需要轻松地对表格进行排序。本书会假设你使用的是电子表格程序。

9.2.3.1 添加额外的列

对于每种系统文档类型，包括 SyRS（如果有的话）、SRS、SDD、STC 和 STP，你需要在 RTM 中至少为每个文档都创建一个列，但是也可以在 RTM 中包含其他信息。例如，你可以考虑添加一个“描述”列，用来帮助理解所有的标签。

或者，如果你有一个 SyRS 文档，则可以添加一个“配置”列，用来指定 SyRS 需求与硬件、软件还是其他相关。注意，SRS、SDD、STP 和 STC（根据定义）总是与软件相关，所以对于这些标签，配置列的内容要么是“N/A”（不适用），要么总是“软件”。

另一个有用的列可能是“验证方式”，它描述了如何在系统中测试（或者验证）指定的需求。验证方式的内容可以是通过测试（作为软件测试过程的一部分）、评审、检查、设计、分析以及其他，或者无法测试。

最后，你可以选择添加一个额外的列（或者多个列），其中包含一些行号，这样就可以用不同的方式快速地对数据进行排序。例如，你可以添加一个编号从 1 到 n 的列（其中 n 是行数），然后根据（SyRS 和 SRS）需求的顺序来排序；而另一个编号为 1 到 n 的列，可以根据 SDD 标签的值来排序，等等。

9.2.3.2 RTM 排序

当然，如果你在矩阵的每个单元格中都填上了值，那么就可以按照一个列的值（或者多个列的值）排序。例如，假设你使用的是 Microsoft Excel 软件，并且多个列的组织方式如下：

A：描述
B：SyRS 标签
C：配置
D：SRS 标签
E：测试方法

F：SDD 标签

G：STC 标签

H：STP 标签

我们先按 B 列排序，然后按 D 列排序，再按 G 列排序，那么就可以根据需求的顺序对文档进行排序。如果先按 F 列排序，然后按 B 列排序，再按 D 列排序，那么就可以根据设计元素的顺序对文档进行排序。如果先按 H 列排序，然后按 D 列排序，再按 G 列排序，那么就可以根据测试过程的顺序对文档进行排序。

为了通过 RTM 从 SyRS 或 SRS 需求追溯到 SRS 需求、SDD 设计项、STC 测试用例，或者 STP 测试过程，你只需要简单地对矩阵进行各种排序，找到感兴趣的 SyRS 或 SRS 标签，然后再找到同一行中其他文档对应的标签即可。你可以使用这种方法从 STC 标签追溯到对应的测试过程（因为对需求的排序，也会对测试用例标签进行排序）。

因为标签语法中自带了从 STC 到 SRS 再到 SyRS 的反向可追溯性，所以这个过程不需要任何特殊操作。从 SDD 到 SRS（或 SyRS），以及从 STP 到 STC/SRS/SyRS 的反向可追溯性会稍微复杂一些。首先，你需要按照 SDD 标签的顺序，或者 STP 标签的顺序，对矩阵进行排序。这将把一组 SDD 或 STP 标签归集到一起（并且按照字典顺序排序）。现在你只需要找到包含某个指定 SDD 或 STP 标签行中的所有标签。下面显示了之前根据测试过程排序的 RTM 示例：

1	POOL_SYRS_020	POOL_SRS_020_003	POOL_SDD_005	POOL_STC_020_003_001	POOL_STP_004
2	POOL_SYRS_020	POOL_SRS_020_001	POOL_SDD_005	POOL_STC_020_001_001	POOL_STP_005
3	POOL_SYRS_020	POOL_SRS_020_002	POOL_SDD_005	POOL_STC_020_002_001	POOL_STP_005
4	POOL_SYRS_020	POOL_SRS_020_003	POOL_SDD_005	POOL_STC_020_003_002	POOL_STP_006
5	POOL_SYRS_030	POOL_SRS_030_001	POOL_SDD_006	POOL_STC_030_001_001	POOL_STP_010

在这个表格中，你可以很容易地看到测试过程 005 与 SyRS 标签 020、SRS 标签 020_001 和 020_002 相关联。在这个简单的示例中，你不需要对数据进行排序来确定这些链接。但是对于更加复杂的 RTM（例如，有几十个、几百个甚至上千个需求），如果该表格没有按照 STP 标签排序，那么手动搜索这些反向链接会需要更多的时间。

9.3 确认、验证和审查

确认（见 3.2.4 节“迭代模型”）是一个过程，表明产品符合最终用户的需求（也就是说，“我们开发的是正确的产品吗？”），而验证是确保你按照项目规范开发了产品（也就是说，“我们是用正确的方式开发的产品吗？”）。确认发生在需求的结束阶段和整个开发周期（请参考 9.4.1 节“通过确认降低成本”）过程中，而验证通常发生在软件开发周期的每个阶段末尾，来保证该阶段满足所有的输入需求。例如，验证 SDD 需要保证它覆盖了 SRS 文档中的所有需求（SRS 需求是 SDD 阶段的输入）。

各阶段的验证步骤如下：

SyRS/SRS 验证需要保证文档中的需求完全覆盖了客户提供的所有需求——这些需求可能来自 UML 用例（请参考 4.2 节“UML 用例模型”），或者客户提供的功能规范。

SDD 验证需要保证设计项覆盖了所有的需求。输入来源是 SRS 文档中的需求。

STC 验证需要保证每个（可测试的）需求都至少存在一个测试用例。输入来源是 SRS 文档中的需求。

STP 验证需要保证所有的测试用例都能被测试过程覆盖。输入来源是 STC 的测试用例（以及间接来自测试用例的需求）。

为了验证前面的每个阶段，你需要检查该阶段产生的文档。在文档审查期间，RTM 是非常有用的。例如，在审查 SDD 文档时，你可以在 SRS 文档中搜索每个需求，查找相应的 SDD 标签，然后验证设计元素是否实现了指定的需求。你还可以使用相同的方式，来验证 STC 文档中的测试用例是否覆盖了所有的需求。

当你审查代码时，最安全的方法是检查每个阶段的所有输入（即 SDD 和 STC 对应的需求，以及 STP 的测试用例），并在验证正确处理了每个输入之后，再手工检查一遍每个输入。最终这个列表将成为该阶段审查文档的一部分。

在审查过程中，你还应该确认该阶段输出的正确性。例如，在审查 SRS 文档时，你应该检查每个需求，确保它们是有用的（请参考 10.4 节“软件需求规范文档”）；在审查 SDD 文档时，你应该确保每个设计项都是正确的（例如，你使用了恰当的算法并适当地处理了并发操作)；在审查 STC 文档时，你应该确保每个测试用例都正确地测试了相关需求；在审查 STP 文档时，你应该验证每个测试过程是否都正确地测试了相关测试用例。

如果可能的话，为了获得最好的结果，应该由文档作者以外的工程师来进行最终的正式审查，或者让另一个工程师参与审查过程。文档作者更有可能掩盖某个遗漏，因为他们太过于熟悉项目，所以在审查时很可能会去脑补被遗漏的元素。当然，在提交正式审查之前，他们应该自己再审查一遍文档。

9.4 通过文档降低开发成本

文档成本通常是项目总成本的一个主要组成部分。一是因为有太多的文档；二是因为文档之间是相互依赖的，这使得它们难以更新和维护。在 *Code Complete*（Microsoft Press，2004 年）一书中，Steve McConnell 提到，与需求阶段相比，在设计（架构）阶段纠正错误的成本是其 3 倍，在编码阶段是其 5~10 倍，在系统测试阶段是其 10 倍。这里有如下几个原因：

- 如果你在开发过程的早期修复了一个缺陷，那么就不会浪费时间来编写额外的文档、编码和测试有缺陷的设计。例如，为某个需求编写 SDD 文档、为实现该需求编写代码、为该需求编写测试用例和测试过程，以及运行这些测试都需要花费时间。如果需求一开始就错了，那么你就浪费了所有的努力。
- 如果你在系统的某个阶段发现了一个缺陷，那么就必须在整个系统的其他阶段找到并修改与该缺陷有关的任何东西。这可能是一项耗费精力的工作，很容易忽略掉某些变更，从而导致代码不一致和其他问题。

9.4.1 通过确认降低成本

需求阶段（SyRS 和 SRS 开发）是最需要确认行为的阶段。如果你坚持要求客户理解并同意所有的需求，然后再进入后续阶段，那么要确保没有客户不想要的需求，并且确认解决的是客户所面临的问题；否则，你就会花好几个月的时间记录、编码和测试一个程序的功能，结果客户却说："这不是我们想要的"。一个良好的确认过程可以帮助减少出现这种情况的可能性。

确认行为应该发生在需求的结束阶段，以及开发周期的结束阶段，包括提出以下几个问题：

SyRS（如果有的话）

1. 每个现有的需求都很重要吗？这些需求是否描述了客户想要的某些功能？
2. 每个需求都是正确的吗？它们是否准确（没有歧义）地说明了客户想要什么？
3. 是否有遗漏任何需求？

SRS

1. SyRS文档中列出的所有软件需求（如果有的话）是否也在SRS文档中列出了？
2. 现有的每个需求都很重要吗？这个功能对系统架构师来说重要吗？客户是否同意？
3. 每个需求都是正确的吗？它们是否准确（没有歧义）地说明了软件必须做什么才能有效？
4. 是否有遗漏任何需求？

在最终的验收测试期间，测试工程师应该在 SRS 文档中以复选框的形式列出所有的需求。他们应该在测试时（可能是在执行 STP 文档的测试过程时）检查每个需求，以确保软件正确地实现了对应的需求。

9.4.2 通过验证降低成本

正如9.3节“确认、验证和审查”中所提到的，验证应该在软件开发过程的每个阶段之后进行。尤其是在完成 SRS 文档之后，应该有一个与每个系统文档相关的验证步骤。以下是你完成每一个文档后，可能会提出的一些问题：

SDD

1. 设计组件是否完全覆盖了 SRS 文档中的所有需求？
2. 在需求（多）和软件设计元素（一）之间是否存在多对一（或者一对一）的关系？虽然一个设计元素可能会满足多个需求，但是不应该用多个设计元素来满足一个需求。

3. 一个软件的设计元素，是否为实现指定的需求提供了准确的设计？

STC

1. 需求和测试用例之间是否存在一对多（或者一对一）的关系？（也就是说，一个需求可以有多个关联的测试用例，但是不应该有多个需求共享同一个测试用例[1]。）
2. 测试用例是否准确地测试了相关需求？
3. 所有与需求相关的测试用例，是否完全测试了该需求的正确实现？

STP

1. STC 的测试用例与 STP 的测试过程之间是否存在多对一的关系？也就是说，一个测试过程是否实现了一个或多个测试用例，而每个测试用例仅由一个测试过程来处理？
2. 测试过程是否准确地实现了其所有相关的测试用例？

9.5 获取更多信息

Michael Bremer 编写的 *The User Manual Manual: How to Research, Write, Test, Edit, and Produce a Software Manual*，UnTechnical Press，1999 年。

IEEE，*IEEE Standard 830-1998: IEEE Recommended Practice for Software Requirements Specifications*，1998 年 10 月 20 日。

Dean Leffingwell 和 Don Widrig 编写的 *Managing Software Requirements*，Addison-Wesley Professional，2003 年。

Steve McConnell 编写的 *Code Complete. 2nd ed*，Microsoft Press，2004 年。

Russ Miles 和 Kim Hamilton 编写的 *Learning UML 2.0: A Pragmatic Introduction to*

1 结果可能是一个测试用例会偶然地对应多个需求。但是，你仍然会创建一个独立的测试用例。这种冗余会在你创建测试过程时得以解决。

UML，O'Reilly Medi，2003 年。

Tom Pender 编写的 *UML Bible*，Wiley，2003 年。

Jason T. Roff 编写的 *UML: A Beginner's Guide*，McGraw-Hill Education，2003 年。

Karl E. Wiegers 编写的 *Software Requirements*，Microsoft Press，2009 年。

Writing Quality Requirements，*Software Development* 杂志第 7 期第 5 号（1999 年 5 月），第 44~48 页。

10

需求文档

需求说明软件必须做什么才能够满足客户的需求，具体来说，包括：

- 系统必须执行哪些功能（功能性需求）。
- 系统必须多好地执行它们（非功能性需求）。
- 软件运行必需的资源或设计参数（即各种约束，也是非功能性需求）。

如果一款软件不能满足指定的需求，那么我们就不认为该软件是完整的或者正确的。因此，软件需求是软件开发的一个基本起点。

10.1　需求的来源和可追溯性

每个软件需求都必须有一个来源。这个来源可能是一个更高级的需求文档［例如，软件需求规范（SRS）文档中的需求可能来源于系统需求规范（SyRS）文档，或者 SyRS 文档中的需求可能来源于客户提供的功能需求文档］、一个特定的用例文档、一个客户“要完成的工作”、一次跟客户的口头交流，或者一次头脑风暴会议。你应该能够追溯到任何需求的来源，如果做不到这一点，那么这个需求可能就不是必需的，应该被移除。

*反向可追溯性*是追溯某个需求来源的能力。正如第 9 章所讨论的，反向可追溯性矩阵（RTM）是一个列出所有需求及其来源的文档或数据库。有了 RTM，你可以很容易地识别需求的来源，从而确定它的重要性（请参考 9.2.3 节“需求/反向可追溯性矩阵”，深入了解 RTM）。

10.1.1 建议的需求格式

一个书面的需求应该采用下面其中一种格式：

- [**触发器**]**参与者** 应该 **动作 对象**[**条件**]
- [**触发器**]**参与者** 必须 **动作 对象**[**条件**]

方括号内的内容是可选的。“*应该*”一词表示这是一个功能性需求，而“*必须*”一词表示这是一个非功能性需求。以下面的需求为例，每一项的描述如下：

> *当泳池的温度在 40~65 华氏度之间时，泳池监控器应该关闭“良好”指示灯，除非气温高于 90 华氏度。*

触发器 触发器是一个短语，指示何时应用这个需求。缺少触发器，意味着需求应该被一直满足。在示例中，触发器是“当泳池的温度在 40~65 华氏度之间时”。

参与者 参与者是执行动作的人或物，在本例中是“泳池监控器”。

动作 动作是需求导致的活动（在本例中是“关闭”）。

对象 对象是动作作用的东西（在本例中是“良好”指示灯）。

条件 条件通常是一个用于停止动作的消极的意外事件（如果有一个积极的条件导致了某个动作，那么它就是一个触发器）。在本例中，条件是“除非气温高于 90 华氏度”。

有些需求文档的作者会使用“可能”来代替“*应该*”或者“*必须*”，但是这么写意味着需求不是必需的。本书赞同所有的需求都应该是必需的这个观点，因此不应该包括“可能”这种词。

10.1.2 好需求的特点

这一节会讨论好需求的特点。

10.1.2.1 正确的

需求必须是正确的，这是不言而喻的，但是研究表明，大约 40%的项目成本是由于需求上的错误造成的。因此，花一些时间来审查需求并纠正其中的错误，是确保软件质量最经济有效的方法之一。

10.1.2.2 一致的

需求之间必须相互一致。也就是说，一个需求不能与另一个需求相矛盾。例如，如果一个需求要求，当泳池的温度低于 70 度时，泳池的温度监控器必须触发警报，而另一个需求则要求，当泳池的温度低于 65 度时必须触发相同的警报，那么这两个需求之间就是不一致的。

请注意，一致性指的是同一个文档中的需求。如果一个需求与更高级别文档中的需求不一致，那么这个需求就是*不正确的*——更不要说不一致了。

10.1.2.3 可行的

如果你不能切实可行地实现软件需求，那么你就没有需求。毕竟，需求表明了必须做什么才能提供令人满意的软件解决方案。如果需求是不可行的，那么同样也不可能提供软件解决方案。

10.1.2.4 必需的

根据需求的定义，如果一个软件需求不是必需的，那么它就不是一个需求。实现需求的成本很高，它们需要文档、代码、测试和维护，所以你不希望包含不是必需的需求。不是必需的需求往往是“镀金”的结果，或者仅仅因为某些人认为它们很酷而添加功能，而不考虑实现它们所涉及的成本。

如果一个需求能够做到以下几点，那么它就是必需的：

- 使产品具有市场竞争力。
- 满足客户、最终用户或其他利益相关方提出的需求。
- 区分产品或者使用模式。
- 它是由业务战略、路线图或者可持续发展的需要所决定的。

10.1.2.5 有优先级的

软件需求指明了为开发应用程序所必须做的一切。但是，因为存在各种限制（时间、预算等），你可能无法在软件的第一个版本中实现每一个需求。此外，随着时间的推移（和资金的花费），一些需求可能会因为事情的变化而被放弃。因此，好的需求会有一个相关的优先级。这可以帮助推动项目进度，因为团队会优先实现最关键的功能，并将不太重要的功能放到项目开发周期的末尾来实现。通常，有三四个优先级就足够了，像关键的/必需的、重要的、期望的和可选的，都是很好的优先级例子。

10.1.2.6 完整的

一个好的需求应该是完整的，也就是说，它不应该包含任何待定（TBD）的项。

10.1.2.7 明确的

需求一定不能有多种解释（注意，待定是这种情况的一个特例）。明确性意味着一个需求只有一种解释。

因为大多数需求是用某种自然语言（例如，英语）编写的，而自然语言是含糊不清的，所以在编写需求时必须特别小心，以避免产生歧义。

一个存在歧义的需求示例：

> 当泳池的温度过低时，软件应该发出报警信号。

一个明确的需求示例：

> 当泳池的温度低于 65 华氏度时，软件应该发出报警信号。

当需求中出现以下自然语言的特征时，就会产生歧义：

模糊性 在需求中使用*弱词*（没有明确含义的词）会导致产生模糊性。本节将很快讨论弱词。

主观性 指不同的人根据自己的个人经验或观点，对一个词（弱词）赋予不同的意义。

不完整性 在需求中使用了待定项、部分规范或者无限制列表所造成的结果。本节稍后将会讨论无限制列表。

可选性 当你使用了一些短语，让需求成为可选的，而不是必需的时，就产生了可选性（例如，当你使用*因为、可能、如果可能、在适当的时候、期望*等词时）。

不规范性 当某个需求描述不够清晰时，就会产生不规范性，这通常是由于使用了一些弱词（例如，*支持、经过分析、根据响应和基于某原因*等）。

假设有如下需求：

泳池监控器应该支持华氏和摄氏温度标准。

在这种情况下，*支持*到底是什么意思？一个开发人员可能理解为，最终用户可以选择华氏温度或者摄氏温度作为输入与输出（确定之后不能更改），而另一个开发人员可能理解为，这两种温度标准都用于输出，而输入可以选择其中任何一种。一个更好的需求可能如下：

泳池监控器的设置应该允许用户自己选择华氏或者摄氏温度标准。

无法引用 指当某个需求提供了对另一个文档（例如，需求的来源）不完整或者缺失的引用时。

过于宽泛 当某个需求包含通用的限定词，如*任何、所有、总是*和*每个*等词，或者在否定时使用*无一、永不、只有*等词时，就会显得过于宽泛。

难以理解 当文档写得不好（存在语法问题）、使用未定义的术语、逻辑复杂（例如，使用双重否定）和内容不完整时，就会让需求难以理解。

被动语态 指当需求没有一个参与者和动作对应时。例如，一个不好的使用被动语态的需求可能是：

当泳池的温度下降到65华氏度以下时，应该发出警报。

谁负责发出警报？不同的人会有不同的理解。更好的需求描述可能是：

当泳池的温度下降到65华氏度以下时，泳池监控软件应该发出警报。

在需求中使用一些弱词往往会导致产生歧义。弱词的例子包括：支持、一般、某种、大部分、漂亮、稍微、多少、有点、各种、几乎、快速、容易、及时、之前、之后、用户友好、有效、多重、尽可能、适当、正常、能力、可靠、最先进的、不费力、多个，等等。

例如，“泳池监控器应该提供多个传感器”这样的需求是含糊不清的，因为“多个”是一个弱词。在这里它是什么意思？两个？三个？一打？

使用无限制列表——一种缺少起点、终点或者两者都缺少的列表——也会创建出模糊的需求。典型的例子包括这样的措辞：至少、包括但不限于、或晚、或更多、类似、依此类推、等等。

例如：“泳池监控器应该支持三个或更多的传感器”，那么它必须支持4个传感器吗？10个传感器？无数个传感器？这个需求并没有明确说明支持的传感器的最大数量是多少。一个更好的需求可能是：

泳池监控器必须支持3~6个传感器。

我们无法针对无限制列表进行设计和测试（它们无法具有可行性和可验证性）。

10.1.2.8 与实现无关

需求必须完全基于系统的输入和输出。它们不应该深入参与应用程序的实现细节［这是软件设计描述（SDD）文档的作用］。需求必须将系统视为一个接收输入、产生输出的黑盒。

例如，一个需求可能会要求系统输入一个数字列表，然后输出一个排序后的列表。需求不应该说明“应该使用一种快速排序算法”之类的内容，因为软件设计师有充分的理由使用不同的算法，需求不应该强迫软件设计师或者程序员怎么做。

10.1.2.9 可验证的

“如果需求不是可测试的，那么它就不是需求”，这是所有的需求作者都应该遵循的真理。如果不能为需求创建一个测试，那么你就不能验证它在最终产品中是否已经得到满足。事实上，如果你不能想出一个测试的方法，那么这个需求很可能无法实现。

如果你不能创建一个可以在最终软件产品上运行的物理测试，那么很有可能这个需求并不仅仅依赖于系统的输入和输出。例如，如果有一个需求，说明“系统应该使用快速排序算法对数据进行排序”，那么你如何对此进行测试？如果你不得不求助于“通过审查代码来测试这个需求”，那么这个需求可能就不够好。这并不是说我们不能通过代码审查或者分析来验证需求，但是实际的测试是验证需求的最佳方式，特别是如果你可以实现测试自动化的话。

10.1.2.10 原子的

一个好的需求一定不能包含多个需求，也就是说，它一定不能是一个复合需求。需求也应该尽可能独立，它们的实现不应该依赖于其他需求。

一些作者声称“和”和“或”绝对不能出现在需求内容中。严格地说，不是这样的。你只需避免使用 *fanboys* 连词（因为、和、也不、但是、或者、然而、所以）将不同的需求汇总成一句话。例如，以下内容就不是复合需求：

> 当温度在 70 华氏度和 85 华氏度之间时，泳池监控器应该显示“良好”指示灯。

请注意，这是一个需求，而不是两个。“和”并没有产生两个需求。如果你真的想避免使用“和”这个字，那么可以重写该需求，如下所示：

> 当温度在 70 华氏度至 85 华氏度之间时，泳池监控器应该显示“良好”指示灯。

但是，第一个版本真的很简单。下面是复合需求的一个例子：

> 当温度低于 70 华氏度或者高于 85 华氏度时，泳池监控器应该关闭“良好”指示灯。

它应该被重写为两个单独的需求[1]：

> 当温度低于 70 华氏度时，泳池监控器应该关闭“良好”指示灯。
>
> 当温度高于 85 华氏度时，泳池监控器应该关闭“良好”指示灯。

请注意，当你稍后构建可追溯性矩阵时，复合需求会产生很多问题，正如 10.9 节“用需求信息更新可追溯性矩阵”中讨论的那样。复合需求也会带来测试的问题。对某个需求的测试必须产生一个答案：通过或者失败。你不能让需求的一部分通过而另一部分失败。这是一个复合需求的明确标志。

10.1.2.11 唯一的

在需求规范中不得包含任何重复的需求。重复会让文档更加难以维护，特别是当你修改了某个需求，而忘记修改重复的需求时。

10.1.2.12 可修改的

期望项目的需求在整个生命周期内保持不变是不合理的。期望在变，技术在变，市场在变，竞争也在变。在产品开发期间，你可能会希望修改一些需求来适应不断变化的条件。特别地，你尽量不要选择修改一些受限于某些系统约束，或者被其他需求所依赖的需求。例如，假设有如下需求：

> 泳池监控器应该使用 Arduino Mega 2560 单片机作为控制模块。

基于这一需求的其他需求，可能包括“泳池监控器应该使用 A8 引脚，用来显示泳池的水位”和“泳池监控器应该使用 D0 引脚，用来作为低温输出”。这些需求的问题在于，它们都依赖于 Mega 2560 单片机的使用，如果有了更新的主板（例如，一个 Teensy 4.0 模块），那么在修改了第一个需求后，还必须要修改其他所有依赖于它的需求。一组更好的需求可能是：

> 泳池监控器应该使用支持 8 个模拟输入、4 个数字输出和 12 个数字输入的单片机。

---

1 它可以被改写为一个需求，即“当泳池的温度超出 70 华氏度至 85 华氏度的范围时，泳池监控器应该关闭‘良好’指示灯”。

泳池监控器应该使用其中一个数字输出引脚，用来作为低温报警。

泳池监控器应该使用其中一个模拟输入引脚，用来作为泳池水位输入。

10.1.2.13 可追溯的

所有的需求都必须可以向前和向后追溯。反向可追溯性意味着可以追溯到需求的来源。为了能够追溯到其他对象，需求必须有一个标签（一个唯一的标识符，如第 4 章所介绍的）。

每个需求都必须将需求来源作为需求文本或标签的一部分；否则，你必须有一个单独的 RTM 文档（或者数据库）来提供该信息。一般来说，你应该在需求本身中明确注明它的来源。

向前追溯通过一个链接，可以追溯到所有基于需求文档产生的文档。在大多数情况下，你可以通过 RTM 文档来实现向前追溯，因为在每个需求文档中都维护这些信息，将是一项繁重的工作（正如前面所提到的，这样会有太多重复的信息，从而使文档维护变得困难）。

10.1.2.14 积极描述

一个需求应该说明什么必须是真实的，而不是什么是必须不能发生的。大多数消极描述的需求是不可能被验证的。例如，以下是一个糟糕的需求示例：

泳池监控器不得在气温低于零度的情况下工作。

根据这一需求的描述，一旦气温降到零度以下，泳池监控器就必须立即停止工作。这是否意味着系统必须感知到温度，并且能够在零度以下关闭？或者，这仅仅意味着不能期望系统在零度以下产生合理的值？一个更好的需求可能是：

当温度降至零度以下时，泳池监控器将自动关闭。

按理说，应该有一个需求来描述当温度回升到零度以上时，应该发生什么。如果泳池监控器已经关闭，它还能感知到这种温度变化吗？

10.2 设计目标

尽管需求不能是可选的，但是有时候在需求文档中列出一些可选项是有帮助的。这些可选项就是所谓的设计目标。

设计目标违反了一个好需求的许多特点。显然，它们不是必需的，而且它们也可能是不完整的、略有歧义的、指定实现的，或者是不可测试的。例如，一个设计目标可能是，使用 C 语言标准库的内置 sort()函数（实现细节）来缩短开发时间。另一个设计目标可能类似于：

泳池监控器应该支持尽可能多的传感器。

如你所见，这个设计目标既是可选的，也是开放的。设计目标是开发人员用来指导开发选择的一个建议，它不应该涉及额外的设计工作或者测试，从而导致产生进一步的开发费用。它应该只是帮助开发人员在设计系统时，更好地做出某些开发选择。

与需求一样，设计目标也可以有标签，尽管我们很少通过文档系统来跟踪设计目标。然而，因为设计目标可能在某些时候被提升为需求，所以最好为它们也设置一个关联标签，这样它们就可以作为其他文档的一个需求来源了。

10.3 系统需求规范文档

系统需求规范文档收集了与系统相关的所有完整需求，其中可能包括业务需求、法律/政治需求、硬件需求和软件需求。SyRS 通常是一个很高层级的文档，虽然对于组织来说，它也是一个内部文档，但是其目的是为组织中其他文档（例如，SRS 文档）中的所有需求提供一个单一来源。

SyRS 文档采用与 SRS 文档相同的格式（将在下一节中介绍 SRS 文档），所以我不会进一步详细介绍它的内容，只是指出 SyRS 文档会产生 SRS 文档［以及硬件需求规范（HRS）文档］。SyRS 文档不是必需的，通常其在小型的纯软件项目中不存在。

SyRS 文档中的需求通常会包括“系统应该”或者“系统必须”这样的内容。这与 SRS 文档中常见的“软件应该”或者“软件必须”正好形成了对比。

10.4 软件需求规范文档

软件需求规范文档是一份包含软件项目的所有需求和设计目标的文档。互联网上有成百上千个 SRS 文档示例，许多网站都有自己对 SRS 文档的理解。为了避免产生分歧，本书将选择使用 IEEE 定义的模板：《IEEE 830-1998 软件需求规范推荐实践》，而不是引入另一个新的模板。

在本书中，使用 IEEE 830-1998 推荐实践是一个安全的决定，但是要注意这个标准并不是完美的。它是由一个委员会创建的，因此包含了许多冗余的（无关的）信息。该标准的问题在于，让标准获得批准的唯一方法是，将每个人喜欢的想法都注入标准中，即使这些想法是相互冲突的。不过，IEEE 830-1998 推荐实际上是一个很好的起点，你不必强迫自己实现其中的所有内容，但是在创建 SRS 文档时，应该将其作为一个指导原则。

一个常见的 SRS 文档会使用类似于下面的大纲：

目录

1 介绍
- 1.1 目标
- 1.2 范围
- 1.3 定义、缩略语和缩写
- 1.4 参考资料
- 1.5 概述

2 总体描述
- 2.1 产品视角
  - 2.1.1 系统接口
  - 2.1.2 用户界面
  - 2.1.3 硬件接口

        2.1.4　软件接口
        2.1.5　通信接口
        2.1.6　内存限制
        2.1.7　操作
    2.2　适配性需求
    2.3　产品功能
    2.4　用户特点
    2.5　约束
    2.6　假设与依赖
    2.7　需求分配
3　具体需求
    3.1　外部接口
    3.2　功能性需求
    3.3　性能需求
    3.4　数据库逻辑需求
    3.5　设计约束
    3.6　标准兼容性
    3.7　软件系统属性
        3.7.1　可靠性
        3.7.2　可用性
        3.7.3　安全性
        3.7.4　可维护性
        3.7.5　可移植性
    3.8　设计目标
4　附录
5　索引

目录中的第 3 章是最重要的，这里应该包含所有的需求和设计目标。

10.4.1 介绍

“介绍”中包含了对整个 SRS 的概述。下面的章节描述了“介绍”中的内容。

10.4.1.1 目标

在“目标”一节中，你应该说明 SRS 的目标以及目标受众是谁。对于一个 SRS 文档，目标受众应该是需要确认 SRS 的客户，以及创建 SDD、软件测试用例和软件测试过程，并编写代码的开发人员/设计人员。

10.4.1.2 范围

“范围”一节描述了软件产品的名称（例如，Plantation Productions Pool Monitor），解释了该产品可以做什么，如果有必要，则也可以说明它不能做什么（不要担心这违背了“积极描述”原则，因为这是对范围的描述，而不是对需求的描述）。“范围”一节还可以概述项目要达成的目标、产品的好处和目标，以及需要为该产品编写的应用软件。

10.4.1.3 定义、缩略语和缩写

“定义、缩略语和缩写”一节包含了 SRS 文档使用的所有术语、缩略词和缩写的术语表。

10.4.1.4 参考资料

“参考资料”一节提供了 SRS 引用的所有外部文档的链接。如果你的 SRS 文档依赖于某个外部的 RTM 文档，那么应该在这里引用该文档。如果所引用的文档是组织的内部资料，那么你应该提供内部文档的编号作为参考。如果 SRS 文档引用了组织外部的文档，那么在 SRS 中应该列出该文档的标题、作者、出版商、日期，以及如何获取该文档的信息。

10.4.1.5 概述

“概述”一节描述了 SRS 其余内容的格式，以及其余章节的内容（如果你已经忽略了 IEEE 推荐中的实践，那么这一节尤其重要）。

10.4.2 总体描述

“总体描述”一节规定了以下几个方面的需求。

10.4.2.1 产品视角

“产品视角”一节将该产品与其他（可能存在竞争的）产品联系起来。如果这个产品是一个更大的系统的一部分，那么产品视角应该指出这一点（并描述该文档中的需求如何与更大的系统相关联）。本节可能还需要描述产品的各种约束，例如：

10.4.2.1.1 系统接口

本节描述了软件将如何与系统的其余部分交互。通常包括所有的 API，例如，软件如何与一个 Wi-Fi 适配器对接，以便远程查看泳池的读数。

10.4.2.1.2 用户界面

本节列出了满足需求所需的全部用户界面（UI）元素。例如，在泳池监控场景中，可以描述用户如何通过 LCD 显示器和设备上的各种按钮与设备进行交互。

10.4.2.1.3 硬件接口

本节描述了软件如何与底层硬件交互。例如，泳池监控器的 SRS 文档可能会说明软件将运行在 Arduino Mega 2560 单片机上，使用 A8~A15 引脚来模拟连接到传感器的输入，并且使用 D0~D7 引脚作为连接到按钮的输入。

10.4.2.1.4 软件接口

本节描述了实现系统所需的任何额外/外部的软件。这可能包括操作系统、第三方库、数据库管理系统或其他应用程序系统。例如，泳池监控器的 SRS 文档可能会描述如何使用供应商提供的库来读取各种传感器的数据。对于每个软件项目，你都应该在本节中包括以下信息：

- 名称
- 规格编号（供应商提供的值，如果有的话）
- 版本号
- 来源

- 目的
- 相关参考资料

10.4.2.1.5 通信接口

本节列出了产品所使用的任何通信接口，如以太网、Wi-Fi、蓝牙和 RS-232 串行接口。例如，泳池监控器的 SRS 文档可能会描述 Wi-Fi 接口。

10.4.2.1.6 内存限制

本节会描述使用内存和数据存储的所有约束。对于在 Arduino Mega 2560 单片机上运行的泳池监控器来说，SRS 文档可能会说明只有 1KB EEPROM 和 8KB RAM，以及 64~128KB Flash 用于程序存储。

10.4.2.1.7 操作

本节（通常会被归入“用户界面”一节）会描述产品上的各种操作。其可能会详细介绍各种操作模式，例如正常、低功耗、维护或安装模式，以及描述交互式操作、无人操作和通信功能。

10.4.2.2 适配性需求

“适配性需求”一节会描述任何跟适配有关的内容。例如，在本节中，泳池监控器的 SRS 文档可能会描述 SPA 泳池可选的传感器。

10.4.2.3 产品功能

“产品功能”一节描述了软件的（主要）功能。例如，泳池监控器的 SRS 文档可能会在这一节描述软件如何监控泳池的水位、泳池的温度、气温、水的电导率（针对盐水泳池）、经过过滤系统的水流，以及自上次过滤清洗以来的过滤时间。

10.4.2.4 用户特点

“用户特点”一节描述了使用该产品的人。例如，泳池监控器的 SRS 文档可能会定义工厂测试技术人员（负责测试和维修单元）、现场安装技术人员、高级的终端用户和普通的终端用户。由于软件有不同的需求，所以某些需求可能只适用于某类用户。

10.4.2.5 约束

“约束”一节描述了在设计和实现软件时，可能会影响到开发人员选择的任何限制。例如：

- 监管政策
- 硬件限制（例如，信号定时要求）
- 与其他应用程序的接口
- 并行操作
- 审计功能
- 控制功能
- 高级语言要求
- 信号握手协议（例如，XON-XOFF）
- 可靠性要求
- 应用程序的关键性要求
- 安全要求和安全注意事项

10.4.2.6 假设与依赖

“假设与依赖”一节列出的事项仅针对需求，它们不会对设计产生任何限制。如果假设前提要改变，那么它需要改变的是需求而不是设计（尽管需求的改变可能也会影响设计）。例如，在泳池监控器的 SRS 文档中，假设 Arduino Mega 2560 单片机可以提供足够的计算能力、端口和内存来完成任务。如果这个假设不正确，那么它可能会影响到端口、可用内存等方面的一些相关需求。

10.4.2.7 需求分配

“需求分配”一节将需求和功能划分为两个或更多的组，包括在当前版本中实现的需求和功能，以及在软件未来版本中计划实现的需求和功能。

10.4.3 具体需求

“具体需求”一节应该列出所有的需求和支持文档。根据这个文档中记录的需求，系统设计者可以为软件构建设计。

所有的需求都应该具有本章前面介绍的那些特点。它们还应该有一个标签，并且交叉引用（追溯）其来源。由于需求文档的阅读次数要远远超过其编写次数，所以你应该特别注意，尽可能让文档具有良好的可读性。

10.4.3.1 外部接口

“外部接口”一节应该非常详细地描述软件系统的所有输入和输出，但是不要复制“产品视角”一节中的接口信息。每个接口清单都应包含（适用于该系统的）以下信息：

- 标签
- 描述
- 输入来源或者输出目的地
- 有效数值的范围，以及必要的准确度/精度/允许误差
- 测量单位
- 延时和可容忍的时间限度
- 与其他输入/输出项的关系
- 屏幕/窗口格式（只需列出实际使用的屏幕要求，无须在这里设计用户界面）
- 数据格式
- 命令格式、协议和任何必要的信号消息

为了避免冗余，尽管 IEEE 830-1998 标准建议将此节内容作为具体需求的一部分，但是许多 SRS 文档都会将其从具体需求中提取出来，放在“产品视角”一节中。不过，IEEE 文档只是一个推荐实践，因此，如何选择完全由你自己决定。最重要的是，这些信息应该出现在 SRS 文档中。

10.4.3.2 功能性需求

“功能性需求”一节包含了大多数人会立即认为是需求的项。该节会列出操作输入的基本活动，并描述系统如何通过输入来产生输出。按照惯例，功能性需求中总是会包含助词“*应该*”。例如，“当泳池的低输入激活时，软件*应该*发出警报”。

典型的功能性需求包括以下几类：

- 检查输入的有效性和响应无效的输入。
- 操作序列。
- 异常条件响应，包括：上溢、下溢、算术异常、通信故障、资源超限、错误处理和恢复、协议错误。
- 软件多次执行之间的数据持久性。
- 参数的影响。
- 输入/输出的关系，包括：合法和非法的输入格式、输入与输出的关系，以及如何从输入计算输出（注意，不要将软件设计加入需求中）。

10.4.3.3 性能需求

“性能需求”一节列出了一些非功能性需求，它们指定了软件必须达到的静态或者动态性能目标。像大多数非功能性需求一样，性能需求通常会包含助词“必须”，例如，“软件必须能够控制内部显示器和远程显示器”。

静态性能需求是为整个系统定义的，不依赖于软件的各种能力。对于泳池监控器来说，一个很好的例子是“泳池监控器必须能够读取 5~10 个模拟传感器的输入数据”。这是一个静态的需求，因为传感器的数量对于一个软件安装实例来说是静态的（例如，它不会因为软件的编码效率更高而改变）。

动态性能需求是指软件在执行过程中必须满足的性能需求。一个很好的例子可能是“软件必须每秒读取每个传感器 10~20 次”。

10.4.3.4 逻辑数据库需求

“逻辑数据库需求”一节描述了一些非功能性需求，它们指定了应用程序必须访问的数据库记录和字段格式。通常，这些需求面对的是需要外部访问的数据库。应用程序内部的数据库（即对外部不可见的数据库）通常不在软件需求的范围内，尽管 SDD 文档可能会涵盖这些需求。

10.4.3.5 设计约束

标准兼容性是设计约束的一个例子。任何阻止软件设计者使用任意一种实现的限制，都应该在“设计约束”一节中列出。举个例子，我们可能需要限制从一个 16 位的 A/D 转换器中读取 13 位，因为 A/D 芯片电路是有噪声的，低位的 3 位读数可能是不可靠的。

10.4.3.6 标准兼容性

“标准兼容性”一节应该描述软件必须遵循的所有标准，并提供这些标准的链接。标准编号和文档描述能够让读者在必要时研究标准。

10.4.3.7 软件系统属性

“软件系统属性”一节会列出软件系统的各种特性，包括：

10.4.3.7.1 可靠性

需求部分会指定软件系统预期的正常运行时间。可靠性是一种非功能性需求，通常以百分比的形式来描述系统在没有故障的情况下运行的时间。一个典型的例子是“预期可靠性为 99.99%”，这意味着软件失败的概率不超过 0.01%。与许多非功能性需求一样，你很难通过测试来确保系统满足可靠性目标。

10.4.3.7.2 可用性

可用性指的是应用程序可接受的停机时间（实际上，它是停机时间的倒数）。可用性表示用户在任何时候访问软件系统的能力。当系统停机时，用户便无法再使用该系统了。这种非功能性需求可能会区分计划停机时间和非计划停机时间（例如，当出现硬件故障时强制重启系统的时间）。

10.4.3.7.3 安全性

安全性是一个非功能性需求，用于指定预期的系统安全性，其中可能包括加密方式和网络套接字类型等内容。

10.4.3.7.4 可维护性

可维护性是另一个难以明确和测试的非功能性需求。在大多数规范中，都有一个含糊不清的描述，比如“软件应该易于维护”，这没什么用。相反，可维护性应该描述，“必须让有经验的程序员，在不超过一周的时间内熟悉该系统，并能够对其进行修改”。

如何组织需求

任何足够复杂的系统都会有大量的需求，因此，如果 SRS 文档没有正确组织这些需求，那么其就会变得难以理解。应用程序有许多种类型，因此也有许多种方法来组织它们的需求。没有一种特定的组织方式是完全正确的，你必须根据 SRS 文档的读者来选择对应的组织方式。

按系统模式组织

有些系统可以在各种模式下运行，例如，嵌入式系统可能有低功耗模式和常规模式。在这种情况下，你可以将系统需求分成两组。

按用户分类组织

有些系统支持不同类型的用户（例如，初学者、高级用户和系统管理员）。在一个复杂的系统中，你需要让普通用户、高级用户、维护人员和程序员分别访问系统。

按对象分类组织

对象是软件系统中的各种实体，与现实世界中的对象相对应。你可以根据这些对象的类型或者分类来组织你的需求。

按功能组织

组织 SRS 文档的需求，一种更常见的方式是按照它们实现的功能来组织。当应用程序为系统中的所有功能都会提供一个可视的用户界面时，这种组织方式非常有用。

按输入类型组织

如果应用程序的主要功能是处理不同的输入数据，那么你可以考虑按照应用程序的输入类型来组织 SRS 文档的需求。

按输出响应类型组织

类似地，如果应用程序的主要功能是产生大量不同类型的输出，那么通过输出响应的类型来组织需求可能更有意义。

按功能层次组织

另一种常见的方式是按照功能层次来组织需求。当其他的组织方式不合适时，这通常是最后一种方式。你可以按照程序中常见的输入格式、命令行输出、常见的数据库操作和数据流来对需求进行分组。以上这些都是组织 SRS 文档的需求的合理方式。

10.4.3.7.5 可移植性

可移植性描述了将软件迁移到不同环境中所涉及的工作。这一节应该讨论跨 CPU、操作系统和编程语言的可移植性。

10.4.3.8 设计目标

通常，在 SRS 文档中加入一些所谓的可选需求是很诱人的。但是，正如本章前面所提到的，从定义上来说，需求就不应该是可选的。不过，有时候你可能会想说，“如果可能的话，希望添加这个功能”。你可以将这些需求视为设计目标，然后让设计师或者软件工程师来决定该功能是否值得实现。你可以在 SRS 文档中将设计目标放在一个单独的章节，并清楚地说明“作为一个设计目标，软件应该……”。

10.4.4 支持信息

任何一个好的需求规范都会包含一些支持性的信息，例如目录、附录、词汇表和索引。此外，还应该有一个需求标签表（按照数字或者字典顺序排序），列出每个需求的标签、需求的简短描述，以及它们在文档中出现的页码（你也可以把它放在 RTM 文档中，而不是 SRS 文档中）。

10.4.5 软件需求规范示例

本节提供了一个泳池监控器的 SRS 文档示例，与本章之前的示例类似。由于篇幅原因，这个泳池监控器的 SRS 文档被大大简化了，我们的目的不是提供一个完整的规范，而是提供一个说明性的大纲。

目录

1 介绍

1.1 目的

泳池监控器装置会跟踪泳池的水位，并在水位较低时自动补充池水。

1.2 范围

泳池监控器软件将根据本规范生成。

硬件和软件开发的目标是，为分配给泳池监控系统的每个需求提供相应的功能、状态信息、监控和控制硬件、通信和自检功能。

1.3 定义、缩略语和缩写

术语	定义
精度	表示与被测量输入的真实值的一致程度，用读数的百分比表示（ANSI N42.18-1980）
异常	在文档或软件操作中遇到的任何与预期不符的东西（源自 IEEE Std 610.12-1990）
灾难性事件	没有警告，无法恢复的事件。灾难性事件包括硬件或软件故障导致的计算和处理错误。在发生灾难性事件后，处理器将根据配置暂停或者重置
处置条件	系统被设计用来处理和继续运行的条件。这些条件包括异常、错误和故障
SBC	单片机
软件需求规范（SRS）文档	记录软件及其外部接口的基本需求（功能、性能、设计约束和属性）的文档（IEEE Std 610.12-1990）
SPM	泳池监控器
系统需求规范（SyRS）文档	记录系统需求的一个结构化信息集合（IEEE Std 1233-1998），该规范用来建立一个系统（或子系统）的设计基础和概念性设计

1.4 参考材料

（无）

1.5 概述

第 2 节提供了泳池监控器（硬件和软件）的总体描述。

第 3 节列出了泳池监控系统的具体需求。

第 4 节和第 5 节提供了所有必要的附录和索引。

在第 3 节中，需求标签采用以下形式：

<空格>　[POOL_SRS_*xxx*]
<空格>　[POOL_SRS_*xxx.yy*]
<空格>　[POOL_SRS_*xxx.yy.zz*]
<依此类推>

其中 *xxx* 是 SRS 需求的 3 位或 4 位数字。

如果需要在两个值之间插入一个新的 SRS 需求标签（例如，在 POOL_SRS_040 和 POOL_SRS_041 之间添加一个需求），则可以在 SRS 标签编号上添加一个十进制小数(例如，POOL_SRS_040.5)。如果需要，你可以添加任意数量的小数点后缀（例如，POOL_SRS_40.05.02）。

2 总体描述

泳池监控器（SPM）的目的是提供一个自动化的系统来维持泳池的水位。这个任务非常简单，你可以创建一个简短的 SRS 文档来满足本章的要求。

2.1 产品视角

在现实世界中，一个 SPM 可能会提供许多附加的功能，但是在这里添加这些功能只会增加 SRS 文档的长度，没有太多其他的好处。为了符合本书的要求，我们有意简化了这部分内容。

2.1.1 系统接口

SPM 设计假定使用 Arduino 兼容的 SBC。因此，软件将使用与 Arduino 兼容的库和硬件接口。

2.1.2 用户界面

用户界面应该包括一个小的 4 行显示器（至少 20 个字符/行）、6 个按钮（上、下、左、右、取消/返回、选择/进入），以及一个可旋转编码器（可旋转的旋钮）。

2.1.3 硬件接口

本文档没有指定使用特定的 SBC。但是，SBC 必须至少提供以下功能：

- 16 个数字输入
- 1 个模拟输入
- 2 个数字输出
- 少量的非易失、可写的内存（例如，EEPROM），用于存储配置值。
- 实时时钟（RTC；它可以是一个外部模块）
- 监控系统软件操作的看门狗定时器

SPM 会提供多个泳池传感器，来确定泳池的水位是高还是低。它还会提供一个电磁水阀的接口，允许 SPM 打开或关闭泳池的水源开关。

2.1.4 软件接口

SPM 软件是自包含的，不提供任何外部接口，也不需要与任何外部软件接口对接。

2.1.5 通信接口

SPM 是独立的，不需要与外部系统进行通信。

2.1.6 内存限制

由于 SPM 运行在兼容 Arduino 的 SBC 上，所以会有（严重的）内存限制，这取决于所选的具体型号（例如，Arduino Mega 2560 SBC 只提供 8KB 的静态 RAM）。

2.1.7 操作

SPM 需要始终处于开机状态，一年全天 24 小时不停地监控泳池。因此，模块本身不应消耗过多的电力。不过，因为它可以通过电源连接高压线路，所以不需要以极低的功率运转。它会持续监控泳池的水位，并在泳池的水位过低时自动打开水源开关。为了避免在传感器出现故障时发生溢水，SPM 会限制每天能够向泳池中注入的水量（时间限制由用户选择）。

2.2 适配性需求

对于这种特殊的 SPM，几乎没有什么适配性需求。不存在可选的传感器或操作，SPM 本身之外的唯一接口就是系统的电源和水源（通过电磁阀接口对接）。

2.3 产品功能

该产品将使用 7 个水位传感器来确定泳池的水位：三个数字传感器提供低水位指示，三个数字传感器提供高水位指示，一个模拟传感器提供水位深度指示（可能只有几英寸或几厘米的范围）。当水位与传感器持平时，三个低水位数字传感器开始进入活跃状态。当有低水位指示时，系统将开始向泳池中注水。为了避免在传感器失效时发生溢水，三个传感器采用三选二的配置，这意味着在 SPM 试图填满泳池之前，至少有两个传感器必须显示低水位状态。三个高水位传感器以同样的方式工作，当水位很高时，SPM 停止向泳池中注水。由于模拟传感器可以提供一个小的深度范围，所以 SPM 将模拟传感器作为一个备份，在向泳池中注水之前，先验证泳池是否处于低水位状态。SPM 还将使用模拟传感器来确定，在 SPM 打开水源之后，泳池是否正在注水。

2.4 用户特点

有两种 SPM 用户，分别是技术人员和最终用户。技术人员负责安装和调试 SPM。最终用户是泳池的所有者，每天都会使用 SPM。

2.5 约束

SPM 应该是精心设计的，以防止向外溢水和过度用水。特别是，软件必须足够健壮，以便能够确定泳池注水是否异常，并在传感器出现错误操作指示时，停止向泳池中继续注水。无论任何一个传感器出现故障，软件都应足够智能，避免盲目地持续注水（这可能会导致溢水并造成损失）。例如，如果 SPM 连接到地面上的泳池，但是该泳池存在泄漏，那么它可能永远无法注满该泳池。软件应该能够处理这种情况。

当遇到电源故障时，系统应该会自动关闭水阀，这样系统才是安全的。你还应该使用看门狗计时器，来检查软件是否可以正常运行，并在发生超时的情况下关闭水阀（例如，是否应该暂停软件的运行）。

为了避免因继电器故障导致溢水，SPM 应该使用两个串联的继电器来打开水阀。为了打开电磁阀，两个继电器必须能够由软件来驱动。

2.6 假设与依赖

本文档中的需求是假设 SBC 有足够的资源（计算能力）来处理任务，并且设备能够在一年全天 24 小时的环境下正常运行。

2.7 需求分配

为了演示一个完整的 SRS 文档，以下这些需求定义了一个非常简单的泳池监控器。由于这是一个 SPM 的最小需求集合，因此假设围绕这些需求构建的产品，将实现所有这些需求。一个真正的产品可能还会具有其他功能，那么该文档中的需求数量也应该相应地增加。

3 具体需求

3.1 外部接口

[POOL_SRS_001]

SPM 应该为导航的向上按钮提供一个数字输入。

[POOL_SRS_002]

SPM 应该为导航的向下按钮提供一个数字输入。

[POOL_SRS_003]

SPM 应该为导航的向左按钮提供一个数字输入。

[POOL_SRS_004]

SPM 应该为导航的向右按钮提供一个数字输入。

[POOL_SRS_005]

SPM 应该为取消/返回按钮提供一个数字输入。

[POOL_SRS_006]

SPM 应该为选择/确认按钮提供一个数字输入。

[POOL_SRS_007]

SPM 应该为可旋转编码器（正交）提供一个 4 个数字的输入。

[POOL_SRS_008.01]

SPM 应该为一级低水位传感器提供一个数字输入。

[POOL_SRS_008.02]

SPM 应该为二级低水位传感器提供一个数字输入。

[POOL_SRS_008.03]

SPM 应该为三级低水位传感器提供一个数字输入。

[POOL_SRS_009.01]

SPM 应该为一级高水位传感器提供一个数字输入。

[POOL_SRS_009.02]

SPM 应该为二级高水位传感器提供一个数字输入。

[POOL_SRS_009.03]

SPM 应该为三级高水位传感器提供一个数字输入。

[POOL_SRS_011]

SPM 应该为水位传感器提供一个模拟输入（最小 8 位分辨率）。

[POOL_SRS_012]

SPM 应该提供两个数字输出来控制水源电磁阀。

3.2 功能性需求

[POOL_SRS_013]

SPM 应该允许用户通过用户界面来设置 RTC 的日期和时间。

[POOL_SRS_014]

SPM 应该有一个最大注水时间，规定在 24 小时内水阀能够开启的最大时间（格式为小时:分钟）。

[POOL_SRS_015]

用户应该能够从 SPM 用户界面（使用导航和确认按钮）来设置最大注水时间。

[POOL_SRS_015.01]

一旦用户在用户界面上选择了最大注水时间，用户就应该能够通过导航按钮来选择小时或者分钟字段。

[POOL_SRS_015.02]

在选择小时字段后，用户应该能够使用可旋转编码器，独立设置最大注水时间的小时值。

[POOL_SRS_015.03]

在选择分钟字段后，用户应该能够使用可旋转编码器，独立设置最大注水时间的分钟值。

[POOL_SRS_015.04]

软件不允许连续注水时间超过 12 小时。

[POOL_SRS_016]

SPM 每隔 24 小时，会在指定时间检查一次泳池的水位，以确定是否需要向泳池中注水。

[POOL_SRS_017]

用户应该能够在 SPM 用户界面上设置 SPM 检查泳池水位的时间（也可能是 SPM 向泳池中注水的时间）。

[POOL_SRS_017.01]

一旦用户在用户界面上选择了泳池水位检查时间，用户就应该能够使用导航按钮来选择小时或分钟字段。

[POOL_SRS_017.02]

在选择小时字段后，用户应该能够使用可旋转编码器，单独设置泳池水位检查时间的小时值。

[POOL_SRS_017.03]

在选择分钟字段后，用户应该能够使用可旋转编码器，单独设置泳池水位检查时间的分钟值。

[POOL_SRS_017.04]

默认的（出厂设置）泳池检查时间应该是凌晨 1:00 点。

[POOL_SRS_018]

在每天的泳池检查时间，系统应该读取三个泳池低水位传感器的读数，如果这三个传感器中至少有两个显示泳池的水位低，则开始向泳池中注水。

[POOL_SRS_018.01]

在泳池注水期间，软件应该累计计算注水运行时间。

[POOL_SRS_018.02]

在泳池注水期间，如果注水运行时间超过了最大允许注水时间，那么软件将停止向泳池中注水。

[POOL_SRS_018.03]

在泳池注水期间，软件应该读取泳池高水位传感器的读数，如果三个传感器中至少有两个显示泳池的水位高，则停止向泳池中注水。

[POOL_SRS_018.04]

在向泳池中注水的过程中，软件应该读取模拟水位传感器的读数，并在注水操作半小时后，若水位没有增加，则关闭水源。

[POOL_SRS_019]

软件应该允许用户选择手动注水模式，手动打开泳池的水源阀门。

[POOL_SRS_019.01]

软件应该允许用户选择自动注水模式，同时关闭手动注水模式。

[POOL_SRS_019.02]

在手动注水模式下，软件不用考虑最大允许注水时间。

[POOL_SRS_019.03]

在手动注水模式下，软件应该忽略泳池高水位传感器和泳池低水位传感器（当用户关闭手动注水模式时，停止注水）。

[POOL_SRS_020]

软件应该更新系统看门狗定时器的频率，至少达到看门狗超时时间的两倍。

[POOL_SRS_020.01]

看门狗超时时间应该不小于 5s，不大于 60s。

3.3 性能需求

[POOL_SRS_001.100.01]

SPM 应该防止所有输入按钮弹起。

[POOL_SRS_007.00.01]

SPM 应该能够读取可旋转编码器的输入，不会忽略它的变化。

[POOL_SRS_015.00.01]

SPM 应该对最大注水时间保持至少 1 分钟以内的准确度。

[POOL_SRS_017.00.01]

SPM 应该对泳池水位检查时间保持至少 1 分钟以内的准确度。

3.4 逻辑数据库需求

[POOL_SRS_014.00.01]

SPM 应该将最大注水时间保存在非易失性内存中。

[POOL_SRS_016.00.01]

SPM 应该将水池检查时间保存在非易失性内存中。

3.5 设计约束

（无）

3.6 标准兼容性

（无）

3.7 软件系统属性

3.7.1 可靠性

软件将会一年全天 24 小时运行。因此，健壮性是系统设计中的一个关键因素。特别是，在软件或其他故障会导致水阀关闭的情况下，该系统应该是安全的。

3.7.2 可用性

软件应该可以连续运行（一年全天 24 小时）。即使长时间运行，软件也不能出现泳池溢水或者其他问题。最终用户应该期望至少 99.99%的正常运行时间。

3.7.3 安全性

该系统无安全性要求（它是一个封闭的、无外部连接的、与外部隔离的系统）。

3.7.4 可维护性

该系统除了要达到专业软件工程项目普遍期望的可维护性，没有其他要求。

也就是说，这是一个基本的需求文档框架。如果有人真的要构建这个系统，那么其可能希望有更多的功能。因此，在设计和实现该系统时，应该考虑到这些期望。

3.7.5 可移植性

软件预计在 Arduino 类设备上运行。除在实现时可能会选择不同的 Arduino 兼容模块（例如，Arduino Mega 2560 与 Teensy 4.0）

之外，不存在其他的可移植性需求。

3.8 设计目标

这个项目没有设计目标。

4 附录

（无）

5 索引

考虑到这个 SRS 文档内容太少，这里不需要使用索引，同时还可以减少页数。

10.5 创建需求

到目前为止，本章已经定义了需求以及需求文档。但是你可能会问，“一开始是怎么提出这些需求的？”。这一节我们将讨论对这个问题的理解。

创建需求的现代化方法涉及用例，我们在第 4 章中介绍过。系统架构师会研究最终用户如何使用系统（用户故事），并从研究中创建一组场景（用例）。每个用例都会成为一个或多个需求的基础。本节从泳池监控器的场景出发，以一个真实的系统——Plantation Productions 的数字化数据采集和控制（DAQ）系统[1]为例进行介绍。

DAQ 系统由多块连接的电路板组成，包括模拟 I/O 板、数字 I/O 板、数字输出板（中继板），以及一个运行系统固件的 SBC（型号为 Netburner MOD54415）。这些组件允许系统的设计者读取各种模拟和数字的输入，计算结果并做出决定，然后通过向设备发送数字和模拟的输出值来控制外部设备。例如，DAQ 系统最初被设计用来控制一个 TRIGA[2]研究反应堆。

DAQ 系统的固件需求太多，无法在这里重复，因此本章会将讨论限制在系统第一次启动时必须进行的某些 I/O 初始化操作上。Netburner MOD54415 包含了一组 8 个拨码开关（DIP 开关，也称双列直插封装开关），DAQ 系统使用它们来初始化各种系统组件。这些拨码开关有以下功能：

1 有关 DAQ 系统的信息，请参见 Plantation Productions 官网。

2 TRIGA™ 是 General Atomics 公司的注册商标。

1. 启用/禁用 RS-232 端口命令处理。
2. 启用/禁用 USB 端口命令处理。
3. 启用/禁用以太网端口命令处理。
4. 指定 1 个以太网连接或同时指定 5 个以太网连接。
5. 通过 2 个拨码开关来表示 4 个不同的以太网地址，如表 10-1 所示。
6. 启用/禁用测试模式。
7. 启用/禁用调试输出。

表 10-1 以太网地址选择

拨码开关 A	拨码开关 A + 1	以太网地址
0	0	192.168.2.70
1	0	192.168.2.71
0	1	192.168.2.72
1	1	192.168.2.73

关于 DAQ 软件初始化，要注意的最后一件事情是，调试输出会使用 Netburner COM1:端口。Netburner 与 USB 端口共享这个串行端口硬件。如果用户同时启用调试输出和 USB 命令端口，那么就会产生冲突。因此，启用调试端口需要同时满足两个条件：启用调试输出和禁用 USB 端口命令处理。

为了启用 RS-232 或 USB 端口的命令，软件必须能够读取开关的状态。如果指定开关的状态表示命令流被激活，那么软件必须创建一个新的任务[1]处理来自该端口的输入数据。新创建的任务负责读取指定端口的字符，在接收到换行符时，将整行文本发送到系统的命令处理程序。如果对应的拨码开关处于禁用的位置，那么软件将不会创建 RS-232 或 USB 任务，系统会忽略从这些端口来的数据。

启用以太网命令会稍微复杂一些。以太网端口有 4 个拨码开关，以太网初始化操作必须考虑到所有这 4 个拨码开关的设置。

---

1 Netburner 运行了一个基于优先级的多任务操作系统，叫作 Micro-C/OS（或者 μC/OS）。这里的任务相当于其他操作系统中的线程。

一个拨码开关控制 DAQ 软件所支持的并发客户端数量。在一个位置上，DAQ 软件只支持一个以太网客户端；在其他位置上，软件最多支持 5 个以太网客户端。在某些环境中，可能需要允许多台主机来访问数据采集和控制硬件。例如，在调试过程中，你可能希望有一台测试计算机来监控操作。在一些安全应用程序中（在它们部署之后），你可能希望限制只有某一台计算机能够访问 DAQ 系统。

第三个和第四个以太网拨码开关，允许操作员从 4 个独立的 IP/以太网地址中选择一个。这允许在同一系统中控制多达 4 个单独的 Netburner 模块。如表 10-1 所示，4 个可选择的以太网地址是 192.168.2.70~192.168.2.73（当然，你可以变更需求来支持不同的 IP 地址，但是对于最初构建的 DAQ 系统来说，这些地址很方便）。

10.6 用例

根据前面的用户描述，我们下一步是构建一组描述这些操作的用例。记住，用例不仅仅是一些 UML 图，它们还包括一个描述性的故事（参见 4.2.6 节"用例故事"）。

参与者 在以下用例中只有一个参与者，即*系统用户*。

触发器 在以下所有用例中，激活每个用例的触发器都是系统启动项。系统在启动时会读取拨码开关的设置，并根据这些设置进行初始化（如图 10-1 所示）。

场景/事件流 这些是针对某个指定用例所发生的活动。

相关需求 相关需求提供了对 DAQ 系统 SRS 文档的交叉引用。这些需求会出现在下面的章节中［参见 10.8 节"（从 SRS 中选择的）DAQ 软件需求"］。你必须在编写此章节内容之前先创建好需求，否则只能猜测需求是什么。

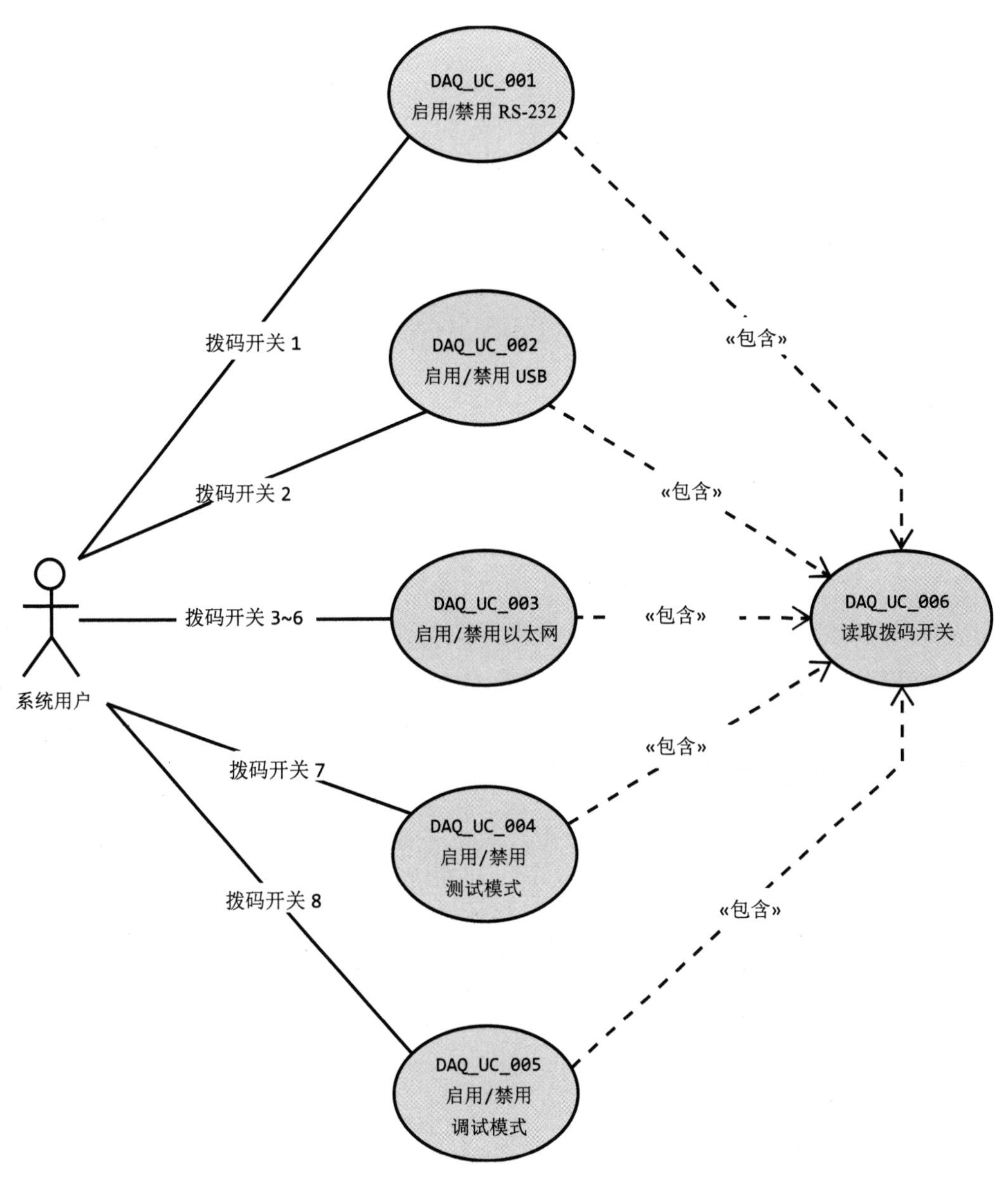

图 10-1　读取拨码开关的用例

10.6.1 启用/禁用调试模式

目的 启用和禁用 DAQ 系统上的调试输出。

前置条件 系统已经启动。

结束条件 调试模式是激活的还是未激活的，视情况而定。

10.6.1.1 场景/事件流

启用/禁用调试模式

1. 在系统初始化时，读取拨码开关。
2. 保存拨码开关 8 的值（`on` =打开调试模式，`off` =关闭调试模式）。
3. 当拨码开关 8 打开并且拨码开关 2（USB 模式）关闭时，表示启用调试模式。
4. 启动 `mainPrintf` 任务。

10.6.1.2 相关需求

DAQ_SRS_721_001：启用 PPDAQ 调试模式。

DAQ_SRS_721_002：禁用 PPDAQ 调试模式。

10.6.2 启用/禁用以太网

目的 启用和禁用 DAQ 系统上的以太网命令处理。

前置条件 系统已经启动。

结束条件 以太网通信是激活的还是未激活的，视情况而定。如果是激活的，则表示以太网的输入处理任务正在运行。

10.6.2.1 场景/事件流

启用/禁用以太网

1. 在系统初始化时，读取拨码开关。
2. 通过拨码开关 3 的值，确定以太网是否启用（开关为 `on`）或禁用（开关为 `off`）。
3. 保存拨码开关 4 的值，判断系统是否支持 1 个并发连接（开关为 `off`）或 5 个并发连接（开关为 `on`）。

4. 根据拨码开关 5 和拨码开关 6 的值来判断 IP 地址。
5. 如果以太网已经启用（拨码开关 3 为 on），则：
    5.1 根据拨码开关 5 和拨码开关 6 的值来设置以太网地址。
        5.1.1 192.168.2.70
        5.1.2 192.168.2.71
        5.1.3 192.168.2.72
        5.1.4 192.168.2.73
    5.2 启动优先级为 ETHL_PRIO 的 ethernetListenTask 任务。
6. 否则（如果以太网未启用）：
    6.1 不启动 ethernetListenTask 任务。

ethernetListenTask

1. 初始化一个长度为 5 的描述符数组，元素均为 0（表示描述符槽是空的）。
2. 等待以太网套接字 0x5050 上的一个外部连接请求。
3. 如果接收到一个连接请求：
    3.1 在描述符数组中寻找一个空槽（数组元素为 0）。
    3.2 如果没有可用的槽：
        3.2.1 拒绝连接。
        3.2.2 转到步骤 2。
    3.3 如果有一个可用的槽：
        3.3.1 接受连接并将文件描述符存储在这个槽中。
        3.3.2 新建一个与新连接关联的以太网命令任务，这个新任务的优先级应该是 ETH1_PRIO~ETH5_PRIO，根据描述符数组的索引进行选择，注意 SER_PRIO < ETHL_PRIO < ETH1_PRIO < ETH5_PRIO < USB_PRIO（数字越小，表示任务在任务队列中的优先级越高）。
        3.3.3 转到步骤 2。
4. 否则，如果监听连接断开，则终止监听任务。

10.6.2.2 相关需求

DAQ_SRS_708_000：PPDAQ 以太网 IP 地址

DAQ_SRS_709_000：PPDAQ 以太网 IP 地址 192.168.2.70

DAQ_SRS_710_000：PPDAQ 以太网 IP 地址 192.168.2.71

DAQ_SRS_711_000：PPDAQ 以太网 IP 地址 192.168.2.72

DAQ_SRS_712_000：PPDAQ 以太网 IP 地址 192.168.2.73

DAQ_SRS_716_000：启用 PPDAQ 以太网

DAQ_SRS_716.5_000：禁用 PDAQ 以太网

DAQ_SRS_716_001：PPDAQ 以太网任务

DAQ_SRS_716_002：PPDAQ 以太网任务优先级

DAQ_SRS_717_000：PPDAQ 以太网端口

DAQ_SRS_718_000：启用 PPDAQ 以太网多客户端

DAQ_SRS_718_001：禁用 PPDAQ 以太网多客户端

DAQ_SRS_728_000：PPDAQ 命令来源 #3

DAQ_SRS_737_000：PPDAQ 最大以太网连接 #1

DAQ_SRS_738_000：PPDAQ 最大以太网连接 #2

DAQ_SRS_738_001：PPDAQ 以太网命令处理任务

DAQ_SRS_738_002：PPDAQ 以太网命令任务优先级

10.6.3 启用/禁用 RS-232

（类似于前面的用例，为简洁起见删除了）。

10.6.4 启用/禁用测试模式

（类似于前面的用例，为简洁起见删除了）。

10.6.5 启用/禁用 USB

（类似于前面的用例，为简洁起见删除了）。

10.6.6 读取拨码开关

（类似于前面的用例，为简洁起见删除了）。

10.7 根据用例创建 DAQ 软件需求

为了将一个非正式的用例转换为一个正式的需求，你需要提取用例的信息，补充缺失的细节，并按照需求的格式重新组织内容。

以“启用/禁用调试模式”的用例为例，你可能会认为这个用例只能产生下面这一个需求：

> PPDAQ 软件将以一种特殊的调试模式运行，如果 Netburner 拨码开关 8 处于 ON 位置，而 USB（拨码开关 2）未启用；PPDAQ 软件将以一种非调试模式运行，如果拨码开关 8 处于 OFF 位置，或者拨码开关 2 处于启用状态。

问题是，这实际上是两个独立的需求，不是因为组件之间是“而”和“或者”的关系（稍后你将看到其中的原因），而是因为有分号将句子分隔成两个子句。这两个单独的需求是：

> PPDAQ 软件将以一种特殊的调试模式运行，如果 Netburner 拨码开关 8 处于 ON 位置，而 USB（拨码开关 2）未启用。

以及：

> PPDAQ 软件将以一种非调试模式运行，如果拨码开关 8 处于 OFF 位置，或者拨码开关 2 处于启用状态。

请注意，“而 USB”和“或者拨码开关 2”这两个短语并不意味着这是两个需求。“如果 Netburner 拨码开关 8 处于 ON 位置，而 USB（拨码开关 2）未启用”实际上是一个逻辑短语，是这个需求的一部分触发器。从技术上讲，这一需求可能需要被重写为：

如果 Netburner 拨码开关 8 处于 ON 位置，而 USB（拨码开关 2）未启用，那么 PPDAQ 软件将以一种特殊的调试模式运行。

将触发器子句移动到需求的开头，正如 10.1.1 节“建议的需求格式”所建议的那样。但是注意，这只是一种建议的格式；将触发条件放在参与者（PPDAQ 软件）、动作（运行）和对象（调试模式）之后也是合理的。

下一节将列出 DAQ 软件系统的各种需求。它给出了一个如何从用例生成 DAQ 需求的示例。你应该能够自己补充其他需求的细节。

10.8 （从 SRS 中选择的）DAQ 软件需求

在实际的DAQ SRS 文档中（不是 10.4.5 节“软件需求规范示例”中的 POOL_SRS）包含了数百个需求，由于本章篇幅有限，我从中选择了以下一些需求，因为它们代表了支持之前拨码开关用例的需求。注意，这些 SRS 需求的标签采用了[DAQ_SRS_*xxx*_*yyy*]的形式，因为实际的 DAQ 系统需求不只有一个 SRS 文档，还有一个 SyRS 文档。

注意：DAQ SRS 文档将所有需求都放在第 3 节中，就像所有的 SRS 文档一样。因此，下面各节的编号恢复为 3，而不是继续本章的段落编号。

3.1.1.1 PPDAQ 标准软件平台

3.1.1.15 PPDAQ 以太网 IP 地址

[DAQ_SRS_708_000]

PPDAQ 软件需要根据 Netburner 拨码开关 5 和拨码开关 6 的设置，将以太网 IP 地址设置为 192.168.2.70~192.168.2.73。

3.1.1.16 PPDAQ 以太网 IP 地址 192.168.2.70

[DAQ_SRS_709_000]

如果 Netburner 拨码开关 5 和拨码开关 6 被设置为（OFF, OFF），那么 PPDAQ 软件需要将以太网 IP 地址设置为 192.168.2.70。

3.1.1.17　PPDAQ 以太网 IP 地址 192.168.2.71

[DAQ_SRS_710_000]

如果 Netburner 拨码开关 5 和拨码开关 6 被设置为（ON, OFF），那么 PPDAQ 软件应该将以太网 IP 地址设置为 192.168.2.71。

3.1.1.18　PPDAQ 以太网 IP 地址 192.168.2.72

[DAQ_SRS_711_000]

如果 Netburner 拨码开关 5 和拨码开关 6 被设置为（OFF, ON），那么 PPDAQ 软件应该将以太网 IP 地址设置为 192.168.2.72。

3.1.1.19　PPDAQ 以太网 IP 地址 192.168.2.73

[DAQ_SRS_712_000]

如果 Netburner 拨码开关 5 和拨码开关 6 被设置为（ON, ON），那么 PPDAQ 软件应该将以太网 IP 地址设置为 192.168.2.73。

3.1.1.20　启用 PPDAQ 以太网

[DAQ_SRS_716_000]

如果 Netburner 拨码开关 3 被设置为 ON，那么 PPDAQ 软件应该启用以太网操作。

3.1.1.21　禁用 PPDAQ 以太网

[DAQ_SRS_716.5_000]

如果 Netburner 拨码开关 3 被设置为 OFF，那么 PPDAQ 软件应该禁用以太网操作。

3.1.1.22　PPDAQ 以太网任务

[DAQ_SRS_716_001]

如果启用了以太网通信，那么应该启动以太网监听任务。

3.1.1.23 PPDAQ 以太网任务优先级

[DAQ_SRS_716_002]

以太网监听任务的优先级应低于 USB 任务的优先级，但高于串行任务的优先级。

3.1.1.24 PPDAQ 以太网端口

[DAQ_SRS_717_000]

PPDAQ 软件应该使用 Socket 端口 0x5050（对于 Plantation Productions 产品来说，即十进制的 20560，ASCII 码为 PP）来进行以太网通信。

3.1.1.25 启用 PPDAQ 以太网多客户端

[DAQ_SRS_718_000]

如果 Netburner 拨码开关 4 被设置为 ON，那么 PPDAQ 软件将允许最多 5 个以太网客户端。

3.1.1.26 禁用 PPDAQ 以太网多客户端

[DAQ_SRS_718_001]

如果 Netburner 拨码开关 4 被设置为 OFF，那么 PPDAQ 软件应该只允许一个以太网客户端。

3.1.1.29 PPDAQ 单元测试模式 I/O

[DAQ_SRS_721_000]

除非启用了 USB 命令［USB 命令会共享相同的串口（UART0）用于作为测试模式输出］，否则 PPDAQ 软件应该使用 Netburner MOD54415 MOD-70 评估板的 UART0 串口进行单元测试通信。

3.1.1.30 启用 PPDAQ 调试模式

[DAQ_SRS_721_001]

如果 Netburner 拨码开关 8 被设置为 ON，而 USB（拨码开关 2）未启用，那么 PPDAQ 软件应该以一种特殊的调试模式运行。

3.1.1.31 禁用 PPDAQ 调试模式

[DAQ_SRS_721_002]

如果 Netburner 拨码开关 8 被设置为 OFF，那么 PPDAQ 软件应该以正常（非调试）模式运行。

3.1.1.38 PPDAQ 命令来源 #3

[DAQ_SRS_728_000]

如果启用了以太网通信，那么 PPDAQ 软件应该接受来自 Netburner MOD54415 MOD-70 评估板上以太网端口的命令。

3.1.1.40 PPDAQ 最大以太网连接 #1

[DAQ_SRS_737_000]

如果 Netburner 拨码开关 4 被设置为 OFF，那么 PPDAQ 软件应该只能识别以太网端口上的单个连接。

3.1.1.41 PPDAQ 最大以太网连接 #2

[DAQ_SRS_738_000]

如果 Netburner 拨码开关 4 被设置为 ON，那么 PPDAQ 软件应该只能识别以太网端口上的最多 5 个连接。

3.1.1.42 PPDAQ 以太网命令处理任务

[DAQ_SRS_738_001]

PPDAQ 软件应该启动一个新的进程，来处理每个连接接收的命令。

3.1.1.43 PPDAQ 以太网命令任务优先级

[DAQ_SRS_738_002]

PPDAQ 命令处理任务的优先级，应该高于以太网监听任务的优先级，低于 USB 命令任务的优先级。

10.9 用需求信息更新可追溯性矩阵

SyRS 和 SRS 需求通常会在 RTM 文档中添加 4~6 列，分别包括：描述、SyRS 标签（如果有 SyRS 文档的话）、配置、SRS 标签和测试/验证类型。描述列是对需求的简要描述，例如，前一节中需求 DAQ_SRS_700_000 中的 PPDAQ 标准软件平台（注意，这里并没有引用 10.4.5 节“软件需求规范示例”中给出的 POOL_SRS 标签）。

SyRS 和 SRS 标签列包含了实际的 SyRS（如果存在的话）和 SRS 标签标识符。通常，你需要根据 SyRS（主键）和 SRS（次键）对 RTM 文档中的行进行排序，但是在有些情况下，如果没有 SyRS 标签，那么只需要根据 SRS 标签进行排序。

配置列用来指定需求属于硬件（H）、软件（S）、其他（O）还是这些的组合。通常，只有 SyRS 需求仅包含硬件；毕竟，SRS 需求是软件需求。但是，如果 SRS 需求同时涵盖了系统的软件和硬件方面，那么在配置列中填写 HS 也是可能的。其他是指硬件和软件需求以外的所有需求（例如，它可以描述一个手动过程）。

请注意，如果你没有 SyRS 文档，或者你的所有需求都是软件需求，那么你可以删除配置列，这样有助于降低 RTM 文档的大小和复杂性。

RTM 文档中的验证类型列，指定了你将如何在系统中验证（测试）这个需求。其可能的内容包括：通过测试（T）、通过审查（R）、通过观察（I；对于硬件设计来说，相当于“通过审查”）、通过设计（D；通常适用于硬件，而不是软件）、通过分析（A）、其他（O），以及无测试，或者无测试可能（N）。

很明显，对于具有 T 验证方法的需求，将会运行一些相关测试来验证需求。这通常意味着你需要为这个需求创建一个对应的测试用例，以及一个执行用例的测试过程。

测试某些需求可能是困难的、不切实际的，甚至是危险的[1]。在这些情况下，通过仔细审查代码来验证其行为是否正确，可能要容易得多。对于此类需求，验证方法应该为 R，即表示通过审查的方式。

1 例如，一些需求可能会要求，与其让系统造成可能的人身伤害或者死亡，还不如损坏系统硬件。你不会希望通过破坏系统来进行测试。

通过分析（A）验证，意味着你需要提供一个正式的（数学的）证明来验证软件满足某个需求。这是一个比通过审查验证更严格的过程，也是一个远远超出本书范围的话题。但是，这种验证对于某些需求可能是必要的，因为这些需求的失败可能会导致灾难性的事件（比如死亡）。例如，10.8 节“（从 SRS 中选择的）DAQ 软件需求”中的第一个需求：

[DAQ_SRS_700_000]

PPDAQ 软件应该运行在一个连接了 DAQ_IF 接口板的 Netburner MOD54415 MOD-70 评估板上。

要提出一个实际的测试来证明这个需求已经得到满足（除在 Netburner MOD54415 上安装软件，并验证它实际可运行之外），是有些困难的。另一方面，通过查看源代码（和构建文件）来验证这段代码是为 Netburner MOD54415 编写的，又过于简单。因此，通过审查测试是处理这种特殊需求的最合适方法。

其他验证方法实际上包罗万象，它意味着你需要提供额外的文档来证明某个需求缺少测试方法，或者缺少计划使用的验证方法。

无测试或者无测试可能验证，需要你证明为什么不需要测试。如果你指定了 N 来表示无测试可能，那么就应该仔细考虑这个需求是否有效（是否是一个实际的需求）。请记住，如果它不能被测试，那么它就不是一个需求。

以下是需求[DAQ_SRS_700_000]添加到 RTM 文档中 4 个列的内容。

描述	SRS 标签	配置	验证类型
PPDAQ 标准软件平台	DAQ_SRS_700_000	HS	R

考虑 10.8 节“（从 SRS 中选择的）DAQ 软件需求”中的需求，我们可以把这些需求分成两组：验证类型为“通过测试”的一组和验证类型为“通过审查”的一组（因为对于它们来说，难以创建或执行一个实际的测试）。

10.9.1 通过审查验证的需求

表 10-2 中显示了 10.8 节“（从 SRS 中选择的）DAQ 软件需求”中的需求列表，

这些需求应该通过审查的方式来验证，并且应该提供一个这样选择的理由[1]。

表 10-2　DAQ 软件需求的选择理由

需求	理由
DAQ_SRS_700_000	虽然你可能会说，在 Netburner 上运行一下软件，就能够验证它是否可以在 Netburner 上运行，但是审查 make/build 文件是验证这一需求更简单、更实用的方法
DAQ_SRS_700_000.01	虽然你可能会说，在 μC/OS 上运行一下软件，就能够验证它是否可以在 μC/OS 下运行，但是审查 make/build 文件是验证这一需求更简单、更实用的方法
DAQ_SRS_702_001	不修改代码，编写一个测试来展示一个进程正在运行（例如，打印一些输出），将是比较困难的。不过，通过审查代码来确定它是否正在启动一个新的任务来处理与 RS-232 的通信，并不困难
DAQ_SRS_702_002	编写一个测试来显示 RS-232 进程正在以特定的优先级运行，这需要修改代码才能做到。审查代码会更加容易
DAQ_SRS_703_001	通过测试的方式来验证是有争议的。你可以认为，如果系统正在接收 RS-232 命令，那么说明任务正在运行。但是，这并不能证明有一个单独的任务正在运行或者没有运行（因为命令可能会被主任务处理）。因此，这应该通过审查的方式来验证
DAQ_SRS_705_001	与 DAQ_SRS_702_001 的理由一样（只是换成了 USB 输入任务）
DAQ_SRS_705_002	与 DAQ_SRS_702_002 的理由一样
DAQ_SRS_706_001	与 DAQ_SRS_705_001 的理由一样（只是对该需求进行了补充）
DAQ_SRS_716_001	与 DAQ_SRS_702_001 的理由一样（只是换成了以太网监听任务）
DAQ_SRS_716_002	与 DAQ_SRS_702_002 的理由一样（只是换成了以太网监听任务优先级）
DAQ_SRS_719_000	目前，DAQ 系统上没有定义单元测试模式，因此无法测试系统是否已进入单元测试模式。你可以通过审查代码来验证内部变量是否被正确设置（这是拨码开关的唯一效果）
DAQ_SRS_720_000	参考 DAQ_SRS_719_000

1　这只是我的意见；如果你有不同的意见，那么可以在这个列表中增加或者删除内容。注意，在本书后面创建软件审查列表时，我还将使用这个列表。

续表

需求	理由
DAQ_SRS_723_000	这是另一个有争议的例子。系统正在读取拨码开关（来处理其他测试）的事实，应该足以表明软件正在读取 Netburner 开关。但是，这个需求一点也不重要，所以选择通过审查还是测试的方式也不重要
DAQ_SRS_723_000.01	参考 DAQ_SRS_723_000
DAQ_SRS_723_000.02	参考 DAQ_SRS_723_000
DAQ_SRS_725_000	检查 DAQ 是否响应某个命令不是什么大问题（很容易测试），但是，在该需求描述中，DAQ 不会自己发起通信（也就是说，它是被动的，这在需求中通常是不好的）。审查代码是处理被动需求唯一正确的方法（这就是你想要避免它们的原因）
DAQ_SRS_738_001	与 DAQ_SRS_702_001 的理由类似
DAQ_SRS_738_002	与 DAQ_SRS_702_002 的理由类似

10.9.2 通过测试验证的需求

所有在 10.8 节“（从 SRS 中选择的）DAQ 软件需求”中列出，但是没有在 10.9.1 节“通过审查验证的需求”中列出的需求，都将通过测试用例和测试过程来进行验证。

10.10 获取更多信息

IEEE，*IEEE Standard 830-1998: IEEE Recommended Practice for Software Requirements Specifications*，1998 年 10 月 20 日。

Dean Leffingwell 和 Don Widrig 编写的 *Managing Software Requirements*，Addison-Wesley Professional，2003 年。

Karl E. Wiegers 编写的 *Software Requirements*，Microsoft Press，2009 年。

Writing Quality Requirements，*Software Development* 杂志第 7 期第 5 号（1999 年 5 月），第 44~48 页。

11

软件设计描述文档

软件设计描述（SDD）文档为软件的设计提供了底层的实现细节。虽然它不一定要深入到实际代码的层次，但是确实为软件提供了算法、数据结构和底层流程控制的实现。

关于如何记录软件设计，业界有很多不同的看法。本章遵循 IEEE Std 1016-2009[1] 提出的指导原则，并使用该标准中的许多概念。

IEEE Std 1016-2009 是为实现语言独立而编写的标准。但是，统一建模语言几乎涵盖了该标准的所有需求，这就是我们在第 4 章中介绍 UML，以及要在本章中使用它的原因。如果你对其他的软件设计建模语言感兴趣，则可以查看 IEEE Std 1016-2009 文档中的描述。

---

1 IEEE Std 1016 是 IEEE 的注册商标。IEEE Std 1016-2009 是 IEEE Std 1016-1998 的修订版，它合并了 UML 作为其软件建模语言。

11.1 IEEE Std 1016–1998 和 IEEE Std 1016–2009

IEEE SDD 指南最初基于 20 世纪 80 年代和 90 年代流行的结构化编程概念，最终定稿于 1998 年。这些建议是在面向对象编程的革命进行中发布的，结果没想到，这些建议马上就过时了。于是，它又花了 10 年时间进行更新，修订版 Std 1016-2009 涵盖了面向对象的分析和设计。新的指南保留了 1016-1998 标准的特点，但是在形式上有些过时。不过注意，其中一些特点在现代软件设计中仍然有用，所以，如果这些特点适合你的情况，那么就没有理由在意它是否是旧的标准。

11.2 IEEE 1016–2009 的概念模型

SDD 并不是凭空想象的。SDD 文档的内容是从软件需求规范（SRS）文档中产生的，而反向可追溯性矩阵（RTM）则将这两个文档绑定在一起。它们之间的关系如图 11-1 所示。

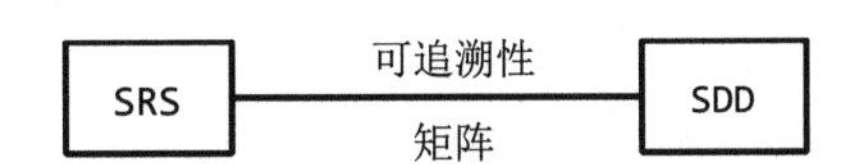

图 11-1　SRS 文档和 SDD 文档之间的关系

11.2.1 设计关注点和设计利益相关方

SRS 文档中的每一个需求，最终都会与 SDD 文档中的一个设计关注点相对应（如图 11-2 所示）。设计关注点是系统设计中利益相关方所感兴趣的任何东西。利益相关方是对系统设计有发言权的任何人。需求指的是 SRS 文档中的任何单个需求，如第 10 章所述。

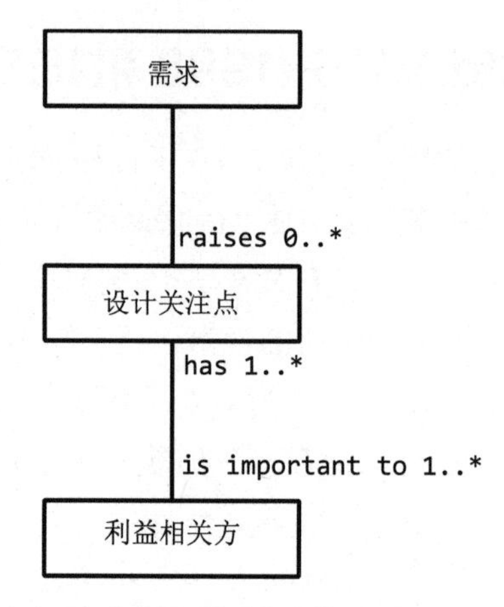

图 11-2　将需求映射到设计关注点

在图 11-2 中，按照如下方式将需求映射到设计关注点：

`0..*`　每个需求都有零个或多个相关的设计关注点。

`1..*`　每个设计关注点都对一个或多个设计利益相关方很重要。

`1..*`　每个利益相关方都至少有一个（可能更多）关心的设计关注点。

IEEE 的概念模型指出，需求会产生零个或多个设计关注点。但是事实上，需求和设计关注点之间应该是一一对应的关系：对于每个设计关注点，都有一个对应的需求。如果一个需求没有产生任何设计关注点，也就是说，这个需求对软件设计没有任何影响，那么这个需求可能就是不必要的（因此，它可能不是一个有效的需求）。如果一个需求被映射到多个设计关注点，那么这可能表明你有一个复合需求，应该在 SRS 文档中被分解成原子的需求（参见 10.1.2.10 节“原子的”）。

利益相关方和设计关注点之间应该是多对多的关系。一个利益相关方可以（而且通常是）有很多个设计关注点。同样，一个设计关注点可以（而且通常是）被许多不同的利益相关方所共享。

11.2.2　设计观点和设计元素

最终，设计关注点（或者仅仅是需求）会成为 SDD 文档的接口点。设计观点将一个或多个设计关注点进行逻辑分组。例如，一个逻辑观点（参考 11.2.2.3 节“逻辑观点”）会描述设计中的静态数据结构，因此，所有与类和数据对象关联的需求都会与该观点关联。一个算法观点（参考 11.2.2.11 节“算法观点”）会描述设计使用的特定算法，因此，任何指定某种算法的需求（这种需求应该很少）都会与该观点关联。

IEEE Std 1016-2009 要求指定每个设计观点的以下内容：

- 观点名称。
- 与观点相关的设计关注点。
- 观点使用的设计元素列表（包括设计实体的类型、属性和约束）。
- 对分析某人基于该观点构建一个设计视图的讨论。
- 解释和评估设计的标准。
- 作者的名字，或者该观点的参考资料。

设计关注点和设计观点之间的关系如图 11-3 所示。1..*表示一个关注点（或者一组关注点）对应一个或多个设计观点。

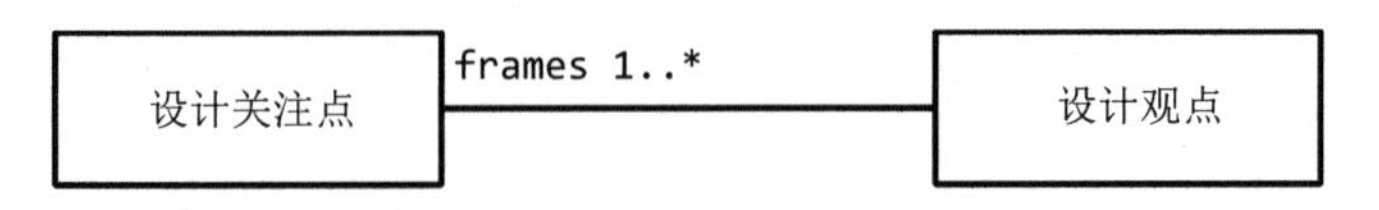

图 11-3　将设计关注点映射到设计观点

设计关注点和设计观点之间存在基本的一对多的关系，从而提供了 SDD 文档和 SRS 文档之间的可追溯性。在 RTM 文档中，每个需求（设计关注点）都将与一个设计观点相关联。因此，你通常会将 SDD 标签附加到设计观点上（稍后可以看到，也可以将标签附加到设计视图上，因为设计视图和设计观点之间存在一对一的关系）。

设计观点定义了一组设计元素（如图 11-4 所示），其中包括类图、时序图、状态图、包图、用例图和活动图。

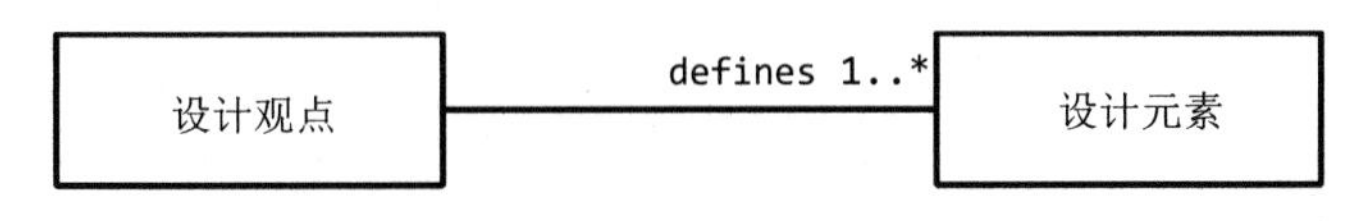

图 11-4　将设计观点映射到设计元素

设计元素是可以放在设计视图中的任何东西，包括设计实体、设计属性、设计关系和设计约束：

- 设计实体是描述设计主要组成部分的对象。设计实体可能包括系统、子系统、库、框架、模式、模板、组件、类、结构、类型、数据存储、模块、程序单元、程序、线程和进程等。IEEE Std 1016-2009 要求 SDD 文档中的每个设计实体都必须有一个名称和目的。
- 设计元素有一些关联的属性，例如名称、类型、目的和作者。在 SDD 视图中列出设计元素时，必须提供这些属性。
- 设计关系需要有一个关联的名称和类型。IEEE Std 1016-2009 中没有定义任何设计关系，但是 UML 2.0 定义了几个在 SDD 文档中常用的关系，例如关联、聚合、依赖和泛化。根据 IEEE 的要求，你必须描述在设计观点规范中使用的所有关系。
- 设计约束也是一个元素（来源元素），它会对设计观点的其他设计元素（目标元素）进行限制或者约束。IEEE 要求在定义的观点中，需要按照名称和类型（以及来源/目标元素）列出所有的设计约束。

你可以使用正式的设计语言来定义设计元素（如图 11-5 所示）。正如前面所提到的，IEEE Std 1016-2009 试图设计成与语言无关的，但事实是，它是专门围绕 UML 设计的。IEEE 建议的其他（正式的）设计语言包括 IDEFO、IDEF1X 和 Vienna Definition Method。但是，就本书而言，最好还是使用 UML。

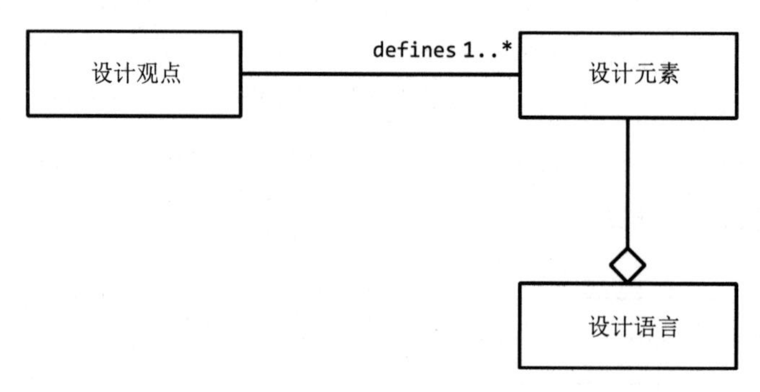

图 11-5　设计观点、设计元素和设计语言之间的关系

IEEE Std 1016-2009 定义了一组通用的设计观点。由于该标准是一组推荐实践，

而不是绝对的需求，因此下面列出的观点既不详尽，也不是必需的。也就是说，在SDD 文档中，你可以根据自己的需要定义和添加更多的观点，并且不需要包含下面所有的观点（实际上，其中一些观点已经不再使用，仅仅是为了与较老的 IEEE Std 1016-1998 兼容才包含它们）。

11.2.2.1 背景观点

背景观点收集的设计元素包括参与者（用户、外部系统、利益相关方）、系统提供的服务，以及它们的交互（例如，输入和输出）。背景观点还管理着各种设计约束，例如服务质量、可靠性和性能。从某种意义上说，你需要在制定 SRS 需求的时候（例如，在创建用例来产生需求的时候）就开始这项工作，并且在编写 SDD 文档的同时完成这项工作。

背景观点的主要目的是设置系统边界，并且定义系统内部和外部要考虑的事项。通过限制设计的范围，SDD 文档的设计者和作者就可以专注于系统设计，而不用浪费时间考虑各种外部因素。

你通常可以在 UML 用例图（请参考 10.6 节“用例”）中表示背景观点。以图 10-1 为例，它列出了在数据采集（DAQ）系统上用户通过拨码开关设置的初始化情况。另一个例子是，图 11-6 给出了主机系统（通常是 PC）与 DAQ CPU 接口板之间 DAQ 命令的简易用例。

该图显示了外部系统（主机参与者）和 DAQ 系统之间的命令接口。注意，每个用例（在本例中有 16 个）都与 DAQ SRS 文档中的需求相对应[1]。

---

1 在完整的用例图中，实际上有 29 个用例。请参考 Plantation Productions 公司网站。

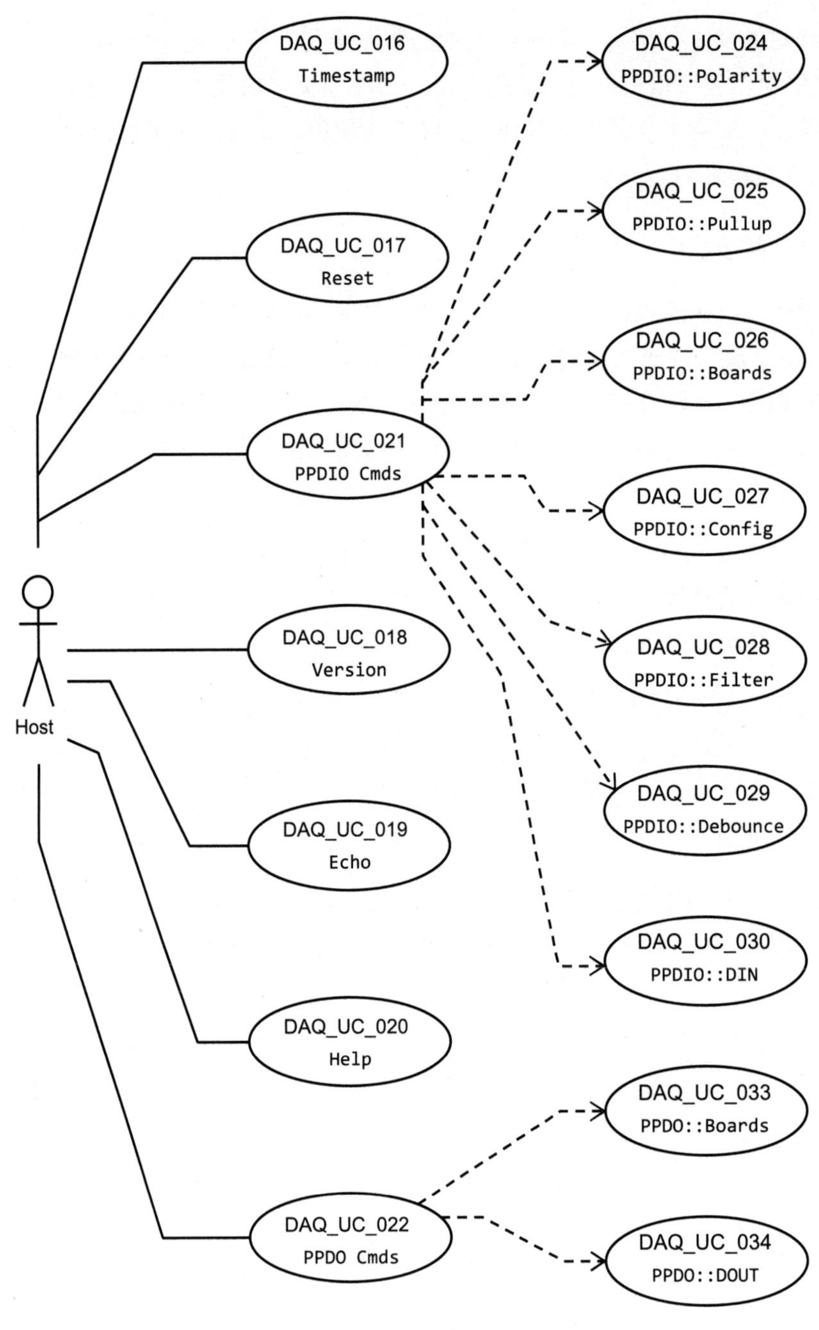

图 11-6　DAQ 命令用例

11.2.2.2 组合观点

组合观点会列出组成系统的主要模块/组件。这个观点的主要目标之一是，通过在设计中识别哪些项可以来自现有的库，或者可以重用哪些设计来促进代码重用。

组合观点中的设计实体包括组合（显而易见）、包含、使用和泛化。组合观点使用实现、依赖、聚合、组合和泛化，以及对象之间的任何其他关系来描述设计实体之间的关系。

请注意，组合观点是从 IEEE Std 1016-1998 继承过来的一个旧观点[1]，在很大程度上，它已经被结构观点（参考 11.2.2.8 节“结构观点”）和逻辑观点（见下一节）所取代。组合观点来自程序主要由大量过程库和函数库组成的时代，远早于面向对象分析和设计的时代。

对于现代设计来说，如果它们包含一个组合观点，那么在很大程度上会把它作为用于描述系统的主要组件，正如 IEEE Std 1016-2009 所推荐的那样。图 11-7 通过一个简化的组件图，为 DAQ 系统提供了一个组合观点的例子。在我看来，组件图并不适合用来展示组合观点，因为它们对于任务来说太底层了。组件图通常包含接口（所需要的接口和所提供的接口），这些接口在组合观点层面没有意义。然而，显然由于组合（composition）和组件（component）这两个词的相似性，使用简化的 UML 组件图来表示组合观点是很常见的一种做法。

一些工程师会结合使用组件图和部署图（请参考 8.3 节“部署图”）来表示组合观点，如图 11-8 所示。

请注意，图中的节点仍然包含组件符号，以表明它们是组成一个更大系统的组件，而不是为了组成某些硬件项。这是 UML 的一种非标准绘制方法，但是我在多个 SDD 文档中看到过它，所以在这里也使用了这种方式。

---

1 IEEE Std 1016-2009 包含了许多从 1016-1998 标准继承过来的旧有观点。你可能不应该在新的设计中使用这些旧观点。这里包含它们，只是为了使旧的 SDD 文档仍然可以兼容 IEEE Std 1016。

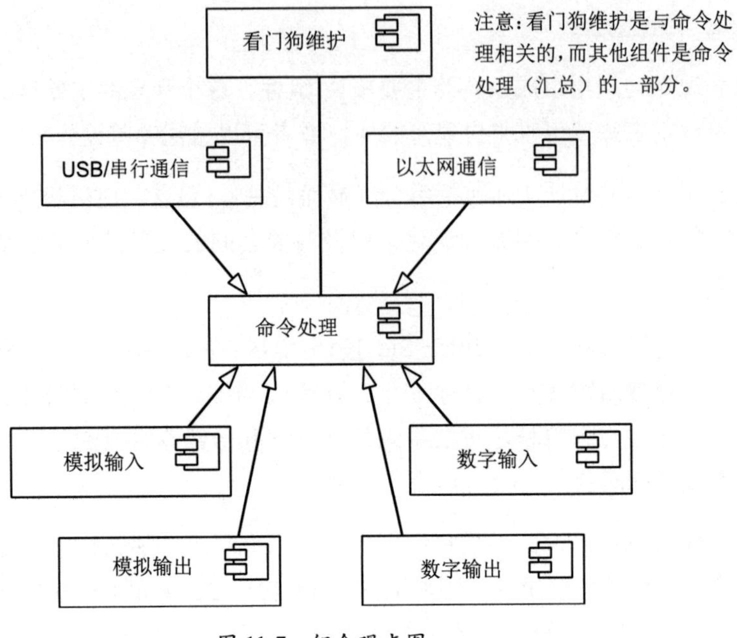

图 11-7　组合观点图

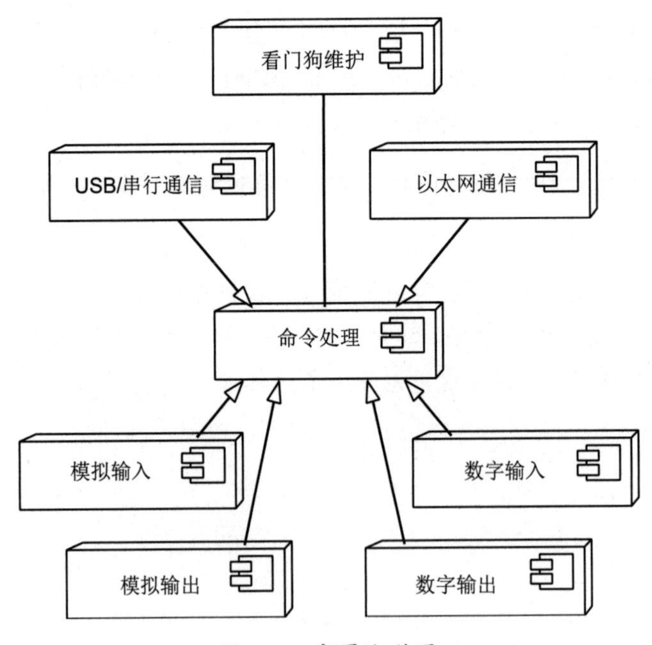

图 11-8　部署/组件图

11.2.2.3 逻辑观点

逻辑观点描述了设计中已经使用的类型和新的类型，以及它们的类、接口/协议和结构定义。逻辑观点还描述了设计中使用的对象（类型的实例）。

逻辑观点可以用来处理类、接口、数据类型、对象、属性、方法、函数、过程（子程序）、模板、宏和命名空间。它还可以指定属性，例如名称、可见性和值，并为这些设计实体添加适当的约束。

通常，你会使用 UML 类图来实现逻辑观点。图 11-9 显示了一个 `adc_Class_t` 类的类图，它可能适用于图 11-8 中的模拟输入模块。除了这个基本的类图，你可能还希望包含一个数据字典，或者一段描述该类所有属性用途的文本。

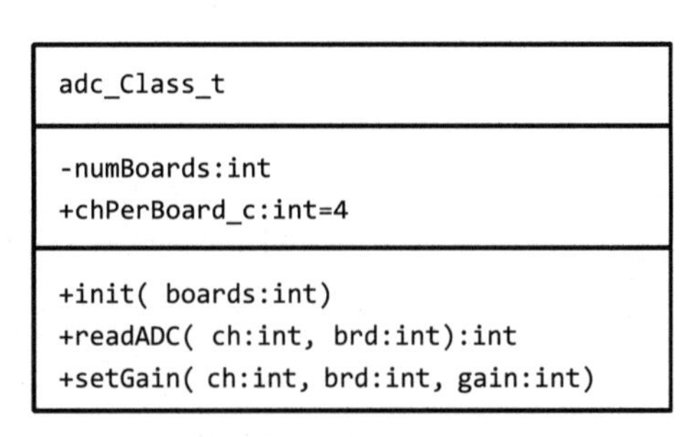

图 11-9 adc 类图

除了原始的类图，逻辑观点还应该包括类之间的关系（例如，依赖、关联、聚合、组合和继承）。请参考 6.5 节“UML 的类关系”，了解这些关系的更多细节，以及如何在图上绘制它们。

11.2.2.4 依赖观点

像组合观点一样，依赖观点也是一个已经被弃用的观点，是为了与 IEEE Std 1016-1998 兼容才加以维护的。在现代设计中，你通常不会使用这个观点，因为其他选择（例如，逻辑观点和资源观点）能够以更合乎逻辑的方式来映射依赖关系。不过，你完全可以在适当的时候使用依赖观点，你也可能会在其他 SDD 文档中看见它们，所以你应该了解它们。

在 SDD 文档中，依赖观点表示设计实体之间的关系和相互连接，包括共享信息、接口参数化，以及使用如使用、提供、需要等词时的顺序。依赖观点适用于子系统、组件、模块和资源。IEEE Std 1016-2009 中建议使用 UML 组件图和包图来描述依赖观点。如果你想要使用组件图（例如，描述组件或子系统之间的依赖关系），那么使用部署/组件图（如图 11-8 所示）可能是一种更好的解决方案。如果你想要描述包之间的依赖关系，那么可以考虑使用包图，如图 11-10 所示。

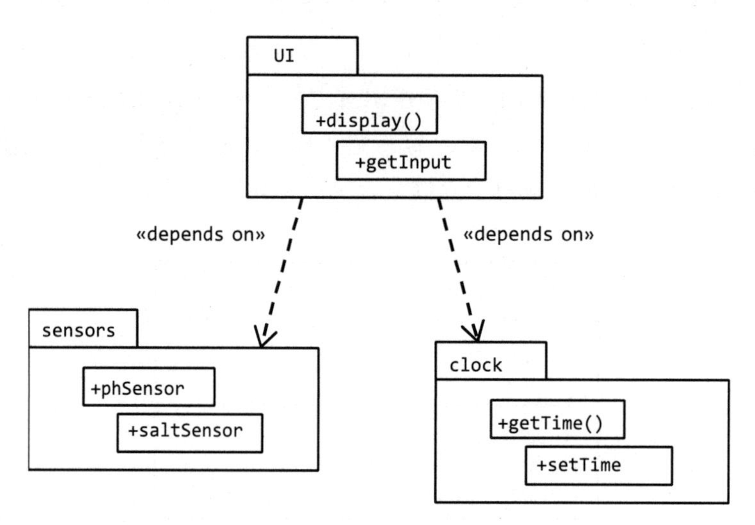

图 11-10　包依赖关系

11.2.2.5　信息/数据库观点

信息/数据库观点描述了在设计中如何使用持久化数据。它类似于逻辑观点，使用类图来表示数据结构、内容和元数据定义。信息观点还会描述数据访问结构、数据管理策略和数据存储机制。

这也是一个已经弃用的观点，用来维护与 IEEE Std 1016-1998 的兼容性。在现代设计中，你可能会使用逻辑观点或资源观点来代替它。

11.2.2.6　模式使用观点

模式使用观点描述的是在项目中使用的设计模式，以及实现的可重用组件。有关设计模式的更多信息，请参见 11.9 节“获取更多信息”。

模式使用观点图组合了 UML 组合结构图、类图和包图，以及关联、协作使用和连接器，来表示从模式生成的对象。这个观点被设计得很松散，所以，如果你选择在 SDD 文档中使用它，那么在创建文档时会有很大的自由度。

11.2.2.7 接口观点

接口观点描述了设计提供的服务（例如 API）。具体来说，它描述了 SRS 文档中没有需求的接口，其中包括对第三方库、项目的其他部分，或者同一组织内其他项目的接口。它实际上是一个路线图，当与接口观点的设计部分进行交互时，其他程序员可以使用它

IEEE Std 1016-2009 建议使用 UML 组件图来表示接口观点。图 11-11 显示了处理数字 I/O 和继电器输出（数字输出的一种特定形式）的两个组件（可能是在 DAQ 系统中）。

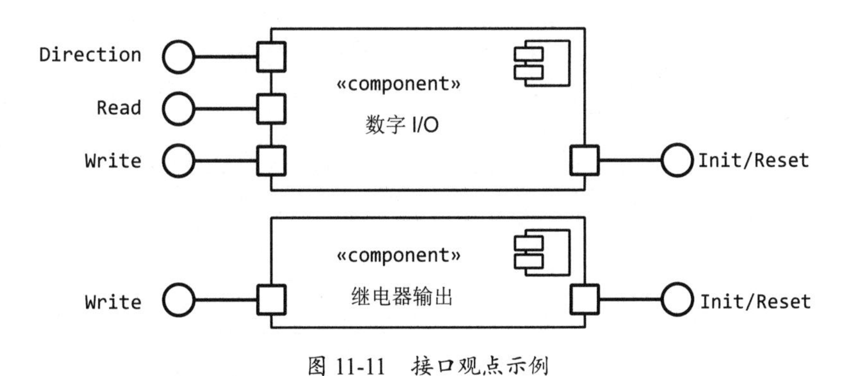

图 11-11 接口观点示例

除组件图之外，接口观点还应该包括系统如何与这些接口交互的描述，如数据类型、函数调用、延迟、输入约束、输出范围，以及其他重要问题。例如，当讨论 `Direction` 接口时，可能会描述如下：

Direction

```
Direction(ddir:int, port:int)
```

调用 `Direction` 接口可以将指定的数字 I/O 端口（`port = 0~95`）设置为输入端口（如果 `ddir = 0`）或者输出端口（如果 `ddir = 1`）。

对于 Read 接口，你可能会使用这样的描述：

Read

```
Read(port:int):int
```

调用 Read 接口会返回指定的数字输入端口（port = 0~95）的当前值（0 或 1）。

同样，接口观点被包含在 IEEE Std 1016-2009 中，只是为了与较老的 IEEE Std 1016-1998 兼容。在现代 SDD 文档中，可以考虑将这些接口项放在背景观点和结构观点中。

11.2.2.8 结构观点

结构观点描述了设计中对象的内部组织和构造。它是组合观点的现代化版本，描述了如何（递归地）将设计分解为多个部分。你可以使用结构观点将较大的对象分解为多个较小的部分，从而确定在整个设计过程中如何重用这些较小的组件。

结构观点通常会使用 UML 组合结构图、UML 包图和 UML 类图，在图 11-12、图 11-13 和图 11-14 中，它们分别对泳池监控器（SPM）进行了描述。

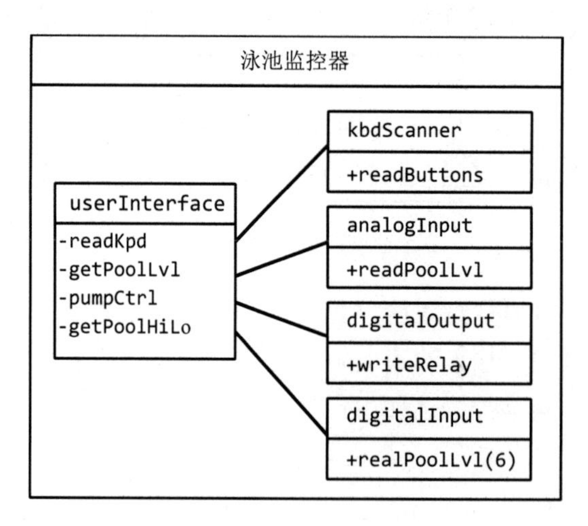

图 11-12　SPM 组合结构图

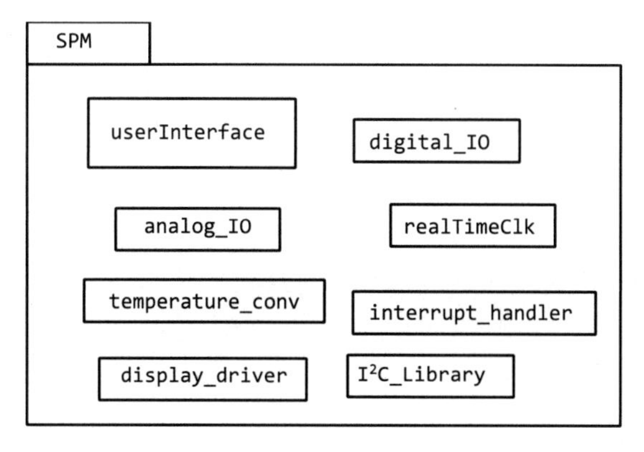

图 11-13　SPM 包图

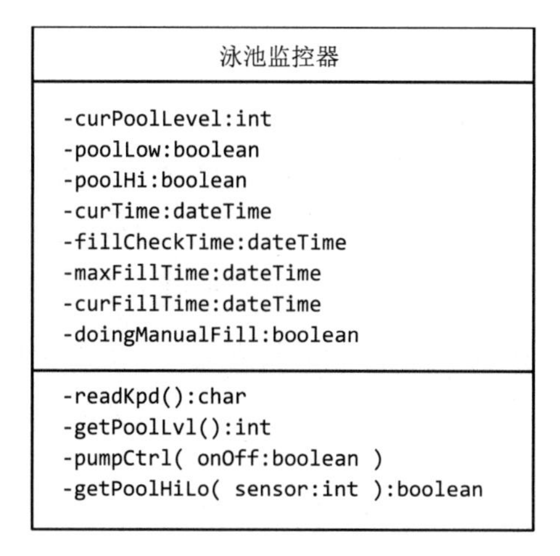

图 11-14　SPM 类图

这些例子说明，在一个观点中通常会有多个图。还要注意，一个典型的结构观点将会有多个组合结构图、（可能有）多个包图，以及（肯定有）多个类图。

11.2.2.9　交互观点

交互观点主要用来定义在软件中发生的活动。这里你会使用大部分的交互图，例如活动图、时序图、协作图等，但是可能不包括状态图，因为它们通常出现在状态动态观点中（在下一节中讨论）。除了交互图，你还可以在交互观点中使用组合结构图和包图。

一个完整的交互观点示例，如 11.6 节“SDD 文档示例”所示。

11.2.2.10 状态动态观点

状态动态观点描述了软件系统的内部运行状态。对于这个观点，你通常会使用 UML 状态图（请参考 8.5 节“状态图”）来描述它。

11.2.2.11 算法观点

算法观点是从 IEEE Std 1016-1998 继承过来的另一个旧观点，它的目的是描述系统中使用的算法（通常通过流程图、Warnier/Orr 图、伪代码等）。这个观点在很大程度上已经被 Std 1016-2009 文档中的交互观点所取代。

11.2.2.12 资源观点

资源观点描述了在设计中如何使用各种系统资源，其中包括 CPU（包括多核 CPU）、内存、存储、外围设备、共享库的使用，以及与设计相关的其他安全性、性能和成本问题。通常，对于设计来说，资源都是指外部的实体。

出于兼容 Std 1016-1998 的原因，资源观点是另一个在 Std 1016-2009 中存在的旧观点。在新的设计中，你通常会使用背景观点来描述资源的使用情况。

11.2.3 设计视图、设计覆盖和设计原理

IEEE Std 1016-2009 规定，SDD 文档可以按照一个或多个设计视图来组织。因此，设计视图是 SDD 文档中的基本组织单元。设计视图（可能）提供了系统设计的多个视角，来帮助向利益相关方、设计人员和程序员阐明，设计是如何满足一个设计观点相关需求的。

当一个 SDD 文档至少在一个设计视图中覆盖了所有需求（设计关注点），并且覆盖了相关设计视图中的所有实体和关系，以及设计中的所有约束时，它就是完整的。简单来说，这意味着你已经将所有需求匹配到合适的图和文本，就像 11.2.2 节“设计观点和设计元素”中介绍的那样。

如果设计视图中的任何元素之间都没有冲突，那么这个 SDD 文档就是一致的。例如，如果某个类图声明一个名为 `hasValue` 的属性（字段）是布尔值，但是活动图将该字段视为字符串，那么 SDD 文档就存在不一致性。

11.2.3.1 设计视图和设计观点

设计视图和设计观点之间是一一对应的关系，如图 11-15 所示。两者之间的关联说明，一个设计视图恰好符合一个设计观点，而一个设计观点也恰好由一个设计视图所管理。

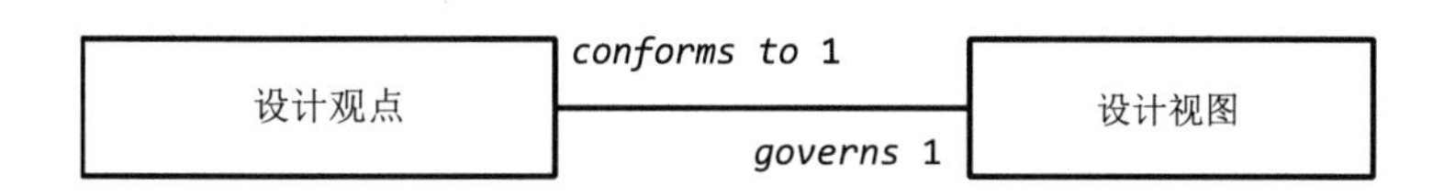

图 11-15 设计视图和设计观点

那么，设计视图和设计观点之间有什么区别呢？设计视图是一些实际的信息（图和文本），你通常会将它们认为是“设计”。设计观点是你创建设计的那个观点。在 IEEE 的建议中，设计观点应该是类似于背景观点或者交互观点的东西。这些都不是实际的设计视图，而是用来表示视图的格式。从 SDD 文档的组织角度来看，视图/观点章节的目录可能会如下所示[1]：

1 观点#1
  1.1 观点#1 规范（请参考 11.2.2 节“设计观点和设计元素”）
  1.2 视图#1
2 观点#2
  2.1 观点#2 规范
  2.2 视图#2
3 观点#3

---

1 在我在互联网上能够找到的几乎所有的 SDD 示例中，作者都将设计观点和设计视图合并到同一章节中。当他们区分它们时，“设计视图”章节是一个简单的介绍，而实际的视图则列在“观点”章节下（对于我来说，这种做法似乎有些落后，而 IEEE Std 1016-2009 文档对这个问题描述得不是很清楚）。

3.1　观点#3 规范

3.2　视图#3

4　等等

按照观点组织视图的原因很简单：观点代表不同利益相关方的看法，因此应该允许利益相关方快速地在 SDD 文档中定位到他们感兴趣的章节，而不必阅读整个文档。

请注意，这个大纲中的每个视图不一定都对应着某个图或者文本描述。一个视图可以由许多单独的 UML 图和文本描述组成。例如，在一个逻辑观点中，如果没有其他原因，你很难将多个类组合到一个图中，那么就可能会有许多不同的类图（不只是一个）。即使可以，你可能也希望能够从逻辑上组织类图，以便使它们更易于阅读。此外，除了类图本身，你还需要提供一些描述类成员（属性）文本，而不是绘制一个巨大的类图（可能占用几十页），紧随其后的是一段很长的文本描述（占用额外几十页）。更好的方式是把几个类图放在一个图中，紧跟着描述其属性的文本信息，然后对剩下的类重复这个过程。

11.2.3.2　设计覆盖

对于一个视图来说，设计覆盖就相当于“免责条款”。设计视图需要符合设计覆盖，或者反过来说，设计覆盖会管理设计视图，如图 11-16 所示。因此，如果你已经创建了一个逻辑观点，并且想要在这个观点中融合一些交互图，使其更加清晰，那么需要使用设计覆盖。

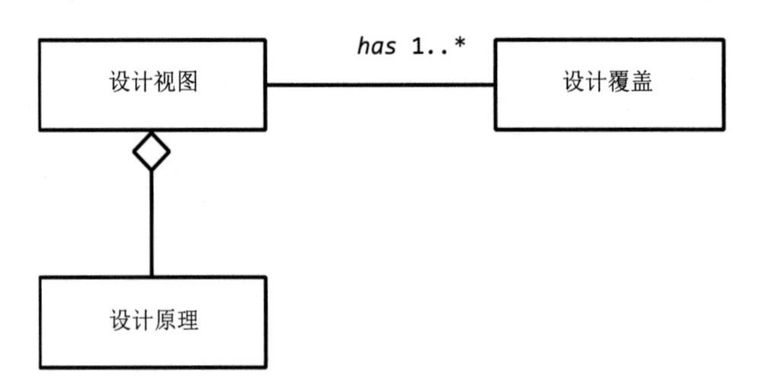

图 11-16　设计视图、设计覆盖和设计原理之间的关系

设计覆盖会像如下这样修改视图/观点的组织方式：

1 观点#1
  1.1 观点#1 规范
  1.2 视图#1
  1.3 覆盖#1
  1.4 覆盖#2
  1.5 等等
2 等等

设计覆盖必须像这样来标识（以避免与关联的观点混淆），必须具有唯一名称，并且只与一个观点关联。

设计覆盖的一个好处是，当现有的设计语言不足以满足你的需求时，它允许你混合和匹配其他的设计语言，或者扩展现有的设计语言。设计覆盖还允许你扩展一个现有的视图，而不必创建一个全新的观点（这可能会产生大量额外的工作）。

11.2.3.3 设计原理

设计原理解释了设计背后的目的，并向其他读者证明了设计的合理性。通常，设计原理由贯穿于整个设计的多个注释和注解组成。它可以解决（但不限于）关于设计的潜在问题，在设计过程中需要考虑的不同选择和权衡，以及做出某些决定的根据和理由，甚至是在原型或开发阶段做出的更改（因为最初的设计有缺陷）。图 11-16 显示了设计原理和设计视图之间的关系（聚合符号暗示了设计视图包含设计原理的注释，或者其本身就是设计视图的一部分）。

11.2.4 IEEE Std 1016-2009 的概念模型

根据 IEEE Std 1016-2009，图 11-17 和图 11-18 展示了 SDD 和设计元素的概念模型图[1]。

1 为了清晰起见，稍微做了一些修改。

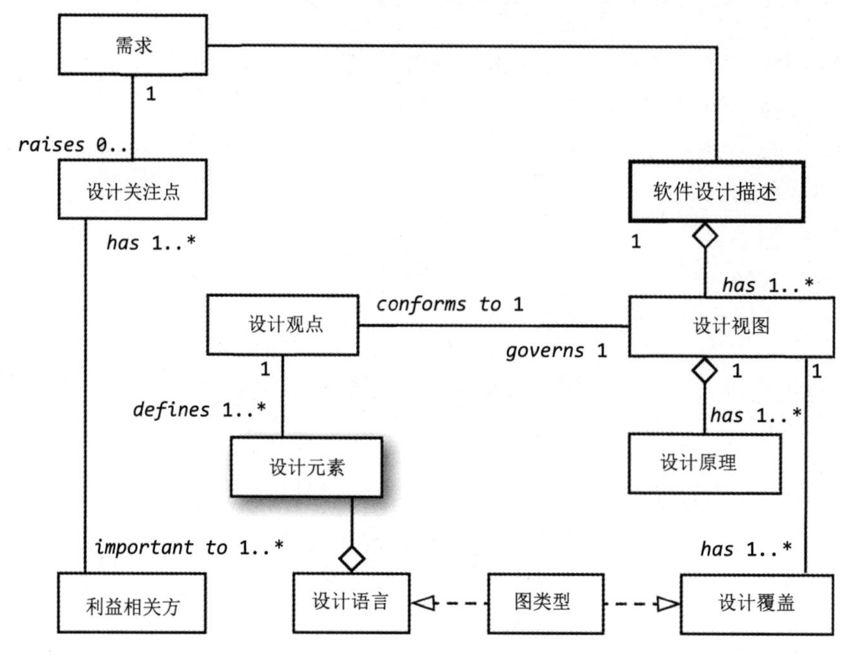

图 11-17 SDD 概念模型

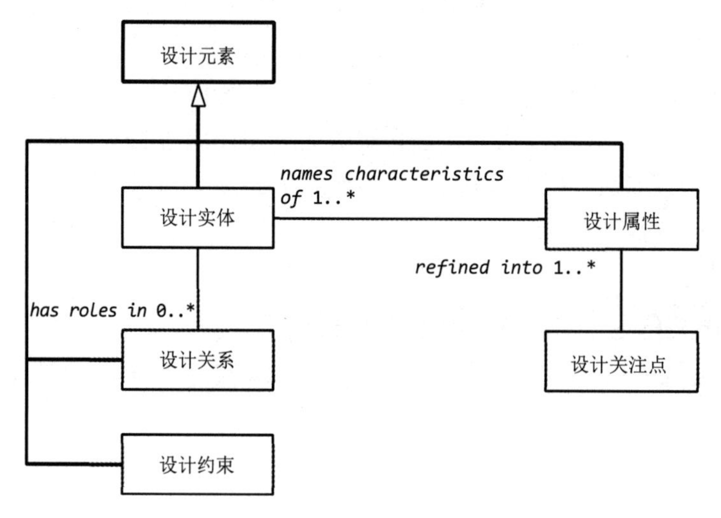

图 11-18 SDD 设计元素概念模型

11.3 SDD 所需内容

SDD 必须包含以下这些内容（根据 IEEE Std 1016-2009 的规定）：

- SDD 标识。
- 设计利益相关方的列表。
- 多个设计关注点（从产品需求而来）。
- 一组一个或多个设计观点（注意，SDD 文档中的每个设计视图都对应着一个设计观点）。
- 一组一个或多个设计视图（大致对应于不同类型的 UML 图，尽管一个设计观点不一定需要对应着某种 UML 图）。
- 任何需要的设计覆盖。
- 任何必要的设计原理（IEEE 至少需要一个目的）。

11.3.1 SDD 标识

SDD 应该至少包含以下标识信息（不一定按这个顺序）：

- 创建日期/发行日期
- 当前状态
- 目的/范围
- 发行机构
- 作者（包括版权信息）
- 参考资料
- 背景
- 对设计观点所使用语言的描述
- 内容
- 摘要
- 术语表
- 变更历史

这些信息大部分是模板文件（除日期以外，你通常可以从通用的 SDD 模板中复制这些信息）。显然，其中一些信息在不同的 SDD 文档中是不同的（比如日期、作者和变更历史），但是在大多数情况下，SDD 标识的内容很简单，其主要是为了让 SDD 可以作为一个独立的文档存在。

11.3.2 设计利益相关方和设计关注点

SDD 必须列出所有为项目贡献需求或者设计关注点的人。这一内容是至关重要的——如果 SDD 中有一个关于设计原理的问题没有涉及，那么读者应该能够确定跟哪个利益相关方沟通与设计关注点有关的问题。

11.3.3 设计视图、设计观点、设计覆盖和设计原理

设计视图、设计观点、设计覆盖和设计原理构成了 SDD 文档的主体内容。

11.4 SDD 的可追溯性和标签

我们还没有讨论，如何通过 RTM 从 SDD 文档中的设计元素追溯到 SRS 文档和其他系统文档（请参考 9.2 节“可追溯性”）。如第 9 章所述，你可以在整个文档中使用标签来跟踪设计元素。对于 SDD 文档，你可以使用 *proj*_SDD_*xxx* 形式的标签，其中 *proj* 是某个项目的名称或者助记符，*xxx* 是一个数字（可能是十进制形式的）（请参考 9.2.2.3 节“SDD 标签”）。你需要做的就是确保 SDD 标签是唯一的（通常需要确保 *xxx* 在所有 SDD 标签中都是唯一的），并定义在哪里添加 SDD 标签。

从技术上讲，SRS 文档中的需求可以直接被映射到设计关注点（通常是一对一的），这可能会让你认为，应该将 SDD 标签添加到设计关注点上。然而，由于设计视图构成了 SDD 文档的主体内容，并且设计关注点与设计视图的映射是多对一的方式（通过设计观点，它与设计视图是一对一的关系），因此最好将 SDD 标签添加到设计视图或者设计观点上。如果从需求到设计元素的映射是一对多或多对一（特别是应该避免多对多）的方式，那么在创建 RTM 文档时，它会让你的工作变得简单很多。

在实践中，一个设计视图可以被分解为多个图或者描述。如果你只想将设计关注点与一个图或者描述关联起来，那么可以将 SDD 标签分配给设计视图的各个组件。但是，在这样做时必须非常谨慎，因为如果一个设计关注点被映射到设计视图的两个不同组件，那么你可能会得到一个多对多的关系[1]。

11.5 建议的 SDD 大纲

IEEE Std 1016-2009 附录 C 推荐了一种组织形式和格式大纲，可以满足 SDD 文档所需的内容要求（请参考 11.3 节“SDD 所需内容”）。注意，这个大纲不是必需的，你可以按照自己喜欢的方式来组织 SDD 文档，只要它包含了所需的内容就是有效的。以下是对 IEEE 的建议所做的一些修改[2]：

1 标题页
    1.1 目录
    1.2 发行日期和状态
    1.3 发行机构
    1.4 作者
    1.5 变更历史
2 介绍
    2.1 目的
    2.2 范围
    2.3 目标受众
    2.4 背景
    2.5 概述/总结
3 定义、缩略语和缩写

1 请注意，即使将标签添加到所有组件上，设计关注点和设计视图中组件的多对多关系也是成立的。只不过当这种情况发生时，RTM 文档就会显得很笨拙，因为 RTM 已经够乱的了，你一定不想让它变得更糟糕。

2 这些修改是为了让 SRS 显得更清晰，并且与 SRS 的指导原则保持一致（请参考 10.3 节“系统需求规范文档”）。

4 参考资料

5 术语表

6 主体内容

6.1 确定利益相关方和设计关注点

6.2 设计观点 1

6.2.1 设计视图 1

6.2.2 （可选的）设计覆盖 1

6.2.3 （可选的）设计原理 1

6.3 设计观点 2

6.3.1 设计视图 2

6.3.2 （可选的）设计覆盖 2

6.3.3 （可选的）设计原理 2

6.4 设计观点 *n*

6.4.1 设计视图 *n*

6.4.2 （可选的）设计覆盖 *n*

6.4.3 （可选的）设计原理 *n*

7 （可选的）索引

11.6 SDD 文档示例

本节展示了一个完整的 SDD 文档示例（出于篇幅的考虑，这里做了大量精简）。这个 SDD 文档描述了上一章中用例和需求文档的设计（请参考 10.6 节“用例”）。具体来说，该 SDD 文档涵盖了 Plantation Productions 公司的数据采集和控制（DAQ）系统中，用来在系统初始化时处理拨码开关（DIP 开关）的组件。

1 Plantation Productions DAQ 拨码开关控制

1.1 目录

（因篇幅原因，省略）

1.2 发行日期和状态

首次创建于 2018 年 3 月 18 日

目前状态：完成

1.3 发行机构

Plantation Productions 公司

1.4 作者

Randall L. Hyde

版权所有，Plantation Productions 公司，2019 年。

1.5 变更历史

2019 年 3 月 18 日，创建了 SDD 最初版本。

2 介绍

2.1 目的

Plantation Productions 公司的 DAQ 系统是一个数字化的数据采集和控制系统，旨在为工业和科学系统提供模拟和数字 I/O。

本软件设计描述（SDD）文档描述了数据采集系统拨码开关的初始化组件，其目的是希望开发人员可以根据本文档来实现软件需求规范（SRS）文档中拨码开关控制的功能。

2.2 范围

本文档仅描述了 DAQ 系统中拨码开关的设计（出于篇幅的原因）。关于完整的 SDD 文档，请参考 Plantation Productions 公司网站。

2.3 目标受众

该 SDD 文档预期的目标受众是：

本文档适用于实现此设计的软件开发人员、希望在实现之前审查设计的利益相关方，以及编写软件测试用例（STC）和软件测试过程（STD）文档的作者。

该 SDD 文档真正的目标受众是：

本文档是为《编程卓越之道》第 3 卷的读者准备的，作为一个 SDD 文档示例提供给他们。

2.4 背景

Plantation Productions 公司的 DAQ 系统是一个具有良好文档的数字化数据采集和控制系统，工程师可以将其设计成一个关键的安全系统，例如核研究反应堆。尽管有许多现成的商业产品，但是它们的主要缺点有：它们通常是专有的（在购买后很难修改或者修复），它们通常会在 5~10 年内过时，届时更是无法修复或替换，它们很少有完善的文档（例如，SRS、SDD、STC 和 STP 等文档），因此工程师无法利用这些文档来确认和验证系统。

DAQ 系统通过提供一个开放的硬件和一组开源的设计解决了这些问题，这些设计具有完整的设计文档，并且经过了安全系统的确认和验证。

虽然最初 DAQ 系统被设计用于核研究反应堆，但是它也可以被应用在任何需要基于以太网的控制系统支持数字（TTL 级别）I/O、光隔离数字输入、机械或固态继电器数字输出（包括隔离的和有条件的）、模拟输入（例如，±10v 和 4~20mA），以及（有条件的）模拟输出（±10v）的地方。

2.5 概述/总结

本文档的其余部分组织如下。

第 3 节介绍了软件设计，包括：

3.1 利益相关方和设计关注点
3.2 背景观点和总体架构
3.3 逻辑观点和数据字典
3.4 交互观点和控制流

第 4 节提供了一个索引[1]。

3 定义、缩略语和缩写

术语	定义
DAQ	数据采集系统
SBC	单片机
软件设计描述（SDD）	软件系统设计文档（IEEE Std 1016-2009），也就是这个文档
软件需求规范（SRS）	描述软件及其外部接口的基本需求（功能、性能、设计约束和属性）的文档（IEEE Std 610.12-1990）
系统需求规范（SyRS）	描述系统需求的一个结构化信息集合（IEEE Std 1233-1998）。为了建立一个系统或子系统的设计基础和概念设计，需要按照该规范来记录需求

4 参考资料

参考资料	讨论
IEEE Std 830-1998	SRS 文档标准
IEEE Std 829-2008	STP 文档标准
IEEE Std 1012-1998	软件验证和确认标准
IEEE Std 1016-2009	SDD 文档标准
IEEE Std 1233-1998	SyRS 文档标准

5 术语表

DIP：双列直插封装

6 软件设计

6.1 利益相关方和设计关注点

DAQ 拨码开关设计的利益相关方是 Plantation Productions 公司和 Randall Hyde。它的一个主要设计关注点是创建一个简化的 SDD 文档，既能满足《编程卓越之道》第 3 卷的篇幅限制，同时又能提供一个合理

1 由于篇幅的原因，这个索引实际上是空的。在本示例中，它实际上是一个占位符，表示你应该在 SDD 文档中提供一个索引。

的 SDD 文档示例。其余的设计关注点就是 SRS 文档中描述 DAQ 开关系统的所有需求[请参考 10.8 节“（从 SRS 中选择的）DAQ 软件需求”]。

6.2 背景观点和总体架构

DAQ 的背景观点展示了存在于用户和系统之间的功能。

名称/标签：DAQ_SDD_001

作者：Randall Hyde

使用的设计元素：这个观点通过用例、参与者（主机 PC 和最终用户）、节点、组件和包来描述系统接口。

需求/设计关注点[1]：

DAQ_SRS_700_000
DAQ_SRS_701_000
DAQ_SRS_704_000
DAQ_SRS_707_000
DAQ_SRS_723_000.1

6.2.1 背景视图[2]

DAQ 系统固件运行在一个连接到 DAQ_IF（DAQ 接口）板的 Netburner MOD54415 单片机上。最终用户可以通过拨码开关来设置 DAQ 接口到主机 PC 的初始化方式。主机 PC 可以通过 RS-232 串口、USB 或者以太网与 DAQ 系统进行通信（如图 11-19 所示）。本设计期望可以复用现有的 `mainPrintf`、`serialTaskInit`、`usbTaskInit`、`ethernetTaskInit` 和 `readDIPSwitches` 等库。

1 需求清单还提供了一种评估/验证设计的方法，以确保它符合 SRS 文档中定义的规范。审查人员会将 SRS 文档中列出的每个需求与背景视图进行比较，从而查看该视图是否满足各个需求。

2 由于这里提供了背景视图，所以我们没有必要再讨论是否要创建设计视图，因为设计视图已经存在了。

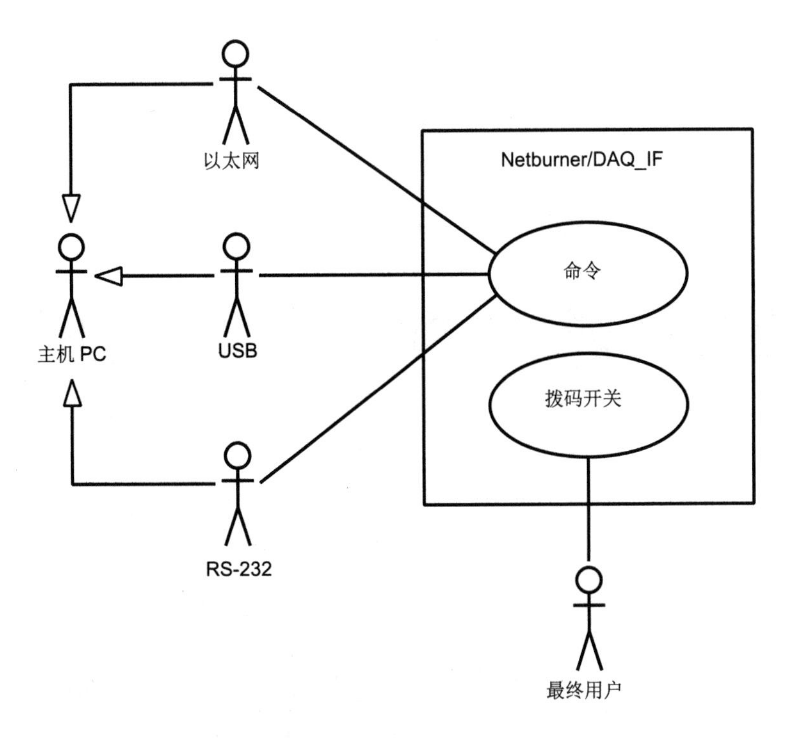

图 11-19　背景视图示例

6.2.2　组件/部署覆盖

下面的设计覆盖通过一个组合部署图/组件图提供了对背景视图的不同理解。系统间各个物理组件1及其交互如图 11-20 所示。

6.2.3　（可选的）设计原理

这个观点的目的是展示用户如何控制主机 PC 与 DAQ 系统进行通信。

1　至少是那些对 SDD 文档很重要的组件。

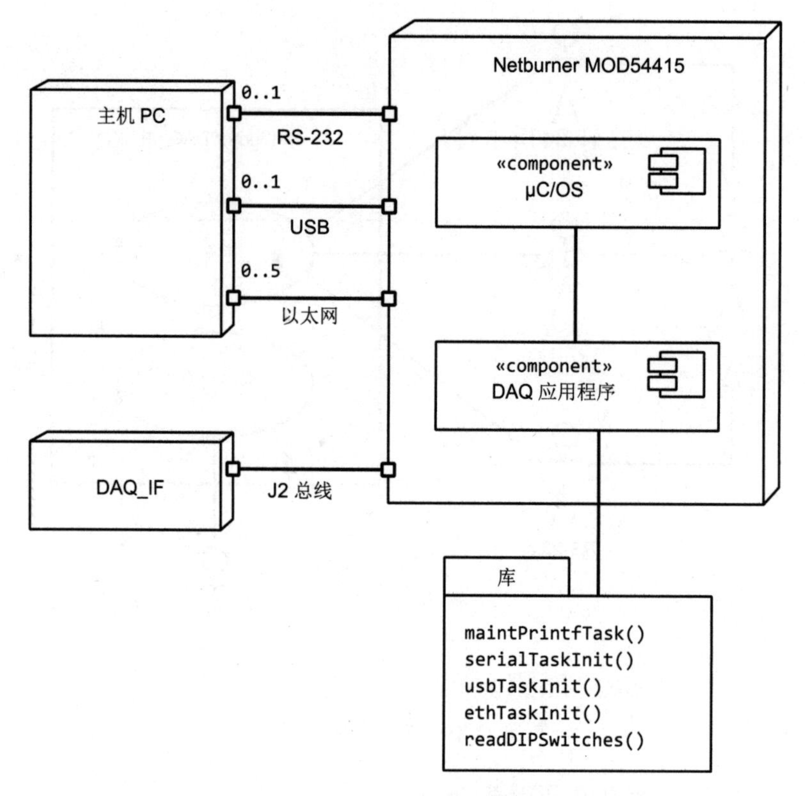

图 11-20　设计覆盖示例

6.3　逻辑观点和数据字典

名称/标签：DAQ_SDD_002

作者：Randall Hyde

使用的设计元素：这个观点使用了一个类图来描述该应用程序的数据存储。

注意：在实际的应用程序中，通过全局变量来保存拨码开关设置，可能比使用一个实际的类更好。

需求/设计关注点：

DAQ_SRS_723_000.2

6.3.1 拨码开关变量

DAQ（拨码开关）应用程序的数据存储要求非常简单，只需要如图 11-21 所示的 12 个全局变量(SDD 文档将它们划分到 *globals* 组中)。

名称	描述
`dipsw_g`	包含拨码开关值的 8 位数组（以字节为单位）
`serialEnable_g`	当启用 RS-232 通信时为 `true`
`USBEnabled_g`	当启用 USB 通信时为 `true`
`ethEnabled_g`	当启用以太网通信时为 `true`
`ethMultClients_g`	如果为 `false`，那么只允许一个以太网客户端；如果为 `true`，则允许 5 个以太网客户端
`ethernetDipSw_g`	在第 0 位保存 `dipsw_g[5]`，在第 1 位保存 `dipsw_g[6]`
`unitTestMode_g`	如果以单元测试模式运行，则为 `true`
`debugMode_g`	如果 `mainPrintf()`函数将输出发送到 COM1:，则为 `true`；如果禁用 `mainPrintf()`，则为 `false`
`ethernetAdrs_g`	保存 IP 地址（192.168.2.70~192.168.2.73）
`maxSockets_g`	根据 `ethEnabled_g` 和 `ethMultClients_g` 的值选择 `0`、`1` 或 `5`
`slots_g`	保存最多 5 个活跃的以太网套接字的文件描述符
`slot_g`	用于在 `slots_g` 中进行索引
`maintPrintfTask()`	启动 `mainPrintf()`任务（处理调试输出）的外部函数
`serialTaskInit()`	启动 RS-232 命令接收任务的外部函数
`usbTaskInit()`	启动 USB 命令接收任务的外部函数
`ethTaskInit()`	启动以太网命令接收任务的外部函数（最多可以同时运行 5 个线程）

6.3.2 设计覆盖

（无）

6.3.3 设计原理

这个逻辑视图使用类图，而不是一组全局变量，仅仅是因为 Netburner 有一个经典的 `read dipswitches` 函数，能够将所有 8 个读数保存到一个 8 位字节（即一个位数组）中返回。因此，将这 8 个值视为一个类的多个字段是有意义的，因为这些属性通常是通过位运算计算出来的。

```
globals
-----------------------------------------
+dipsw_g : boolean[8]
+serialEnable_g : boolean
+USBEnabled_g : boolean
+ethEnabled_g : boolean
+ethMultClients_g : boolean
+ethernetDipSw_g : int
+unitTestMode_g : boolean
+debugMode_g : boolean
+ethernetAdrs_g : string
+maxSockets : int
+slots_g : fileDescriptor[5]
+slot_g : int
-----------------------------------------
+ethernetListenTask( prio:int )
```

```
externals
-----------------------------------------
+maintPrintfTask()
+serialTaskInit( prio:int )
+usbTaskInit( prio: int )
+ethTaskInit( prio: int )
```

图 11-21 DAQ 全局实体

6.4 交互观点和控制流

名称/标签：DAQ_SDD_003

作者：Randall Hyde

使用的设计元素：这个观点使用了一些活动图来展示程序中的控制流（和值计算）。

需求/设计关注点：

DAQ_SRS_702_000
DAQ_SRS_702_001
DAQ_SRS_702_002
DAQ_SRS_703_000
DAQ_SRS_703_001
DAQ_SRS_705_000

DAQ_SRS_705_001
DAQ_SRS_705_002
DAQ_SRS_706_000
DAQ_SRS_706_001
DAQ_SRS_708_000
DAQ_SRS_709_000
DAQ_SRS_710_000
DAQ_SRS_711_000
DAQ_SRS_712_000
DAQ_SRS_716_000
DAQ_SRS_716_001
DAQ_SRS_716_002
DAQ_SRS_716.5_000
DAQ_SRS_717_000
DAQ_SRS_718_000
DAQ_SRS_718_001
DAQ_SRS_719_000
DAQ_SRS_720_000
DAQ_SRS_721_001
DAQ_SRS_721_002
DAQ_SRS_723_000
DAQ_SRS_723_000
DAQ_SRS_723_000
DAQ_SRS_723_000.2
DAQ_SRS_726_000
DAQ_SRS_727_000
DAQ_SRS_728_000
DAQ_SRS_737_000
DAQ_SRS_738_000
DAQ_SRS_738_001

DAQ_SRS_738_002

6.4.1 设计视图

交互观点的设计视图使用 UML 活动图（流程图）来展示应用程序中的控制流，如图 11-22、图 11-23 和图 11-24 所示。

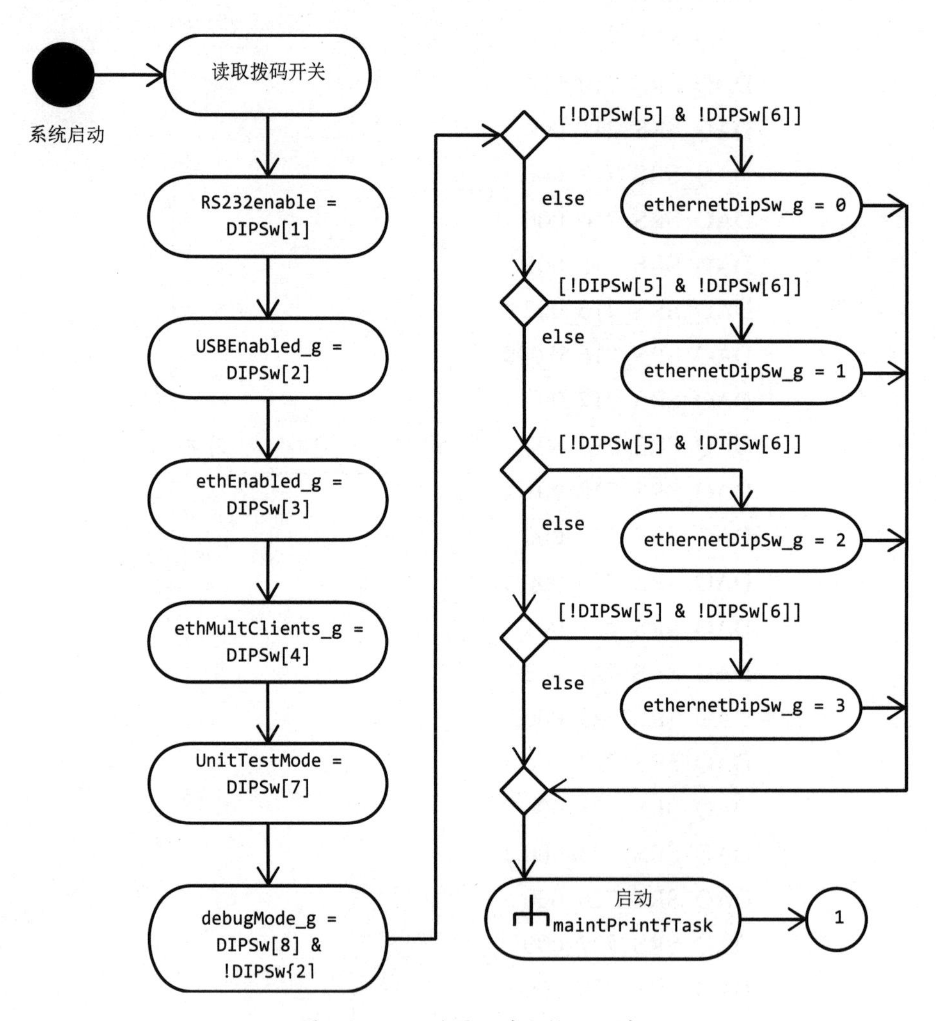

图 11-22 活动图：读取拨码开关

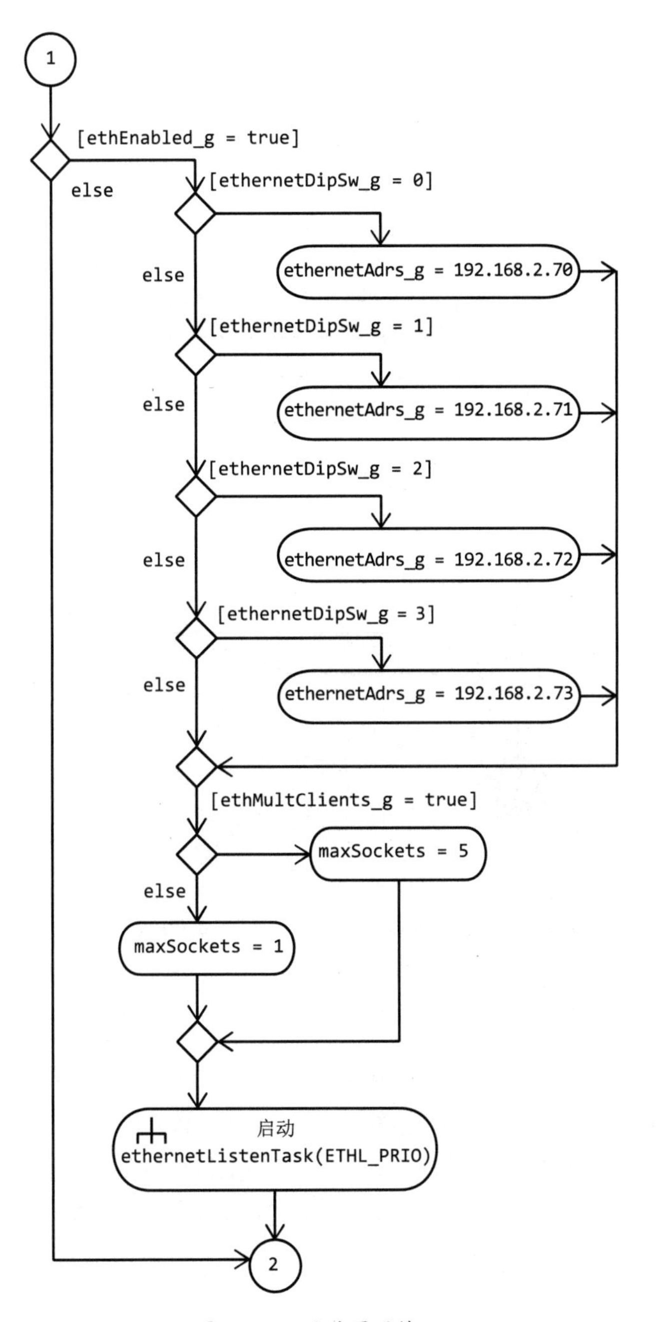

图 11-23 活动图延续 #1

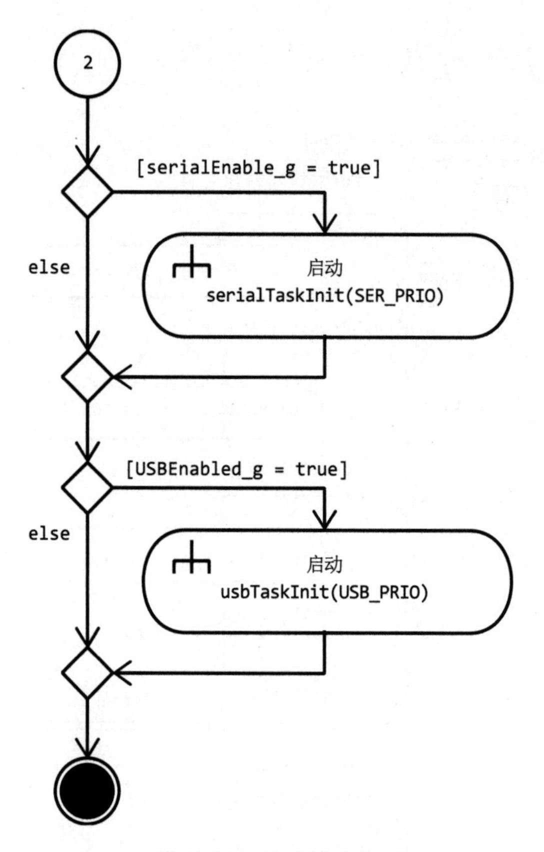

图 11-24　*活动图延续 #2*

`serialTaskInit()`和 `usbTaskInit()`函数属于这个设计外部的库。这些函数会启动一个 `ethernetListenTask` 任务来处理 RS-232 和 USB 端口的通信，如图 11-25 所示。

`ethTaskInit()`函数（也是设计外部的一个库提供的）会一直运行，直到连接的主机终止以太网连接。此时，`ethernetListenTask` 任务会将相应的槽数设置为 `0`，并且终止任务（线程）。如果监听连接断开，那么 `ethernetListenTask` 任务会终止。

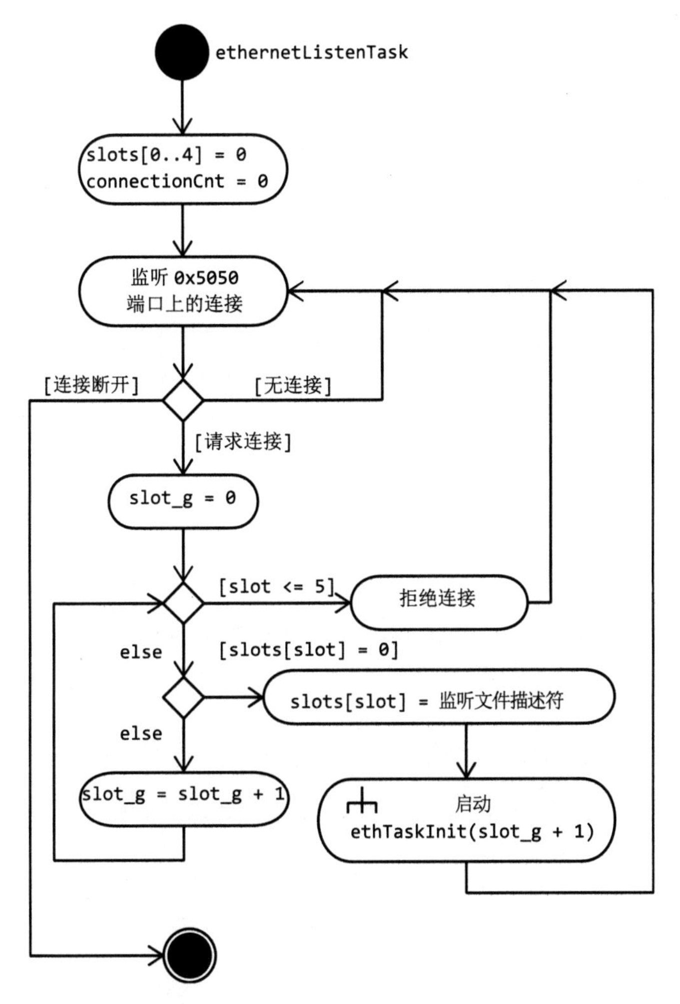

图 11-25 活动图：ethernetListenTask

6.4.2 时序图覆盖

如图 11-26 所示的时序图展示了另一种查看 DAQ 应用程序中线程初始化的方法。

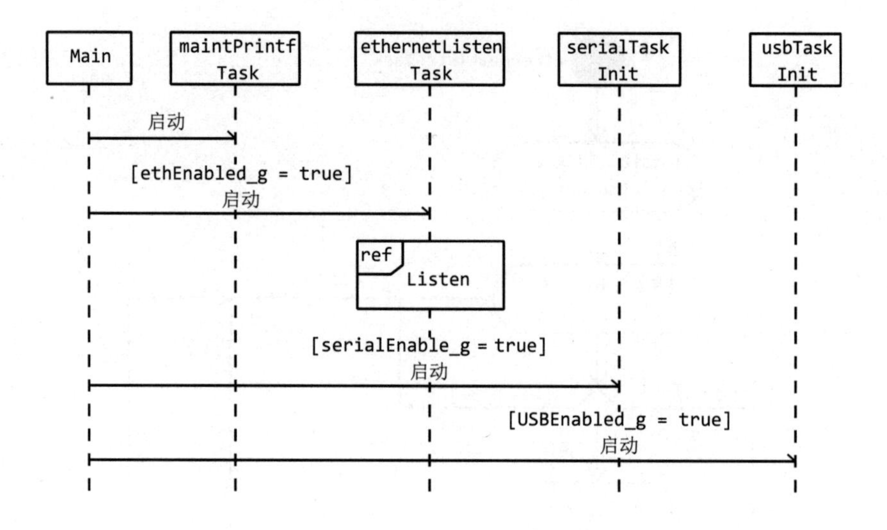

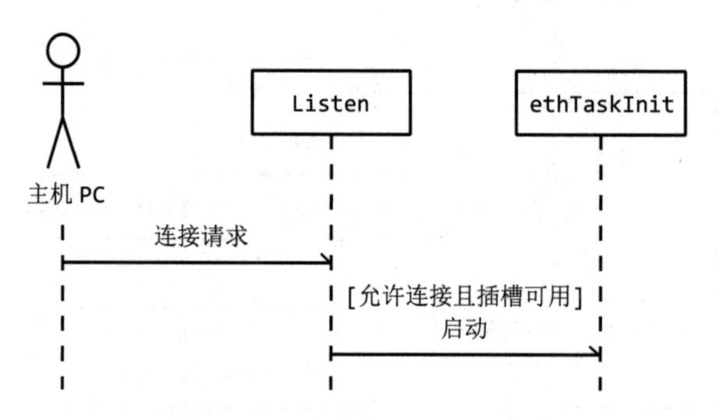

图 11-26　时序图：初始化任务

6.4.3　设计原理

DAQ 拨码开关项目相对简单（这里故意这样做，是为了让 SDD 文档示例的内容不至于太多）。因此，这个设计是一个老式的过程/命令式编程模型（与面向对象的设计相反）。

7　索引

（出于篇幅的考虑，省略）

11.7 用设计信息更新可追溯性矩阵

SDD 文档会向 RTM 文档中添加一个列：SDD 标签列。然而，SDD 标签并不会直接嵌入任何可追溯性信息，因此，你必须从 SDD 文档中提取该信息，才能确定将 SDD 标签放在 RTM 文档的什么位置。

正如 11.2.3.1 节“设计视图和设计观点”中所指出的，SDD 文档中的每个设计观点都必须包含对应的设计关注点和需求信息。在本章中（参见 11.6 节“SDD 文档示例”），我强烈建议你将 SRS 文档中的所有需求都作为观点文档中的设计关注点。如果你已经这样做了，那么你就创建了对需求的反向可追溯性。因此，在 RTM 文档中添加 SDD 标签变得很容易：只需要定位到每个需求标签（在当前观点中列出），然后将该视图的 SDD 标签复制到 RTM 文档中的 SDD 标签列中即可。当然，考虑到一个观点可以对应多个需求，你可能也会有多个相同的 SDD 标签散落在 RTM 文档的各个地方（每个相关的需求都有一个 SDD 标签）。

如果你希望将 SDD 标签追溯到 RTM 文档中的所有需求（无须查找 SDD 文档中的列表），那么只需按照 SDD 标签列对 RTM 文档进行排序即可。这会把所有需求（以及与该 SDD 标签关联的所有其他信息）汇集到矩阵中的一组连续行，便于识别与标签相关的所有信息。

如果你选择使用其他指定设计关注点的方法，但是又没有用到 SRS 标签，那么确定 RTM 文档中 SDD 标签的位置就会成为一个手动（甚至耗费精力）的过程。这就是我强烈建议你在生成设计观点时使用 SRS 标签的原因。由于在生成设计观点时，你必须考虑到所有的需求，因此将这些信息同时汇集到 SDD 文档中是有意义的。

11.8 创建软件设计

本章已经花了相当多的篇幅，讨论如何创建软件设计描述文档。在之前的示例中，实际的设计似乎是凭空而来的。这些设计来源于哪里？如果你正在创建一个新的系统设计，那么你是如何首先想出这个设计的？这就是本系列的下一卷《编程卓越之道（卷 4）：设计卓越的代码》的主题。这一章为那本书奠定了基础。

11.9 获取更多信息

Eric Freeman 和 Elizabeth Robson 编写的 *Head First Design Patterns: A Brain-Friendly Guide*，O'Reilly Media，2004 年。

Erich Gamma 等编写的 *Design Patterns: Elements of Reusable Object-Oriented Software*，Addison-Wesley Professional，1994 年。

IEEE，*IEEE Std 1016-2009: IEEE Standard for Information Technology — Systems Design — Software Design Descriptions*，2009 年 7 月 20 日。（它并不便宜，大约 100 美元，它的措辞恐怕只有律师才会欣赏，不过这是 SDD 文档的黄金标准。）

12

软件测试文档

本章涵盖了软件测试文档的内容，主要关注如何编写软件测试用例（STC）和软件测试过程（STP）文档。正如前面的章节一样，本章的讨论基于 IEEE 标准，尤其是软件和系统测试文档的 IEEE 标准（IEEE Std 829-2008，以及后续的 Std 829[1]）。

12.1 Std 829 中的软件测试文档

Std 829 实际上描述了 STC 和 STP 之上以及它们之外的许多文档，包括：

- 主测试计划（MTP）
- 级别测试计划（LTP）
- 级别测试设计（LTD）
- 级别测试用例（LTC）

---

1 IEEE Std 829-2008 是 IEEE 的一个注册商标。

- 级别测试过程（LTPr）
- 级别测试日志（LTL）
- 异常报告（AR）
- 级别中间测试状态报告（LITSR）
- 级别测试报告（LTR）
- 主测试报告（MTR）

请注意，这些不是实际的文档名，这里的“级别”其实是记录测试软件范围或程度的一个占位符。范围可以指组件或组件集成，适用于整个系统，或者集中在验收阶段。例如，级别测试计划可以指一个组件（或单元）测试计划、组件集成（或简单集成）测试计划、系统（或系统集成）测试计划，或者验收测试计划。

注意：我们会在 12.1.3 节“软件开发测试级别”中对测试级别做进一步的解释。

总的来说，Std 829 定义了 31 种不同的文档类型，但是以上这些是主要的文档。这些文档的大多数是为了支持软件管理活动。因为这是一本关于个人软件工程，而不是软件项目管理的书，所以本章不会详细讨论其中的大部分内容。相反，我们将集中介绍那些与实际软件测试相关的级别测试文档，具体来说，包括级别测试用例、级别测试过程、级别测试日志和异常报告文档。我们将涵盖所有 4 个级别的分类，包括组件、组件集成、系统和验收，其中后两个是本章使用的主要测试文档。级别测试文档之间的差异相对较小，因此本章会使用前面提到的伞形名称：软件测试用例和软件测试过程。不过，请记住，虽然这些都是常见的软件工程术语，但是 Std 829 仅涉及级别测试文档。

12.1.1 流程支持

虽然这一章的重点是软件测试，但是 Std 829 用更通用的术语描述了测试流程。特别是，测试流程还负责开发过程中每个文档的验证和确认。具体来说，这意味着测试流程会测试文档和实际的软件。

对于 SyRS 和 SRS 文档，验证步骤要确保需求可以实际满足客户的需要（仅仅是满足客户的需要，而不是夸大其词）。对于 SDD 文档，验证步骤要确保 SDD 可以涵盖所有的需求。对于 STC 文档，验证步骤要确保每个需求都有一个或多个测试用例来测试。对于 STP 文档，验证步骤要确保整个测试过程可以覆盖所有的测试用例。

除文档之外，Std 829 还讨论了验证采购（例如，购买第三方库和计算型硬件）、管理请求建议（RFP，Requests for Proposals），以及许多其他活动的测试过程。这些测试活动非常重要。但是，正如前面所提到的，这些活动主要是管理活动，而不是软件开发活动，因此这里只简单地提一下它们。

Std 829 指出，测试需要支持管理、采购、供应、开发、运行和维护等环节。本章将集中讨论开发和运行过程（以及维护环节，它在很大程度上也是开发和运行过程的一个迭代）。关于其他环节的详细信息，请参见 Std 829、IEEE/EIA Std 12207.0-1996 [B21]和 ISO-IEC-IEEE-29148-2011。

注意，Std 829 允许你合并和省略一些测试文档。这意味着你可能只有一个文档，但仍然符合 Std 829。实际上，最终创建的文档数量取决于项目的大小（大型项目需要更多的文档）和预期的周转时间（快速交付的项目需要更少的文档）。

12.1.2 完整性级别和风险评估

Std 829 定义了 4 个*完整性级别*，它们分别描述了软件对于风险的重要性或敏感性：

灾难级（级别 4） 这个级别意味着软件必须正确运行，否则可能发生灾难性的事情（例如，死亡、对系统造成不可修复的损害、环境破坏或者巨大的经济损失）。对于灾难性的系统故障，没有替代的解决方案。由软件控制的自动驾驶汽车出现刹车故障就是一个例子。

严重级（级别 3） 这个级别意味着软件必须正确运行，否则可能会出现严重的问题，包括永久性伤害、主要性能退化、环境破坏或者经济损失。对于严重级别的系统故障，可能会有部分解决方法。自动驾驶汽车的传动控制软件无法切换到二档就是一个例子。

不重要级（级别 2） 这个级别意味着软件必须正确运行，否则可能会产生（轻微的）不正确的结果，并丢失一些功能。这种问题很有可能存在解决方法。继续以自动驾驶汽车为例，软件故障导致信息娱乐中心无法正常使用，这是一个不重要级别的问题。

可忽略级（级别 1） 这个级别意味着软件必须正确运行，否则系统可能无法提供一些次要的功能（或者软件可能不像它应该的那样“出色”）。可忽略级别的问题通常不需要解决，可以安全地忽略它们，直到有更新。自动驾驶汽车娱乐中心触摸屏上的拼写错误就是一个例子。

级别越高，测试过程越重要。也就是说，级别 4（灾难级）的项目比级别 1（可忽略级）的项目需要更高质量和更大量的测试。因此，完整性级别就成为决定测试用例的数量、质量和深度的基础。对于程序中的某个功能，如果出现故障，可能会导致灾难性的结果，那么你就需要相当数量的测试用例，深入地测试该功能。对于可忽略潜在问题的功能，你可能不需要提供任何测试用例，或者只需要非常简单的测试（例如，粗略检查一遍）[1]。

风险评估是一种试图确定系统中可能发生故障的位置、预期故障频率和相关成本的方法。因为风险评估本质上是可预测的（这意味着它不会是完美的），所以你可以用来识别程序更容易出现问题的地方（例如，复杂的代码、由缺少经验的工程师开发的代码、来自互联网上某些开源框架的可疑代码，以及使用了不了解的算法的代码）。如果将这些问题的可能性划分为很可能的、有可能的、偶然的或者不太可能的，那么你就可以更好地识别哪些代码需要更加严格的测试（反过来，你也可以知道哪些代码只需要最少的测试）。

你可以将完整性级别和风险评估级别组合成一个矩阵，生成风险评估方案，如表 12-1 所示。在本例中，值 4 表示非常重要，值 1 表示根本不重要。

表 12-1 风险评估方案

后果	可能性			
	很可能的	有可能的	偶然的	不太可能的
灾难级	4	4	3.5	3

1 根本没有任何测试用例似乎很奇怪。但是，请记住，太多琐碎的测试用例会使测试过程变得冗长和昂贵，从而导致花在测试系统真正重要功能上的时间太少。

续表

后果	可能性			
	很可能的	有可能的	偶然的	不太可能的
严重级	4	3.5	3	2.5
不重要级	3	2.5	1.5	1
可忽略级	2	1.5	1	1

Std 829 没有强制要求在测试文档中使用完整性级别，或者风险评估方案，尽管它确实认为这是最佳实践。如果你确实要使用某个完整性级别，那么 Std 829 并不要求你使用 IEEE 推荐的方案（例如，你可以使用粒度更细的完整性级别，其值从 1 到 10）。但是，如果你一定要使用自定义的完整性级别，那么建议你将自己的完整性级别与 IEEE 推荐的级别做一个映射，以便读者可以轻松地比较它们。

12.1.3 软件开发测试级别

此外，与刚才介绍的完整性级别相对应，IEEE 还定义了 4 个测试级别，每一个级别通常都用来描述软件测试的范围或者程度。

组件（也被称为单元）[1]测试 这个级别用来处理底层代码中的子程序、函数和模块。例如，单元测试包括测试单独的函数，以及独立的小型程序单元。

组件集成（也被简单地称为集成）测试 在这个级别中，你开始将独立的单元组合在一起以形成更大的系统部分，尽管不一定是整个系统。例如，当你组合（预测试）多个单元以查看它们是否配合良好（即它们之间是否传递了合适的参数、返回了合适的函数结果等）时，就会执行集成测试。

系统（也被称为系统集成）测试 这个级别是集成测试的最终形式——你已经将所有的程序单元集成在一起，形成了完整的系统。单元测试、集成测试和系统集成测试，通常是开发人员在对外发布完整的系统之前要执行的所有测试。

验收（包括工厂验收和现场验收）测试 验收测试（AT）是开发完成之后的一

1 括号中的名称不是 IEEE Std 829-2008 的一部分。不过，它们都是常见的行业名称。

个阶段。顾名思义，它指的是客户如何确定系统是否是可接受的。根据系统的不同，可能会有几种不同的验收测试。*工厂验收测试*（Factory Acceptance Testing，FAT）是在离开制造商（通常是工厂，也因此得名）之前对系统进行的测试。即使产品是纯软件，也可以对它进行工厂验收测试，即客户代表在软件开发团队的陪同下测试软件。如果客户在 FAT 过程中发现了一些小错误，那么开发团队就可以对系统进行快速修改。

当系统安装完成后，需要在客户的现场进行*现场验收测试*（Site Acceptance Test，SAT）。对于基于硬件的系统来说，这可以确保硬件安装正确，软件按照预期运行。对于纯软件系统来说，SAT 提供了最后的检查机会（在可能的 AT 或 FAT 之后），来确定最终用户是否可以使用该软件。

12.2 测试计划

软件测试计划是描述与测试流程相关的范围、组织和活动的文档。它是对如何进行测试、测试所需的资源、测试时间进度表、测试必备工具和测试目标的一个管理性概况。本章不会详细介绍测试计划，因为它超出了本书的范围；但是，以下章节将提供 IEEE Std 829-2008 中的大纲作为参考。有关测试计划的更多细节，请参阅 Std 829。

12.2.1 主测试计划

主测试计划（Master Test Plan，MTP）是一个组织内的顶级管理文档，用来跟踪整个项目（或者一组项目）的测试过程。软件工程师很少直接参与 MTP 的编写，它在很大程度上是一个伞形文档，由 QA（质量保证）部门来跟踪项目的质量方面。项目经理或项目负责人可能会知道 MTP，并且可能会在计划安排和开发资源方面提出意见，但是开发团队很少会看到 MTP，除非是顺便看到的。

以下大纲来自 IEEE Std 829-2008 的第 8 节（使用 IEEE 的章节编号）：

1 介绍

  1.1 文档标识符

1.2 范围

1.3 参考资料

1.4 系统简介及关键功能

1.5 测试概述

1.5.1 组织

1.5.2 主测试计划

1.5.3 完整性级别模式

1.5.4 资源汇总

1.5.5 责任

1.5.6 工具、技术、方法和度量标准

2 主测试计划的详细信息

2.1 测试过程，包括测试级别的定义

2.1.1 过程：管理

2.1.1.1 活动：测试工作管理

2.1.2 过程：采购

2.1.2.1 活动：采购支持测试

2.1.3 过程：供应

2.1.3.1 活动：计划测试

2.1.4 过程：开发

2.1.4.1 活动：概念

2.1.4.2 活动：需求

2.1.4.3 活动：设计

2.1.4.4 活动：实现

2.1.4.5 活动：测试

2.1.4.6 活动：安装/校验

2.1.5 过程：运行

2.1.5.1 活动：运行测试

2.1.6 过程：维护

2.1.6.1 活动：维护测试

2.2 测试文档需求

2.3　测试管理需求

2.4　测试报告需求

3　其他

3.1　术语表

3.2　文档变更过程和变更历史

这些章节中包含了 IEEE 文档中常见的一些信息（例如，参考前面章节中的 SRS 和 SDD 文档示例）。由于有关 MTP 的介绍超出了本章内容的范围，该大纲中每个章节的具体描述请参考 Std 829。

12.2.2　级别测试计划

级别测试计划（Level Test Plan，LTP）指的是一组基于开发状态的测试计划。本章前面提到，每个文档通常都描述了软件测试的相关范围或者程度：组件测试计划［又称单元测试计划（UTP）］、组件集成测试计划［又称集成测试计划（ITP）］、系统测试计划［又称系统集成测试计划（SITP）］，以及验收测试计划［ATP；可能包括工厂验收测试计划（FATP）或现场验收测试计划（SATP）］[1]。

LTP 也包括一些管理性的 QA 文档，但是开发团队（甚至是软件工程师）经常会更改和使用它们，因为这些文档引用了软件设计的详细功能。这些测试计划并不是指导性的文档，也就是说，软件工程师在实际测试软件时，并不一定要参考这些文档，但是如果没有开发团队的反馈，那么这些文档也无法创建。与 MTP 一样，LTP 为创建测试用例和测试过程文档（这些是开发和测试团队主要感兴趣的文档）提供了路线图，并简要描述了如何执行测试。对于关注质量的外部组织[2]而言，LTP 提供了一个了解测试过程的高层视角。

以下是来自 Std 829 的 LTP 大纲：

1　介绍

1　括号中的名称是这些测试计划的常见名称，这些名称不是来自 Std 829 的。

2　关于这类外部组织一个很好的例子是核管理委员会（NRC），这是一家位于美国的政府机构，负责为商业核反应堆颁发许可证。

- 1.1 文档标识符
- 1.2 范围
- 1.3 参考资料
- 1.4 整体级别顺序
- 1.5 测试类和总体测试条件

2 该级别测试计划的详细信息

- 2.1 测试项及其标识
- 2.2 测试可追溯性矩阵
- 2.3 待测试的功能
- 2.4 不需要测试的功能
- 2.5 测试方法
- 2.6 测试项通过/不通过的标准
- 2.7 暂停标准和恢复要求
- 2.8 测试交付

3 测试管理

- 3.1 计划的活动和任务；测试进展
- 3.2 测试环境/基础设施
- 3.3 职责和权限
- 3.4 测试相关方之间的接口
- 3.5 资源及其分配
- 3.6 培训
- 3.7 进度、概算和费用
- 3.8 风险和偶然性

4 其他

- 4.1 质量保证程序
- 4.2 指标
- 4.3 测试覆盖率
- 4.4 术语表
- 4.5 文档变更过程和变更历史

你可能会注意到，LTP 和 MTP 的内容之间有相当多的重复。Std 829 指出，如果要复制其他测试计划中的信息，那么只需要引用相关的文档，而不需要复制 LTP（或者 MTP）中的信息。例如，你可能有一个全面的反向可追溯性矩阵（RTM），包括所有测试的可跟踪来源。那么，你不必复制 LTP 的 2.2 节中的可追溯信息，只需要引用包含该信息的 RTM 文档即可。

12.2.3 级别测试设计文档

正如其名所示，*级别测试设计*（LTD）文档描述了测试的设计。同样，LTD 文档也有 4 种类型，每种都描述了软件测试的范围或者程度，包括组件测试设计［又称单元测试设计（UTD）］、组件集成测试设计［又称集成测试设计（ITD）］、系统测试设计［又称系统集成测试设计（SITD）］和验收测试设计［ATD；可能包括工厂验收测试设计（FATD）和现场验收测试设计（SATD）］。

LTD 文档的主要目的是将在整个测试过程中会重复使用的公共信息汇集到一个地方。这意味着该文档可以很容易地与测试过程文档合并（代价是该文档中会出现一些重复）。本书将采用这种方法，将测试设计的相关内容直接合并到测试用例和测试过程文档中[1]。出于这个原因，本节将只提供 IEEE 推荐的大纲，但是没有额外的注释，并且省略了 STC 和 STP 文档的细节。

1 介绍
 1.1 文档标识符
 1.2 范围
 1.3 参考资料
2 详细的级别测试设计
 2.1 待测试的功能
 2.2 方法改进
 2.3 测试标识

1 即使以维护重复信息为代价（并且可能引入不一致性），我个人也依然更喜欢这种方法，因为这样文档是自包含的（特别是测试过程文档）。在测试过程中，我不希望不断地引用不同的文档，因为这样会降低测试的速度，也会导致在测试过程中出现错误。

2.4 功能通过/不通过的标准

2.5 测试交付

3 其他

3.1 术语表

3.2 文档变更过程和变更历史

12.3 软件审查列表文档

当你从需求开始构建 RTM 文档时，通常会创建一个测试/验证类型列。通常，一个软件需求会有两种关联的验证类型：T（用于测试）和 R（用于审查）[1]。标记为 T 的需求需要有相关的测试用例和测试过程（请参阅 10.9 节“用需求信息更新可追溯性矩阵”，来获得创建测试用例的详细信息），对标记为 R 的需求则需要进行审查。本节描述了如何创建一个软件审查列表（SRL）文档来跟踪对系统（通常是源代码）的审查，从而验证这些需求。

SRL 是一个相对简单的文档。该文档的核心只是一个项目列表，用来审查每个项目并确认软件正确地支持了相关需求。

理论上，你可以创建 4 个不同级别的审查列表文档：组件、组件集成、系统和验收（与其他 Std 829 级别文档一样）。然而，在现实中，有一个适合系统（集成）和验收使用的 SRL 文档就足够了。

> **注意**：SRL 文档不是 Std 829（或者任何其他 IEEE 标准文档）的一部分。Std 829 允许你将该文档作为验证包的一部分使用，但是本节中提供的格式不是来自 IEEE 的。

1 还有其他验证类型，但是我们这里忽略它们。如果你曾经用过这些类型（通常用于硬件，而软件可能会用到分析、其他、没有测试等类型），那么不得不创建一个文档，来证明或者描述如何验证相关需求。

12.3.1 SRL 大纲示例

虽然 SRL 不是一个标准的 IEEE 文档，但是它的大纲与 IEEE 推荐的 SRS、STC 和 STP 文档格式有些相似：

1 介绍（每个文档一个）
  1.1 文档标识符
  1.2 文档变更过程和变更历史
  1.3 范围
  1.4 目标受众
  1.5 定义、缩略语和缩写
  1.6 参考资料
  1.7 描述符号
2 系统总体描述
3 检查清单（每个检查项一个）
  3.1 审查标识符（标签）
  3.2 对待审查项的讨论

12.3.2 SRL 文档示例

这个 SRL 文档示例会继续使用前面章节中的 DAQ 拨码开关项目。具体来说，这个 SRL 文档是基于 10.8 节“（从 SRS 中选择的）DAQ 软件需求”和 10.9.1 节“通过审查验证的需求”中描述的验证类型的。

1 介绍

这个软件审查列表提供了一个软件审查清单，用来验证通过审查的 DAQ 系统需求。

1.1 文档标识符

DAQ_SRL v1.0

1.2 文档变更过程和变更历史

这里应该包括所有的修订版本，同时注明日期和版本号。

2018年3月23日，版本10

1.3 范围

这个SRL文档会处理DAQ拨码开关项目中的需求，对于这些需求，创建一个正式的测试过程是困难的（或者在成本上无法接受），但是可以很容易地通过审查源代码和源代码构建系统来验证需求的正确性。

1.4 目标受众

这个SRL文档的普通受众包括：

本文档主要是为那些测试/审查DAQ拨码开关项目的人准备的。项目管理人员和开发团队也可能希望审查此文档。

这个SRL文档的真实受众包括：

本文档是为《编程卓越之道》第3卷的读者准备的。它提供了一个SRL文档示例，可以用作创建SRL文档时的模板。

1.5 定义、缩略语和缩写

DAQ：数据采集系统

DIP：双列直插封装

SDD：软件设计文档

SRL：软件审查列表

SRS：软件需求规范

1.6 参考资料

SDD：IEEE Std 1016-2009

SRS：IEEE Std 830-1998

STC/STP：IEEE Std 829-2008

1.7 描述符号

本文档中的审查标识符（标签）应采用如下格式：

DAQ_SR_*xxx_yyy_zzz*

其中，*xxx_yyy* 是来自对应需求（例如，DAQ_SRS_*xxx_yyy*）的一个数值字符串（可能是十进制形式的），*zzz* 是一个数字序列（可能是十进制形式的），它是整个序列的唯一标识符。注意，SRL 标签中的 *zzz* 值通常从 000 或 001 开始编号，并且对于共享同一个 *xxx_yyy* 字符串的每个审查项，通常会增加 1。

2 系统总体描述

DAQ 拨码开关系统背后的目的是在通电时初始化 DAQ 系统。DAQ 拨码开关系统是 Plantation Productions 公司 DAQ 系统的一个功能子集，本书中用它作为例子。

3 检查清单

在审查过程中，需要对下列每一项进行检查。

3.1 DAQ_SR_700_000_000

验证代码是为 Netburner MOD54415 评估板编写的。

3.2 DAQ_SR_700_000.01_000.1

验证代码是为 μC/OS 编写的。

3.3 DAQ_SR_702_001_000

验证软件是否可以创建一个单独的任务来处理串行端口命令。

3.4 DAQ_SR_702_002_000

验证串行任务的优先级低于 USB 和以太网任务的优先级（注意，优先级编号越高，优先级越低）。

3.5 DAQ_SR_703_001_000

与 DAQ_SRS_702_001 相同，但如果将拨码开关 1 置于 OFF 位置，则不启动 RS-232 任务。

3.6 DAQ_SR_705_001_000

验证软件是否可以创建一个单独的任务来处理 USB 端口命令。

3.7 DAQ_SR_705_002_000

验证 USB 任务的优先级高于以太网和串行协议任务的优先级。

3.8 DAQ_SR_706_001_000

验证如果将拨码开关 2 置于 OFF 位置，则软件不会启动 USB 任务。

3.9 DAQ_SR_716_001_000

验证只有启用了以太网通信，才能启动以太网监听任务。

3.10 DAQ_SR_716_002_000

验证以太网监听任务的优先级低于 USB 任务的优先级，但是高于串行任务的优先级。

3.11 DAQ_SR_719_000_000

验证软件是否可以根据拨码开关 7 的设置，将单元测试模式设置为 ON。

3.12 DAQ_SR_720_000_000

验证软件是否可以根据拨码开关 7 的设置，将单元测试模式设置为 OFF。

3.13 DAQ_SR_723_000_000

验证软件是否可以提供读取拨码开关的功能。

3.14 DAQ_SR_723_000.01_000

验证系统是否可以使用拨码开关读数，在启动时初始化 RS-232（串行）、USB、以太网、单元测试模式和调试模式。

3.15 DAQ_SR_723_000.02_000

验证启动代码是否存储了拨码开关读数，以供软件以后使用。

3.16 DAQ_SR_725_000_000

验证当从 USB、RS-232 和以太网端口接收到完整的文本行时，命令处理程序可以正确地响应命令。

3.17 DAQ_SR_738_001_000

验证系统是否启动了一个新的进程（任务）来处理每个新连接到以太网端口的命令。

3.18 DAQ_SR_738_002_000

验证以太网命令处理任务的优先级，应该在以太网监听任务和 USB 命令任务的优先级之间。

12.3.3 将 SRL 项添加到可追溯性矩阵中

一旦你创建了 SRL 文档，就需要将所有的 SR 标签添加到 RTM 文档中，以便可以从审查项追溯到相应的需求，以及 RTM 文档中的其他所有内容。要做到这一点，只需要定位到与每个审查项标签相关的需求（如果你使用了本章推荐的标签编号方法，那么这会非常简单，因为 SRS 标签编号已经被合并到 SRL 标签编号中），并将 SRL 标签添加到 RTM 文档中与需求所在行对应的适当列中。

当你同时拥有 SRL 和 STC 文档时，实际上就没有必要再在 RTM 文档中为它们创建单独的列了，因为它们之间是互斥的，可以用标签来区分它们（请参考 10.4.5 节“软件需求规范示例”，来了解有关这一点的更多详细信息）。

12.4 软件测试用例文档

对于 RTM 文档中需求验证类型为 T 的每一项，你都需要创建一个软件测试用例。软件测试用例（STC）文档是放置实际测试用例的地方。

与所有 Std 829 级别文档一样，在级别测试用例文档中有 4 个级别。“软件测试用例”这个术语一般指其中的任何一个级别。正如本章前面所提到的，这实际上是一组测试用例，其中每个文档都描述了所记录的软件测试的范围或程度，例如，组件测试用例［又称单元测试用例（UTC）］、组件集成测试用例［又称集成测试用例（ITC）］、系统测试用例［又称系统集成测试用例（SITC）］，以及验收测试用例［ATC；可能包括工厂验收测试用例（FATC）和现场验收测试用例（SATC）］[1]。

STC 文档中列出了项目中所有单独的测试用例。以下是 Std 829 中对级别测试用例文档定义的内容大纲：

1　与之前一样，我在括号中给出了常见的（非 IEEE 标准的）名称。

1 介绍（每个文档一个）

1.1 文档标识符

1.2 范围

1.3 参考资料

1.4 背景

1.5 描述符号

2 详细说明（每个测试用例一个）

2.1 测试用例标识符

2.2 目标

2.3 输入

2.4 结果

2.5 环境需求

2.6 特殊的程序要求

2.7 依赖其他测试用例

3 其他（每个文档一个）

3.1 术语表

3.2 文档变更过程和变更历史

在日常实践中，单元测试用例和集成测试用例经常会被合并到一个文档中（两者之间的区别通常体现在测试过程的级别上）。一般情况下，你会基于源代码和 SDD 文档来开发 UTC 和 ITC（请参考图 12-1，它是图 9-1 的一个扩展）。

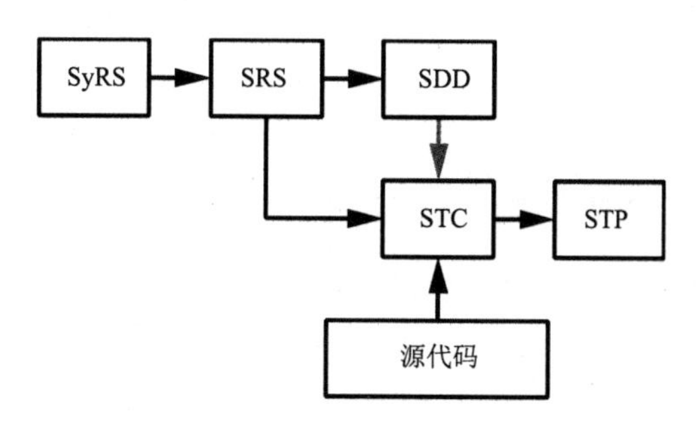

图 12-1 单元测试用例和集成测试用例的来源

通常，UTC 和 ITC（以及测试过程）文档是作为软件，而不是作为自然语言性质的文档存在的。通过一个自动化测试过程来运行所有的单元测试和集成测试，是软件工程的一种最佳实践。通过这种方式，你可以显著缩短运行测试所需的时间，以及减少在手动执行的测试过程中引入的人为错误[1]。

遗憾的是，不可能为每个测试用例都创建自动化测试，因此，你通常会有一个UTC/ITC文档，其中（至少）包括你必须手动执行的那些测试用例。

许多组织，尤其是那些采用敏捷开发模型和测试驱动开发（TDD）的组织，都已经放弃了编写正式的UTC和ITC文档。在这种情况下，非正式的文档编写过程和自动化测试过程更为常见，因为对创建和（特别是）维护文档的成本很快就会失去控制。只要开发团队能够提供一些文档，说明他们正在执行一组固定的单元/集成测试（也就是说，他们不是在做一些临时的、“凭直觉”的测试，从而导致每次测试运行时可能都会有所不同），更大的组织就会倾向于不编写这些文档。

无论测试是正式的、非正式的还是自动化的，拥有一个可重复的测试过程都至关重要。回归测试尤其需要一个可重复的测试过程，因为当你对代码进行了更改之后，它需要检查是否有功能被破坏或者受到影响。因此，你需要某些测试用例来确保可重复测试。

对于单元/集成测试，所生成的测试数据将包括黑盒测试和白盒测试生成的测试数据。黑盒测试数据一般来自系统需求（SyRS和SRS文档）。在创建系统的输入测试数据时，你只会考虑系统的功能（由需求提供）。另一方面，当生成白盒测试数据时，你需要分析软件的源代码。例如，为了确保在测试期间至少把程序中的每条语句都执行一遍，即实现100%的代码覆盖率，你需要仔细分析源代码，因此，这是一种白盒测试数据生成技术。

注意：《编程卓越之道（卷6）：测试、调试和质量保证》一书将更加详细地介绍生成白盒测试数据和黑盒测试数据的技术。

一旦到了系统集成测试或者（甚至更重要的）验收测试的级别，测试用例的正

---

1 但是，请记住，创建自动化测试过程可能会很昂贵，并且你必须验证所生成的代码，以确保它正确执行了所有测试。从长远来看，自动化测试过程往往是经济高效的，因为在所有项目（除了最小项目）中，你会在开发过程中多次重新运行测试过程。

式文档就变成强制性的。如果你为某个客户定制了一个系统，或者你的软件受到监管或法律限制（比如可能会危及生命的自动驾驶车辆），那么你可能不得不说服一些监督组织，并且需要尽最大努力来测试和证明系统满足其需求。这就需要 Std 829 所推荐的正式文档[1]。出于这个原因，大多数 SITC 和 ATC 文档可以直接从需求生成它们的用例（参考图 12-2）。因此，让我们回到对级别测试用例文档的讨论中（参见本节开始的内容大纲）。

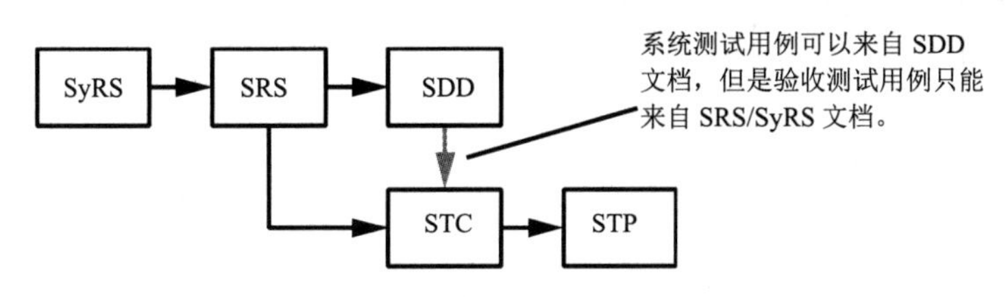

图 12-2　SITC 和 ATC 文档的来源

通常，（F）ATC 文档只是 SITC 文档的一个子集（如果你有 FATC 文档和 SATC 文档，那么 SATC 文档通常是 FATC 文档的一个子集）。SITC 文档会包含每个需求的测试用例。在 ATC 文档中，系统架构师可能会合并或删除多余的测试用例，或者是客户和最终用户不感兴趣的测试用例。

12.4.1　STC 文档中的介绍

STC（或者其他任何的级别测试用例）文档中的“介绍”一节应该包括以下信息。

12.4.1.1　文档标识符

文档标识符应该是某种唯一的名称/编号，并且应该包括发布日期、作者身份、状态（例如，草稿或者最终稿）、批准签名，可能还有版本号。文档标识符必须有一个 ID 名称/编号，以便在其他文档（例如，STP 和 RTM 文档）中引用。

1　即使你的系统不会对生命造成威胁，或者出现故障后也不会导致灾难性的后果，拥有正式的 SITC 和 ATC 文档也可以帮助你避免交付劣质的产品。至少，卓越的代码应该是根据正式的测试用例/测试过程文档，按照正式的测试流程验证过的。

12.4.1.2 范围

本节总结了软件系统和要测试的功能。

12.4.1.3 参考资料

本节应该提供与 STC 文档有关的所有参考文档，包括内部和外部的文档。内部的参考文档通常包括 SyRS、SRS、SDD、RTM 和（如果存在的话）MTP 等文档。外部的参考文档包括如 IEEE Std 829-2008 等标准文档，以及任何可能适用的监管或法律文档。

12.4.1.4 背景

在这一节中，你需要为测试用例提供任何其他文档中没有的背景信息。这可能包括指定的自动测试生成软件，或者用来生成、评估测试用例的互联网工具。

12.4.1.5 描述符号

这一节应该描述在测试用例中使用的标签（标识符）。例如，本章使用的标签格式为 *proj*_STC_*xxx*_*yyy*_*zzz*，因此，STC 文档的本节内容会解释标签格式的意义，以及如何生成 STC 标签。

12.4.2 详细说明

你可以对 STC 文档中的每个测试用例重复以下内容。

12.4.2.1 测试用例标识符

测试用例标识符是与特定测试用例关联的标签。例如，本书使用的标签格式为 DAQ_STC_002_000_001，其中 DAQ 是项目 ID（用于 DAQ 拨码开关项目），002_000 是来自 SRS 文档的需求标签，001 是一个与具体测试用例有关的值，这就使得这个标签在所有标签中是唯一的。前几章中的泳池监控器（SPM）项目可能会在 STC 文档中使用类似于 POOL_STC_002_001 的标签。Std 829 没有要求必须使用这种标签格式，只是要求所有测试用例的标签都是唯一的。

12.4.2.2 目标

这一节简要描述了某个特定测试用例的重点或者目标（注意，一组测试用例可以有相同的目标，在这种情况下，这里可以直接引用其他测试用例的目标）。如果需要，那么这里是描述风险评估和完整性级别信息的好地方。

12.4.2.3 输入

这一节列出了测试人员执行该测试用例所需的全部输入数据，以及它们之间的关系（例如时间、顺序等方面）。有些输入可能是精确的，有些输入可能是近似的，在这种情况下，你必须为输入数据提供一定的容忍度。如果输入数据集很大，则可以直接引用一个输入文件、数据库，或者其他可以提供测试数据的输入流[1]。

12.4.2.4 结果

这一节会列出所有预期的输出数据值和行为，例如，响应时间、定时关系和输出数据的顺序。如果可能的话，测试用例应该提供精确的输出数据值；如果你只能提供大致的数据值，那么测试用例还必须提供允许误差。如果输出流很大，那么可以引用外部提供的文件或者数据库。

如果测试就是要验证程序在运行时没有崩溃，那么这种自我验证是不用写在测试用例里的。

12.4.2.5 环境需求

这一节会描述测试所需的软件或者数据，比如已知的数据库。这里还可以描述 URL 引用的任何互联网站点，而且这些站点必须是活动的，以便能够执行测试用例。这也可能包括任何特殊的能源需求，例如，在测试电源故障之前，UPS 需要完全充满电，或者还可能包括其他条件，例如，在对 SPM 系统进行测试之前，泳池应当已经注满了水。

---

1 注意，测试运行必须有可重复的输出。因此，随机的输入数据很少会作为输入数据流，除非你测试的是不依赖于任何特定输入数据集的输入的平均响应。

12.4.2.5.1 硬件环境需求

这一节会列出运行测试所需的任何硬件资源，并指定其配置信息。这里还可以指定任何特定的硬件，比如用于测试的测试夹具（test fixture）。例如，SPM 系统的测试夹具可能是一个装满 5 加仑水的水桶，以及一个连接到 SPM 进水阀（它是 SPM 系统的一部分）的软管。

12.4.2.5.2 软件环境需求

这一节会列出运行测试所需的所有软件（及其版本/配置）。这可能包括操作系统/设备驱动程序、动态链接库、模拟器、代码脚手架（如代码驱动程序）[1]和测试工具。

12.4.2.5.3 其他环境需求

这一节包罗万象，允许你添加诸如配置细节，或者任何需要写入文档中的信息。例如，对于在指定日期或时间进行的测试，你需要考虑夏令时的时间变化，每天测试结果的时间可能会是 23 或 25 小时，诸如此类。

12.4.2.6 特殊的程序要求

这一节会列出测试用例的任何例外条件或者约束，还可以包括任何特殊的前置条件或者后置条件。例如，测试 SPM 程序能否正确响应泳池低水位的一个前置条件是，水位要低于所有三个低水位传感器的读数。这一节还应该列出任何的后置条件，例如，水桶必须没有水溢出。如果你使用的是自动化测试过程，那么此处可以指定使用何种工具，以及如何用来测试。

请注意，这一节不应该重复出现测试过程中已有的步骤。相反，它应该为如何正确编写测试过程中的步骤提供指导。

12.4.2.7 依赖其他测试用例

这一节应该列出（通过标签标识符）在当前测试之前必须立即执行的任何测试用例，以便在执行当前测试之前，确保已经满足适当的系统状态条件。Std 829 建议，

---

1 《编程卓越之道》第 6 卷将详细介绍代码脚手架和驱动程序。

按照执行顺序对测试用例进行排序，可以减少声明用例之间相互依赖的必要性（显然，这种依赖关系应该被清楚地记录下来）。然而，一般来说，你不应该依赖这种隐式结构，而应该显式记录任何依赖关系。但是，在 STP 文档中，你可以依赖测试步骤的执行顺序。因为在 STC 文档中已经清楚地描述了执行顺序，这有助于在创建 STP 文档时减少错误。

12.4.2.8 测试通过/失败的标准

在 Std 829 中，IEEE 建议将测试通过/失败的标准放在级别测试设计文档中，因为它们不是 Std 829 STC 文档的一部分。但是，为每个测试用例都指定一个通过/失败的标准，并不是一个坏主意，特别是在缺少 LTD 文档的情况下。

请注意，如果测试通过/失败的标准仅仅是“所有系统的输出必须与指定的结果相匹配”，那么你可以省略这一节，但是在“介绍”一节中明确声明这个默认条件，也没有什么不好。

12.4.3 其他

这一节会简要介绍和讨论术语表、文档变更过程和变更历史等内容。

12.4.3.1 术语表

这一节提供了在 STC 文档中使用的所有术语的字母列表，它应该包括所有的缩略语及其定义。虽然 Std 829 在大纲的结尾列出了术语表，但是它通常出现在文档的开头，靠近“参考资料”一节。

12.4.3.2 文档变更过程和变更历史

这一节会描述创建、实现和批准更改 STC 文档内容的过程，也可能只是引用配置管理计划文档，这个文档用来描述一个组织中所有的项目文档，或者所有文档的变更过程。变更历史应该包含以下信息的列表，并按照时间顺序排序：

- 文档 ID（每个版本都应该有一个唯一的 ID，可以在文档 ID 的后面添加一个简单的日期）。

- 版本号（应该从 STC 文档的第一个批准的版本开始，按照数字顺序编号）。
- 对当前版本的 STC 文档的变更描述。
- 作者和角色。

通常，变更历史记录会出现在 STC 文档中靠近开头的地方，或者在封面后靠近文档标识符的地方。

12.4.4 软件测试用例文档示例

为了继续前几章的主题，这里将提供一个 STC 文档示例，用于演示 Plantation Productions 公司的 DAQ 系统的拨码开关初始化设计。这个 STC 文档将作为一个验收测试（纯粹的功能测试用例），完全根据项目 SRS 文档［请参考 10.8 节“（从 SRS 中选择的）DAQ 软件需求”］进行构建。在这个 STC 文档示例中出现的测试用例，都是来自项目 SRS 文档，但是没有包含在 10.9.1 节“通过审查验证的需求”（其中列出了“通过审查验证”的需求）中的需求。但是注意，由于篇幅有限，本示例不会为 SRS 文档中每一个“通过审查验证”的测试需求都提供对应的测试用例[1]。

术语	定义
DAQ	数据采集系统
SBC	单片机
软件设计描述（SDD）	软件系统的设计文档（IEEE Std 1016-2009），即当前文档
软件需求规范（SRS）	软件及其外部接口的基本需求（功能、性能、设计约束和属性）的文档（IEEE Std 610.12-1990）
系统需求规范（SyRS）	一个体现系统需求的结构化信息集合（IEEE Std 1233-1998）。它是为记录建立一个系统或者子系统的设计基础和概念设计的需求而编写的规范说明
软件测试用例（STC）	基于各种设计关注点和需求，通过描述测试用例（输入和结果）来验证软件操作正确性的文档（IEEE Std 829-2009）
软件测试过程（STP）	基于各种设计关注点和需求，通过描述执行一组测试用例的各个步骤来验证软件操作正确性的文档（IEEE Std 829-2009）

1 一旦你看过十几个测试用例的真实例子，就会了解编写它们的基本思想。为一个像 DAQ 拨码开关这样的虚构项目编写测试用例，并不能帮助你更好地学习到如何编写测试用例。

1　介绍

DAQ 拨码开关项目的软件测试用例。

1.1　文档标识符（及变更历史）

2018 年 3 月 22 日：DAQ_STC v1.0；作者：Randall Hyde

1.2　范围

本文档仅描述了 DAQ 系统中拨码开关的测试用例（出于篇幅原因）。关于完整的软件设计说明，请参考 Plantation Productions 公司网站。

1.3　术语表、缩略语和缩写

注意：由于本书篇幅有限，这个例子非常简单。请不要将此作为模板，你应该认真挑选出文档中使用的术语和缩写，并将它们列在本节中。

1.4　参考资料

参考资料	讨论
DAQ STC	Plantation Productions 公司的 DAQ 系统的完整 STC 文档示例，可以在 Plantation Productions 公司网站中找到
IEEE Std 830-1998	SRS 文档标准
IEEE Std 829-2008	STP 文档标准
IEEE Std 1012-1998	软件验证和确认标准
IEEE Std 1016-2009	SDD 文档标准
IEEE Std 1233-1998	SyRS 文档标准

1.5　背景

Plantation Productions 公司的 DAQ 系统是一个良好的数字化数据采集和控制系统，可以用在一些对安全要求很高的系统中，如核研究反应堆。虽然有许多可以使用的 COTS 系统[1]，但是它们有几个主要缺点，例如，它们通常是私有的，因此在购买后很难修改或者修复；它们往往在 5~10 年内就过期了，也没有办法修复或者更换；它们很少有完整的支持文档（例如，SRS、SDD、STC 和 STP 等文档），因此工程师很难来确认和验

1　成熟的商业系统。

证系统。

DAQ 系统通过提供一套开放硬件和开源设计集克服了这些问题，该设计集具有完整的设计文档，并且经过多个安全系统的确认和验证。

虽然最初 DAQ 系统是为核研究反应堆设计的，但是它可以被使用在任何需要的地方，你只需要一个支持数字（TTL 级别）I/O 的以太网控制系统、光隔离数字输入、机械或固态继电器数字输出、（隔离和有条件的）模拟输入（例如，±10v 和 4~20mA），以及（有条件的）模拟输出（±10v）。

1.6 描述符号

本文档中的测试用例标识符（标签）应采用以下形式：

DAQ_STC_*xxx_yyy_zzz*

其中，*xxx_yyy* 是来自对应需求（例如，DAQ_SRS_*xxx_yyy*）的数字字符串（可能是十进制形式的），*zzz* 是一个数字序列（可能是十进制形式的），它是整个序列的唯一标识符。注意，STC 标签中的 *zzz* 值通常从 000 或 001 开始编号，并且对于共享相同 *xxx_yyy* 字符串的每个测试用例，通常都会增加 1。

2 详细说明（测试用例）

2.1 DAQ_STC_701_000_000

目的：测试 RS-232 端口是否可以接收命令。

输入：

1. 将拨码开关 1 置于 ON 位置。
2. 在串行终端上输入 `help` 命令。

结果：

1. 屏幕上显示帮助信息。

环境需求：

硬件　可工作（已经启动）的 DAQ 系统，PC 通过 RS-232 端口连接到 DAQ。

软件　已经安装了 DAQ 固件的最新版本。

外部　在 PC 上运行串行终端模拟器程序。

特殊的程序要求：

（无）

依赖其他测试用例：

（无）

2.2 DAQ_STC_702_000_000

目的：测试将拨码开关 1 设置为 ON 时，是否可以接收命令。

输入：

1. 将拨码开关 1 置于 ON 位置。
2. 在串行终端上输入 `help` 命令。

结果：

1. 屏幕上显示帮助信息。

环境需求：

硬件　可工作（已经启动）的 DAQ 系统，PC 通过 RS-232 端口连接到 DAQ。

软件　已经安装了 DAQ 固件的最新版本

外部　在 PC 上运行串行终端模拟器程序

特殊的程序要求：

（无）

依赖其他测试用例：

与 DAQ_STC_701_000_000 测试相同。

2.3 DAQ_STC_703_000_000

目的：测试将拨码开关 1 设置为 OFF 时，是否可以拒绝接收命令。

输入：

1. 将拨码开关 1 置于 OFF 位置。
2. 在串行终端上输入 `help` 命令。

结果：

1. 系统会忽略命令，终端程序没有响应。

环境需求：

硬件 可工作（已经启动）的 DAQ 系统，PC 通过 RS-232 端口连接到 DAQ。

软件 已经安装了 DAQ 固件的最新版本。

外部 在 PC 上运行串行终端模拟器程序。

特殊的程序要求：

（无）

依赖其他测试用例：

（无）

注意：由于本书篇幅有限，我在这里删除了几个测试用例，因为它们在内容上与前面的测试用例非常相似。

2.4 DAQ_STC_709_000_000

目的：测试将拨码开关 5 和拨码开关 6 都设置为 OFF 时的以太网地址。

输入：

1. 将拨码开关 3 置于 ON 位置（4=无作用）。
2. 将拨码开关 5 置于 OFF 位置。
3. 将拨码开关 6 置于 OFF 位置
4. 使用以太网终端程序，尝试连接到 IP 地址 192.168.2.70，端口 20560

（0x5050）。

5. 发起 `help` 命令。

结果：

1. 以太网终端可以连接到 DAQ 系统。
2. 终端程序会显示 DAQ 帮助信息。

环境需求：

硬件 可工作（已经启动）的 DAQ 系统，PC 通过以太网端口连接到 DAQ。

软件 已经安装了 DAQ 固件的最新版本。

外部 在 PC 上运行以太网终端模拟器程序。

特殊的程序要求：

（无）

依赖其他测试用例：

DAQ_STC_708_000_000 和 DAQ_STC_718_001_000 这两个用例是紧密相关的，需要一起执行。

注意：由于本书篇幅有限，我在这里删除了几个测试用例，因为它们在内容上与前面的测试用例非常相似。

2.6 DAQ_STC_710_000_000

目的：测试将拨码开关 5 设置为 ON，将拨码开关 6 设置为 OFF 时的以太网地址。

输入：

1. 将拨码开关 3 置于 ON 位置（4=无作用）。
2. 将拨码开关 5 置于 ON 位置。
3. 将拨码开关 6 设置于 OFF 位置。

4. 使用以太网终端程序，尝试连接到 IP 地址 192.168.2.71，端口 20560（0x5050）。
5. 发起 `help` 命令。

结果：

1. 以太网终端可以连接到 DAQ 系统。
2. 终端程序会显示 DAQ 帮助信息。

环境需求：

硬件 可工作（已经启动）的 DAQ 系统，PC 通过以太网端口连接到 DAQ。

软件 已经安装了 DAQ 固件的最新版本。

外部 在 PC 上运行以太网终端模拟器程序。

特殊程序要求：

（无）

依赖其他测试用例：

DAQ_STC_708_000_000 和 DAQ_STC_718_001_000 这两个用例是紧密相关的，需要一起执行。

2.7 DAQ_STC_711_000_000

目的：测试将拨码开关 5 设置为 OFF，将拨码开关 6 设置为 ON 时的以太网地址。

输入：

1. 将拨码开关 3 置于 ON 位置（4=无作用）。
2. 将拨码开关 5 置于 OFF 位置。
3. 将拨码开关 6 置于 ON 位置。
4. 使用以太网终端程序，尝试连接到 IP 地址 192.168.2.72，端口 20560（0x5050）。
5. 发起 `help` 命令。

结果：

1. 以太网终端可以连接到 DAQ 系统。
2. 终端程序会显示 DAQ 帮助信息。

环境需求：

硬件 可工作（已经启动）的 DAQ 系统，PC 通过以太网端口连接到 DAQ。

软件 已经安装了 DAQ 固件的最新版本。

外部 在 PC 上运行以太网终端模拟器程序。

特殊的程序要求：

（无）

依赖其他测试用例：

DAQ_STC_708_000_000 和 DAQ_STC_718_001_000 这两个用例是紧密相关的，需要一起执行。

2.8 DAQ_STC_712_000_000

目的：测试将拨码开关 5 和拨码开关 6 都设置为 ON 时的以太网地址。

输入：

1. 将拨码开关 3 置于 ON 位置（4=无作用）。
2. 将拨码开关 5 置于 ON 位置。
3. 将拨码开关 6 置于 ON 位置。
4. 使用以太网终端程序，尝试连接到 IP 地址 192.168.2.73，端口 20560（0x5050）。
5. 发起 `help` 命令。

结果：

1. 以太网终端可以连接到 DAQ 系统。
2. 终端程序会显示 DAQ 帮助信息。

环境需求：

硬件　可工作（已经启动）的 DAQ 系统，PC 通过以太网端口连接到 DAQ。

软件　已经安装了 DAQ 固件的最新版本。

外部　在 PC 上运行以太网终端模拟器程序。

特殊的程序要求：

（无）

依赖其他测试用例：

DAQ_STC_708_000_000 和 DAQ_STC_718_001_000 这两个用例是紧密相关的，需要一起执行。

注意：由于本书篇幅有限，我在这里删除了几个测试用例，因为它们在内容上与前面的测试用例非常相似。

2.9 DAQ_STC_726_000_000

目的：测试 RS-232 端口是否可以接收命令。

输入：

1. 将拨码开关 1 置于 ON 位置。
2. 在串行终端上输入 `help` 命令。

结果：

1. 屏幕上会显示帮助信息。

环境需求：

硬件　可工作（已经启动）的 DAQ 系统，PC 通过 RS-232 端口连接到 DAQ。

软件　已经安装了 DAQ 固件的最新版本。

外部　在 PC 上运行串行终端模拟器程序。

特殊的程序要求：

（无）

依赖其他测试用例：

与 DAQ_STC_701_000_000 测试相同。

3　测试用例文档变更过程

当对这个 STC 文档进行任何修改时，修改者都必须在 1.1 节中新增一个条目，（至少）列出日期、文档 ID（DAQ_STC）、版本号以及作者。

12.4.5　用 STC 信息更新 RTM 文档

由于软件审查和软件测试用例（以及分析或者其他）的验证方法是互斥的，所以你只需要在 RTM 文档中添加一列，就可以将这些对象的标签与 RTM 文档中的其他项关联起来。在官方数据采集系统（只包括测试用例项和软件审查项）的 RTM 文档中，该列的标签只是简单的软件测试/审查用例。当你将 DAQ_SR_*xxx_yyy_zzz* 和 DAQ_STC_*xxx_yyy_zzz* 的内容同时添加到该列时，不会出现任何歧义，因为标签可以清楚地标识出你正在使用的验证类型。当然，前提是你使用了本章推荐的标签格式。你也可以使用自己的标签格式，只要能够在标签名称中区分出审查项和测试用例项即可。

如果你使用的是本章推荐的 STC 标签格式，那么在 RTM 文档中找到测试用例标签的行是非常容易的。你只需要找到带有标签 DAQ_SRS_*xxx_yyy* 的需求，并将 STC 标签添加到同一行的对应列中。如果你正在使用一种不同的标签格式，那么将无法直接通过标签名称追溯到需求，你将不得不手动地确定关联关系（希望可以通过测试用例关联到需求）。

12.5　软件测试过程文档

软件测试过程（STP）文档描述了执行一个测试用例集合的步骤，并依此来评估软件系统的质量。一方面，STP 是一个可选的文档；毕竟，如果你执行了所有的测试用例（以适当的顺序执行），那么就可以完成全部测试。STP 文档背后的目的是将测试过程流水线化。在通常情况下，不同的测试用例之间会出现重叠。尽管它们测试的是不同的需求，但是多个测试用例的输入可能是相同的。在某些情况下，甚至结果都是相同的。通过将这些测试用例合并到一个单独的过程中，你可以通过一个测试步骤来处理所有的测试用例。

将多个测试用例合并到单个 STP 文档中的另一个原因是，公共设置能带来许多便利性。许多测试用例在执行之前都需要（可能是详细的）设置，以确保满足某些环境条件。在通常情况下，多个测试用例在执行之前需要具有相同的设置。通过将这些测试用例合并到单个过程中，你只需要为整个集合进行一次设置，而不是为每个测试用例都重复进行设置。

最后，有些测试用例之间可能会相互依赖，需要在执行它们之前先执行其他的测试用例。通过将这些测试用例放在一个测试过程中，你可以确保测试操作满足相关的依赖条件。

Std 829 定义了一组级别测试过程（LTPr）。与 Std 829 中所有的级别测试文档一样，LTPr 有 4 种变体，每一种变体都是一个文档，通常用来描述所记录的软件测试的范围或者程度，其中包括组件测试程序［又称单元测试程序（UTP）］、组件集成测试程序［又称集成测试程序（ITP）］、系统测试程序［又称系统集成测试程序（SITP）］、验收测试程序［ATP；其中可能包括工厂验收测试程序（FATP）或者现场验收测试程序（SATP）］[1]。

UTP 和 ITP 通常是一些自动化测试过程或者不太正式的文档，类似于测试用例文档的副本，请参考 12.4 节“软件测试用例文档”中对它们的深入讨论。

如果你回顾一下图 12-1 和图 12-2，那么就可以看到 STP 文档（和所有 LTPr）都直接派生自 STC（LTC）文档。图 12-1 适用于 UTP 和 ITP 文档，图 12-2 适用于 SITP 和 ATP 文档（注意，ATP 文档严格与 SyRS/SRS 需求的测试用例对应，而不是来自 SDD 文档中的内容）。

1 像往常一样，我在括号中给出了一些行业标准的名称，它们是级别测试过程名称的同义词。请记住，软件测试过程是一个通用术语，可以表示这 4 个级别测试过程中的任何一个。

与测试用例文档一样，对于客户或者最终用户来说，ATP 文档通常是 SITP 文档的子集。同样，如果存在 FATP 和 SATP 文档，那么 SATP 文档通常是 FATP 文档的子集，只不过 SATP 文档进一步细化了最终用户的需求[1]。

12.5.1 IEEE Std 829-2009 软件测试过程

Std 829 STP 文档的内容大纲如下：

1 介绍
 1.1 文档标识符
 1.2 范围
 1.3 参考资料
 1.4 与其他文档的关系
2 详细说明
 2.1 输入、输出和特殊要求
 2.2 按照顺序描述执行测试用例的步骤
3 其他
 3.1 术语表
 3.2 文档变更过程和变更历史

12.5.2 软件测试过程的大纲扩展

与 IEEE 标准的典型情况一样，你可以扩展这个大纲（添加、删除、移动和编辑内容，并进行适当的调整）。在这种特殊情况下，灵活性很重要，因为这个大纲中缺少了一些东西。

首先，在“介绍”一节中缺少描述符号，它出现在 STC 文档的大纲中（见 12.4

---

1 这并不总是正确的。有时候，SATP 文档必须包含一些额外的测试过程，以便处理在工厂测试过程中可能不存在的环境问题。例如，噪声（电气和声学）和实际的物理系统安装，可能会暴露出一些在工厂环境中无法发现的缺陷。

节“软件测试用例文档”)[1]。也许 Std 829 的作者希望在文档的第 2 节(“详细说明”)中出现很少的测试过程。然而，在实践中，通常这里还是会有大量的测试过程的。将一个大的测试过程分解为一系列较小的测试过程，可以带来以下一些好处：

- 测试可以并行进行。通过将（独立的）测试过程分配给多个测试团队，你可以更快地完成测试。
- 某些测试可能会占用一些资源（例如测试设备，包括示波器、逻辑分析仪、测试夹具和信号发生器等）。通过将一个大的测试过程分解为一些较小的测试过程，你可以限制测试团队访问指定资源的时间。
- 能够在一个工作日内（甚至是一天中的休息时间）完成测试过程是很好的，这样测试人员在执行测试时就不会分心。
- 通过相关活动（以及在这些活动之前按要求进行设置）来组织测试过程，可以简化测试过程，减少测试的步骤，使其更有效地运行。
- 如果测试出现了任何失败，那么许多组织都会要求测试团队从头重新运行测试过程（回归测试）。将一个测试过程分解成多个更小的部分，可以大大降低重新运行的成本。

为了能够从这些测试过程追溯到 STC、SRS 和 RTM 等其他文档，你需要使用测试过程标识符（标签）。因此，你应该有一个章节来描述这些标签使用的符号。

当然，IEEE 大纲中缺少的另一个内容是“详细说明”一节中对测试过程标识符的描述。为了更容易地追溯测试过程，你应该在每个测试过程中都增加一节，列出其所覆盖的相关测试用例。最后，出于我自己的目的，我喜欢在每个测试过程中都包含以下信息：

- 简要描述。
- 标签/标识符。
- 目的。
- 可追溯性（覆盖的测试用例）。
- 通过/不通过的标准（根据过程的不同会有变化）。

---

1 它还缺少“背景”字段，但是在这里无关紧要。背景环境由 STC 文档中的“背景”字段暗示。

- 运行该测试过程所需的任何特殊要求（例如，环境），这可能包括必需的输入/输出文件。
- 在运行测试过程之前所需的所有设置。
- 在执行测试过程时的软件版本号。
- 执行测试过程的步骤。

结合这些项，我们可以为任意 STP 文档生成如下可适用于 SIT、AT、FAT 或 SAT 文档的扩展大纲：

1 目录

2 介绍

  2.1 文档标识符和变更历史（已移动）

  2.2 范围

  2.3 术语表、缩略语（已移动）

  2.4 参考资料

  2.5 描述符号

  2.6 与其他文档的关系（已删除）

  2.7 运行测试说明（已添加）

3 测试过程（原名称为“详细说明”）

  3.1 简要描述（简单的短语），测试过程#1

    3.1.1 过程标识（标签）

    3.1.2 目的

    3.1.3 该测试过程涵盖的测试用例列表

    3.1.4 特殊要求

    3.1.5 运行测试过程前所需的设置

    3.1.6 软件版本号

    3.1.7 运行该测试过程的详细步骤

    3.1.8 测试过程签字

  3.2 简要描述（简单的短语），测试过程#2

    - （与前一个章节相同）
    - ……

3.*n* 简要描述（简单的短语），测试过程#*n*

- （与前几个章节相同）

4 其他

4.1 文档变更过程

4.2 附件和附录

5 索引

12.5.3 STP 文档中的介绍

下面各节描述了 STP 文档中“介绍”的各个组成部分。

12.5.3.1 文档标识符和变更历史

文档标识符应该是某个（组织范围内）唯一的名称，通常包括项目名称（如 DAQ_STP)、创建/变更日期、版本号和作者信息。这些标识符的列表（对应于文档的每次修订）将形成变更历史。

12.5.3.2 范围

这里的范围在很大程度上与 STC 文档中的定义相同（请参考 10.4 节“软件测试用例文档”)。Std 829 建议基于 STP 的关注点，以及与 STC 和其他测试文档的关系来描述 STP 的范围。在通常情况下，你可以简单地引用 STC 文档中“范围”一节的内容。

12.5.3.3 参考资料

通常，这里可以提供与 STP 相关的任何外部文档（如 STC 文档）链接。Std 829 还建议包括该测试过程所覆盖的单个测试用例的链接。但是这样做，只有当 STP 文档仅包含少数几个测试过程时才有意义。在这个修订后的格式中，STP 会把测试用例的链接附加到第 3 节（“测试过程”）的各个测试过程上。如果你有一个由多个独立的应用程序组成的大型系统，那么对于每个应用程序，你都需要提供一份单独的 STP 文档。你可能希望在 STP 文档的这一章节中提供引用其他 STP 文档的链接。

12.5.3.4 描述符号

正如在 STC 文档中一样，你可以在这里描述 STP 的标签格式。本书推荐使用格式为 *proj*_STP_*xxx* 的 STP 标签，其中 *proj* 是特定于某个项目的 ID（如 DAQ 或者 POOL），而 *xxx* 是某种唯一的数字序列（可能是十进制形式的）。

请注意，STC 测试用例和 STP 测试过程之间存在多对一的关系。因此，你不能直接将可追溯信息嵌入 STP 标签中（SDD 标签也有类似的情况，请参考 11.4 节“SDD 的可追溯性和标签”）。这就是要在每个测试过程中包含相关的 STC 标签的原因，这样做可以帮助追溯到相应的测试用例。

12.5.3.5 与其他文档的关系

在 STP 文档的修订版中，我删除了这一章节。Std 829 建议通过它来描述该 STP 文档与其他测试过程文档的关系，尤其是哪些测试过程必须在其他测试过程之前或者之后执行。但是，在修订后的版本中，所有的测试过程都会出现在同一个文档中。因此，测试之间的关系描述应该被包含在每个单独的测试过程中（该信息会出现在“特殊要求”一节中）。

这是将本节内容包含在 STP 文档修订版中的原因之一：非常大的系统可能会包含多个（且相对独立的）软件应用程序。每个应用程序可能都有单独的 STP 文档。修订后的 STP 文档的这一节可以描述该 STP 文档与其他 STP 文档的关系，包括测试这些 STP 文档的顺序。

12.5.3.6 运行测试说明

这一节会包含给运行测试的人员准备的常见指令。通常，运行测试的人员不是软件开发人员[1]，对于那些没有接触过被测试软件的人员来说，通过这一节可以深入地了解被测试软件。

这里应该提供的一条重要信息是，如果测试过程失败了，该怎么做。测试人员

---

1 事实上，一些 QA 指南声称，让开发人员来运行正式的系统集成测试和验收测试是不可接受的和不规范的。许多公司甚至不允许开发人员生成可执行代码，而是让 QA 部门从源代码控制系统创建用于测试的构建版本。

是否应该尝试继续这个测试过程（如果可能的话），从而希望发现其他问题？测试人员是否应该立即暂停测试操作，直到开发团队解决了问题？如果测试被暂停，那么如何恢复测试过程？例如，大多数 QA 团队至少需要从头开始重新运行测试过程[1]，一些 QA 团队可能还需要与开发人员召开会议，以确定在从故障点恢复测试过程之前，是否要运行一组回归测试。

这一节还将讨论如何记录在测试期间发生的问题或者异常，以及描述在发生关键的或者灾难性的事件时，如何将系统恢复到稳定状态，或者关闭系统。

这里还会描述如何记录测试过程的成功运行。测试人员通常会记录他们开始测试的日期和时间，提供测试工程师的名字，以及记录他们正在执行的测试过程。在测试成功结束时，大多数测试过程都需要有测试工程师、QA 或者客户代表，以及其他管理人员或项目相关人员的签名。本节还应该描述当测试过程成功运行后，如何获取这些签名的流程。

12.5.4 测试过程

对于被测试系统的每个测试过程，都会重复包含这一节内容。这是对 Std 829 STP 文档的修订内容，它只描述了文档中的一个（或几个）测试过程。如果你的系统需要大量的测试过程，那么可能会有多个 STP 文档。

12.5.4.1 简要描述（测试过程#1）

这是测试过程的标题。它应该是一个简单的短语，例如*拨码开关测试#1*，它提供了一个快速且可能非正式的过程标识。

过程标识

这是该测试过程的唯一标识符（标签）。其他文档（如 RTM 文档）将通过该标签来引用这个测试过程。

1 有些公司甚至要求从头运行整个 STP 过程，尽管这样做通常成本太高且不切实际。常见的折中方法是重新运行失败的测试过程，然后在 STP 结束时再重新运行整个 STP，以确保它能够完整地成功运行。

目的

这是对测试过程的扩展描述：它为什么存在、它测试的是什么，以及它在整个测试中的位置。

该测试过程涵盖的测试用例列表

这一节提供了对 STC 文档的反向追溯。它只是该测试过程涵盖的测试用例列表。注意，这组测试用例应该与其他测试过程的测试用例集合是互斥的，即测试用例的标签不应该出现在多个测试过程中。你会希望保留测试用例与测试过程之间的多对一关系，这意味着不必将多个测试过程添加到 RTM 文档的同一行中，有助于保持 RTM 文档干净、整洁。

现在，很有可能有多个测试过程会为同一个测试用例提供测试输入（并验证相应的结果）。不过，这不是问题，你只需要选择一个可以涵盖测试用例的测试过程，并将测试用例分配给该测试过程即可。当有人跟踪需求，并验证测试过程可以测试指定的需求时，他们并不会关心测试过程是否多次测试了该需求，他们只对确定该需求至少在测试过程中被测试过一次感兴趣。

如果你可以选择与测试用例关联的测试过程，那么最好选择包含相关测试用例的测试过程。当然，一般来说，这种关联（相关的测试用例会被关联到同一个测试过程）是自动发生的。因为你不是随意创建一组测试过程，然后将测试用例分配给它们的。相反，你是先选择一组（相关的）测试用例，然后用它们来生成一个测试过程的。

特殊要求

为了成功执行测试，这一节会描述测试过程所需的任何外部信息，其中包括数据库、输入文件、已有的目录路径、在线资源（如网页）、动态链接库和其他第三方工具，以及自动化的测试过程。

运行测试过程前所需的设置

这一节会描述在运行测试过程之前要执行的任何流程或者过程。例如，自动驾驶汽车软件的测试过程，可能会要求操作员在开始测试前，将车辆开到测试轨道上的指定起点。其他的例子还包括确保可以连接到互联网或者服务器。在 SPM 项目的文档中，可能还需要确保将测试夹具（5 加仑的水桶）注水到指定的水位。

本次执行的软件版本号

这是在测试过程中需要“填写”的一个字段。它并不强制要求提供某个软件版本来运行测试；相反，它要求测试人员在执行测试之前，输入当前的软件版本号。注意，对于每个测试过程来说，都必须填写这个字段。你不能只为整个 STP 文档填写一个值。原因很简单：在测试期间，你可能会遇到需要测试暂停的缺陷。一旦开发团队纠正了这些缺陷，测试过程就可以恢复，通常会从头开始测试。因为 STP 的不同测试过程可能会运行在不同的软件版本上，所以在运行每个测试过程时，你都需要填写正在使用的软件版本[1]。

运行该测试过程的详细步骤

这一节包含执行测试过程所必需的步骤。在测试过程中有两种步骤，分别是操作步骤和验证步骤。操作是声明要做的工作，比如给系统提供一些输入。验证包括检查一些结果和输出，并确认系统运行正确。

你必须对所有测试过程的步骤按照顺序进行编号，通常从 1 开始，不过也可以使用节编号如 3.2.1~3.2.40 来表示有 40 个步骤的测试过程。在每个验证步骤之前，至少应该有三条下画线（___）或者一个复选框符号（参见图 12-3），这样测试人员就可以在成功完成该步骤后勾选复选框。有些人喜欢在测试过程中的每一步（即操作和验证）前都放置一个复选框，以确保测试人员在完成每个步骤后勾选。你也可以在操作前使用下画线，在验证前使用复选框。不过，这样会增加很多琐碎的工作，所以要仔细考虑是否有必要这样做。

3.1.25 □ 验证…

图 12-3　在验证语句前使用复选框

注意，详细步骤应该包括以下信息（在适当的位置）：

1　如之前所述，如果某个测试过程出现了任何失败（导致失败的缺陷可能被纠正，并重新进行测试），那么一些 QA 团队会要求重新运行整个 LTP。这样可以确保 LTP 中的所有测试过程都具有相同的版本号。

- 启动测试过程所需的任何操作（显然，这些操作应该出现在测试过程的前几个步骤中）。
- 对如何测量或者观察输出的讨论（不要假设测试人员像开发人员一样熟悉软件）。
- 如何在测试过程结束时关闭系统，使系统处于一个稳定的状态（如果有必要，那么很显然它应该出现在测试过程的最后步骤中）。
- 签字。

在测试过程的结尾，应该有一些空白行，供测试人员、观察人员、客户代表，可能还有管理人员，在成功完成测试过程后签字。这里至少要有签字和日期的信息。每个组织都可以指定哪些签字是必要的。最低要求（如一个单人开发的商店程序）是，无论谁执行了测试过程，都应该签字并注明日期，以确认其已成功运行。

12.5.5 其他

STP 文档的最后一节包罗万象，你可以在其中填写任何不适合放在其他章节中的信息。

12.5.5.1 文档变更过程

很多组织都已经制定了变更测试过程文档的策略。例如，他们可以在正式变更 ATP 文档之前，先要请求客户批准。本节会简要介绍 STP 文档变更的规则、必要的审批程序和变更流程。

12.5.5.2 附件和附录

通常，我们可以将大的表格、图像和其他文档直接附加到 LTP 文档的后面，这样读者可以直接阅读它们，而不是提供指向其他文档的链接，让读者无法访问。

12.5.6 索引

如果需要，那么可以在 STP 文档的末尾添加索引。

12.5.7 STP 文档示例

本节会介绍 DAQ 拨码开关项目的一个简化版（考虑到本书篇幅有限）STP 文档示例。

1 目录

（因篇幅原因，省略。）

2 介绍

2.1 文档标识符

2018 年 3 月 22 日：DAQ_LTP 版本 1.0，Randall Hyde

2.2 范围

本文档描述了 DAQ 系统中的拨码开关测试过程（因篇幅有限，这里进行了简化）。

2.3 术语表、缩略语和缩写

注意：因本书篇幅有限，这个示例非常简短。请不要将此作为模板，你应该仔细挑选出文档中使用的术语和缩写，并在本节中列出它们。

术语	定义
DAQ	数据采集系统
SBC	单片机
软件设计描述（SDD）	软件系统的设计文档（IEEE Std 1016-2009），即当前文档
软件需求规范（SRS）	描述软件及其外部接口的基本需求（功能、性能、设计约束和属性）的文档（IEEE Std 610.12-1990）
系统需求规范（SyRS）	一个包含了系统需求的结构化信息集合（IEEE Std 1233-1998）。它是一个需求规范，描述了建立某个系统或子系统的设计基础和概念设计
软件测试用例（STC）	一个描述测试用例（输入和结果）的文档，基于各种设计关注点和需求来验证软件的正确操作（IEEE Std 829-2009）
软件测试过程（STP）	一个描述如何执行一组测试用例，根据各种设计关注点和需求，一步步验证软件正确操作的测试过程文档（IEEE Std 829-2009）

2.4 参考资料

参考资料	讨论
DAQ STC	请参考 12.4.4 节“软件测试用例文档示例”
DAQ STP	可以在 Plantation Productions 公司网站上查看其 DAQ 系统的完整 STP 文档示例
IEEE Std 830-1998	SRS 文档标准
IEEE Std 829-2008	STP 文档标准
IEEE Std 1012-1998	软件验证和确认标准
IEEE Std 1016-2009	SDD 文档标准
IEEE Std 1233-1998	SyRS 文档标准

注意：可能有意义的其他参考资料（这里不包括，因为当前项目过于简单）是指向 DAQ 系统的相关文档的链接，比如编程手册或者设计图表。

2.5 描述符号

本文档中的测试过程标识符（标签）应该采用以下格式：

DAQ_STP_*xxx*

其中，*xxx* 是一个数字序列（可能是带小数点的十进制形式的），它在整个序列中是一个唯一的标识符。注意，STP 标签的 *xxx* 值通常从 000 或者 001 开始编号，并且对于共享相同 *xxx* 字符串的每个测试用例，通常都会增加 1。

2.6 运行测试说明

严格按照规定执行每个测试过程。如果测试人员在测试过程中遇到错误或者有遗漏，则应该把正确的信息用红线标记出来（用红墨水，测试人员只应该用红墨水来画红线），并在测试日志中证明红线标记是正确的（有日期/时间戳和签字）。所有测试过程内的红线标记，都必须在测试过程结束时由所有签字人确认。

如果测试人员发现了软件本身的缺陷（不仅仅是测试过程的缺陷），那么其应该在测试日志中记录异常，并为该缺陷创建一个异常报告。如果缺陷本质上没有什么影响，那么测试人员可以继续测试；如果可能的话，则可以在运行相同的测试过程时，尝试去发现系统的其他缺陷。如果缺陷会带来严重的或灾难性的影响，或者导致无法继续测试过程，那么测试人员应立即暂停测试并关闭系统电源。一旦缺陷被修复，测试人员就必须从头开始执行整个测试过程。

当且仅当测试人员完成了所有的测试步骤，并且没有出现失败时，整个测试过程才是成功的。

3 测试过程

3.1 RS-232（串口）操作

3.1.1 DAQ_STP_001

3.1.2 目的

该测试过程用来测试来自 RS-232 端口的 DAQ 命令是否可以正确执行。

3.1.3 测试用例

DAQ_STC_701_000_000
DAQ_STC_702_000_000
DAQ_STC_703_000_000
DAQ_STC_726_000_000

3.1.4 特殊要求

这个测试过程需要在 PC 上运行一个串行终端模拟器程序（例如，MTTY.exe 程序是 Netburner SDK 的一部分；如果你想来点儿挑战，甚至可以使用 Hyperterm）。在 PC 的串口和 Netburner 的 COM1 端口之间，应该有一根 NULL 调制解调器电缆。

3.1.5 运行测试过程前所需的设置

需要启动 Netburner 和运行应用程序软件。串行终端程序应该被正确连接到与 Netburner 相连的 PC 串口上。

3.1.6 软件版本号

版本号：_______

日期：_______

3.1.7 详细步骤

1. 将拨码开关 1 置于 ON 位置。
2. 重置 Netburner 并等待几秒钟，以使它完成重启。注意：重启 Netburner 可能会在串行终端上产生信息。你可以忽略这个信息。
3. 按回车键进入终端模拟器。
4. ___验证 DAQ 系统是否可以响应换行符，并且没有输出其他任何内容。
5. 输入 `help`，然后按回车键换行。
6. ___验证 DAQ 软件是否可以响应帮助信息（内容不重要，只要它显示的是帮助信息就行）。
7. 将拨码开关 1 置于 OFF 位置。
8. 重置 Netburner 并等待几秒钟，以使它完成重启。注意：重启 Netburner 可能会在串行终端上产生信息。你可以忽略这个信息。
9. 在串行终端中输入 `help` 命令。
10. ___验证 DAQ 系统是否会忽略帮助命令。

3.1.8 测试过程签字

测试人员：_________________日期：_______

质量保证人员：_________________日期：_______

注意：在一个完整的 STP 文档中，这里可能会有一些额外的测试过程，但是我们不考虑这些，继续使用 DAQ_STP_002 作为标签编号。

3.2 以太网地址选择

3.2.1 DAQ_STP_002

3.2.2 目的

这个测试过程用来测试拨码开关5和拨码开关6对初始化以太网IP地址的影响。

3.2.3 测试用例

DAQ_STC_709_000_000
DAQ_STC_710_000_000
DAQ_STC_711_000_000
DAQ_STC_712_000_000

3.2.4 特殊要求

这个测试过程需要在 PC 上运行一个以太网终端模拟器程序（Hercules.exe 曾经是一个很好的选择）。在 PC 的以太网端口和 Netburner 的以太网端口之间，应该有一根以太网（交叉或者通过集线器）电缆。

3.2.5 运行测试过程前所需的设置

需要启动 Netburner 和运行应用程序软件。拨码开关 3 在 ON 位置，拨码开关 4 在 OFF 位置。

3.2.6 软件版本号

版本号：_______
日期：_______

3.2.7 详细步骤

1. 将拨码开关 5 和拨码开关 6 都置于 OFF 位置。
2. 重置 Netburner 并等待几秒钟，以使它完成重启。
3. 从以太网终端程序尝试连接到 IP 地址为 192.168.2.70、端口为 20560（0x5050）的 Netburner。
4. 验证连接是否成功。
5. 输入 `help` 命令并按回车键。
6. ___验证 DAQ 系统是否可以响应相应的帮助消息。
7. 将拨码开关5置于ON位置，将拨码开关6置于OFF位置。

8.　重置 Netburner 并等待几秒钟，以使它完成重启。

9.　从以太网终端程序尝试连接到 IP 地址为 192.168.2.71、端口为 20560（0x5050）的 Netburner。

10. ___验证连接是否成功。

11.　输入 `help` 命令并按回车键。

12. ___验证 DAQ 系统是否可以响应相应的帮助消息。

13.　将拨码开关 5 置于 OFF 位置，将拨码开关 6 置于 ON 位置。

14.　重置 Netburner 并等待几秒钟，以使它完成重启。

15.　从以太网终端程序尝试连接到 IP 地址为 192.168.2.72、端口为 20560（0x5050）的 Netburner。

16. ___验证连接是否成功。

17.　输入 `help` 命令并按回车键。

18. ___验证 DAQ 系统是否可以响应相应的帮助消息。

19.　将拨码开关 5 和拨码开关 6 都置于 ON 位置。

20.　重置 Netburner 并等待几秒钟，以使它完成重启。

21.　从以太网终端程序尝试连接到 IP 地址为 192.168.2.73、端口为 20560（0x5050）的 Netburner。

22. ___验证连接是否成功。

23.　输入 `help` 命令并按回车键。

24. ___验证 DAQ 系统是否可以响应相应的帮助消息。

3.2.8　测试过程签字

测试人员：__________________日期：_______

质量保证人员：__________________日期：_______

注意：在一个完整的 STP 文档中，这里可能会有其他的测试过程。

4　其他

4.1　文档变更过程

无论何时对该文档进行更改，都要在 2.1 节的清单中新增一行，至少添加上日期、项目名称（DAQ_STP）、版本号和作者信息。

4.2 附件和附录

（出于本书篇幅的考虑，这里没有提供任何内容。在一个真正的 STP 文档中，这里可以附上 DAQ 系统的设计图。）

5 索引

（因本书篇幅有限，省略。）

12.5.8 用 STP 信息更新 RTM 文档

因为STP标签与SDD标签非常相似，所以将STP标签添加到RTM文档的过程，与添加 SDD 标签的过程非常相似，也就不足为奇了（请参考 11.7 节“用设计信息更新可追溯性矩阵”）。

为了添加 STP 信息，我们需要在 RTM 文档中增加一列，即 STP 标签列。遗憾的是，STP 标签并没有直接嵌入任何可追溯的信息，因此你必须从 STP 文档中提取出该信息，才能够将 STP 标签加入 RTM 文档中。

正如你在 12.5.4.1 节的“该测试过程涵盖的测试用例列表”中所了解到的，STP 文档中的每个测试过程都必须包括它所涵盖的测试用例。虽然 Std 829 没有要求这样做，但是我强烈建议你包括这一部分。如果你这样做了，那么你就已经创建了对需求的反向追溯，这时在 RTM 文档中填写 STP 标签就变得很容易。为了做到这一点，你只需要找到每个测试用例的标签（在当前测试过程的列表中），并将该测试过程的 STP 标签复制到 RTM 文档中的 STP 标签列中（与对应的测试用例在同一行）即可。当然，因为会有多个测试用例与一个测试过程关联，所以在 RTM 文档中还会存在多个相同的 STP 标签（每个关联的测试用例都包含一个）。

如果你希望能够方便地从 STP 标签追溯到 RTM 文档中的需求，尤其是不需要在 STP 文档中查找列表，那么只需要按照 STP 标签列，对 RTM 文档内容进行排序即可。这将把所有需求（以及与 STP 标签关联的所有其他内容）汇集到可追溯性矩阵的一个相连组中，使得查看与该标签相关的所有信息都变得很容易。

如果你没有使用 STC 标签，而是选择其他方法来指定测试用例，那么确定 STP

标签在 RTM 文档中的位置，就会变成一个手工的且费力的过程。这就是我强烈建议你第一次创建 STC 标签时，就在测试过程中包含 STC 标签编号的原因。

12.6 级别测试日志

虽然每个测试过程都包含签字的部分，供测试人员（和任何其他所需人员）在测试成功后签署自己的名字，但是仍然需要一个单独的测试日志来处理在测试过程中出现的异常情况，或者记录测试人员的评论和考虑。

这个*级别测试日志*（LTL）最重要的目的是呈现测试过程的时间视图。每当测试人员开始运行测试过程时，他们都应该先记录一条日志，说明日期、时间、他们正在执行的测试过程，以及他们的名字。在整个测试执行过程中，测试人员可以在测试日志中添加任意条记录（必要时），包括如下内容：

- 测试过程的开始（日期/时间）。
- 测试过程的结束（日期/时间）。
- 在测试过程中发现的异常/缺陷（以及测试是否继续或者暂停）。
- 当发现测试过程本身的错误时，需要对测试程序用红线标记或者进行更改（例如，测试过程可能会产生一个不正确的结果，如果测试人员能够证明程序的输出是正确的，即使它与测试过程的结果不同，那么他们也可以用红线标记出来，并在测试日志中添加适当的评论）。
- 对于感觉有问题的测试过程（可能测试过程没有产生任何结果，或者结果有问题），记录下对结果的考虑。
- 人员变更（例如，在测试中，测试人员可能由于休息、换班，或者需要有其他经验的人员，而导致人员变更）。
- 测试过程中的任何休息时间（例如，午餐休息或工作日结束）。

从技术上讲，测试日志所需要的只是一张纸（最好是横线纸）。在通常情况下，STP 创建者会专门为这个测试日志，在 STP 文档的末尾添加几张横线纸。有些组织会使用文字处理软件或者文本编辑软件（甚至是专门编写的应用程序）来简单地维护测试日志。当然，Std 829 正式给出了测试日志的建议内容：

1 介绍

  1.1 文档标识符

  1.2 范围

  1.3 参考资料

2 详细说明

  2.1 描述

  2.2 活动和事件记录

3 其他

  3.1 术语表

12.6.1 级别测试日志文档中的介绍

除了接下来章节中的介绍，这一节可能还会记录创建该文档的组织和当前状态。

12.6.1.1 文档标识符

该文档的唯一标识符。与所有Std 829文档一样，这部分内容至少应该包括日期、一些描述性的名称、版本号和作者信息。变更历史（变更的大致内容，不是具体的变更记录）可能也会出现在这里。

12.6.1.2 范围

这一节会总结被测试的系统和功能。通常，这会引用“范围”一节的内容，除非该测试会运行一些特殊的东西。

12.6.1.3 参考资料

这一节至少应该参考创建测试日志的STP（尤其是针对指定的测试）文档。

12.6.2 详细说明

这一节将介绍以下章节内容，也是大多数人实际认为的“测试日志”。

12.6.2.1 描述

这一节（每个测试日志只会出现一次）会描述所有与测试日志记录有关的项，可能会包括以下内容：

- 识别测试对象（例如，通过版本号）。
- 识别在测试之前，对测试过程所做的任何更改（例如，红线标记）。
- 测试开始的日期和时间。
- 测试停止的日期和时间。
- 运行测试的测试人员的名字。
- 对测试为何暂停的解释（如果发生这种情况）。

12.6.2.2 活动和事件记录

测试日志的这一节记录了执行测试过程期间的每个事件。这一节（会包含多条记录）通常会记录如下内容：

- 对执行测试过程的描述（过程 ID/标签）。
- 所有观察或者参与测试的人员，包括测试人员、支持人员和观察人员，以及每个参与者的角色。
- 每个测试过程的执行结果（通过、失败、说明）。
- 任何违背测试过程的记录（例如，红线标记）。
- 在执行测试过程中发现的任何缺陷或者异常（如果产生异常报告，那么还应该引用相关的异常报告）。

12.6.3 术语表

LTL 文档的这一节包含与所有 Std 829 文档相关的常用术语。

12.6.4 关于测试日志的一些注释

实话说，Std 829 的大纲对于这样一个简单的任务来说过于烦琐。这里将介绍一些管理该文档的技巧。

12.6.4.1 开销管理

通过简单地将测试日志直接附加到 STP 文档的末尾，几乎可以省去让 LTL 文档符合 Std 829 标准的所有工作。测试日志可以从 STP 文档中继承所有的背景信息，所以你只需要记录 12.6 节“级别测试日志”中开头的信息。

请注意，对于所有的 Std 829 级别文档来说，LTL 文档有 4 个变种，分别是组件测试日志（又称单元测试日志）、组件集成测试日志（又称集成测试日志）、系统测试日志（又称系统集成测试日志）和验收测试日志（可能包括工厂验收测试日志，或者现场验收测试日志）[1]。

在实际中，很少会有组件测试日志或者组件集成测试日志。因为最常见的测试过程都是自动化的，即使没有自动化，开发团队也会经常运行这些测试，并立即纠正他们发现的任何缺陷。因为这些测试长期运行（通常每天会运行多次，特别是对于使用敏捷开发方法的团队来说），所以记录这些测试运行的开销太大了。

系统测试日志和验收测试日志是测试人员（独立于开发团队）运行测试过程产生的，因此需要创建实际的测试日志。

12.6.4.2 保留记录

测试日志与其他的 Std 829 文档存在根本上的不同。大多数 Std 829 文档都是静态文档，你唯一要做的就是填写软件版本号等详细信息，以及检查验证的步骤。即使你反复运行测试过程，文档的基本结构也不会发生改变。最后，你也不需要保留任何测试过程的历史副本（比如运行失败的测试过程）。你真正需要向客户展示的是最后一次测试的情况，即你成功地执行了所有步骤，并通过了整个测试过程。

但是，测试日志与到目前为止介绍的其他文档不同，它们是动态文档。对于每次测试的运行，它们都是不同的（即使测试没有任何变化，所有的日期和时间戳也会发生改变）。此外，测试日志不是一个模板文档，只需要你填写一些空白项和勾选一些复选框。它本质上是你在实际运行测试时创建的一个空白模板。如果出现测试失败、红线标记，或者添加注释，测试日志都需要维护这些事件的历史。因此，保

1 像之前一样，我在括号中给出了常见的名称（非 Std 829 的）。

留所有的测试日志是很重要的，甚至包括那些测试失败的日志。任何系统都不可能是完美的，所以在测试过程中会发现错误和缺陷。测试日志为你提供了发现、纠正和重新测试这些缺陷的证据。

如果你丢弃所有这些记录缺陷的历史测试日志，只提供测试成功的完美日志，那么任何理智的客户都会质疑你是否隐藏了某些问题。错误和缺陷是这个过程的正常组成部分。如果你没有展示已经发现并纠正了这些错误，你的客户将会认为你还没有很好地测试系统，找到缺陷，或者认为你伪造了测试日志。所以请一定要保留历史测试日志！这可以证明你已经为产品努力做了 QA 工作。

你可能会认为，保留旧的红线标记或者测试中断也很重要。但是，任何出现在测试过程文档中的红线标记或者测试中断，都会显示在相应的测试日志中，因此你不需要保留历史的测试过程文档。

注意，这并不意味着你运行的所有测试过程都应该是完美的。如果你对测试过程进行了正确的记录和合理的红线标记，但是测试过程依然成功运行，那么就没有必要重写测试过程，也不用为了在最终文档中留下一个干净的测试过程，而重新勾选所有的复选框。如果测试过程运行成功了，那么即使有红线标记，也不要管它[1]。红线标记并不代表软件系统出现了故障，当然，它们是一个缺陷，但是只存在于测试过程本身，而不是针对软件。测试过程的目的是测试软件，而不是测试过程本身。如果你只是对测试过程做了一些小的改动，那么只需要进行红线标记，然后继续运行即可。

正如我之前所说的，在许多组织中，如果在测试过程中有任何验证步骤失败了，那么在缺陷被修复之后，整个测试过程必须从头开始运行（一次完整的回归测试）。对于某些测试过程或者在某些组织中，可能会有一个流程来暂停测试过程，更新软件，然后在修复缺陷后恢复测试过程。在这种情况下，你可以将测试失败的步骤看作一次红线标记：在测试日志中记录原始的失败，然后记录开发团队修复了缺陷，

1　当然，你应该更新文档的电子版本，这样当你再次运行测试过程时，就不必再用红线标记了。

最后记录新版本软件的正确操作（在验证失败的步骤上）[1]。

12.6.4.3 纸质日志与电子日志

有些人喜欢创建电子的测试日志，而有些组织或客户则要求使用纸质的测试日志（用钢笔填写，而不是铅笔）。电子日志存在的问题是（特别是，如果你创建它们使用的是文字处理软件，而不是专门设计的应用程序），它们很容易被伪造。当然，没有一个优秀的程序员会伪造测试日志。但是，曾经有一些不太优秀的程序员伪造了测试日志。遗憾的是，这些少数人的行为玷污了所有软件工程师的声誉。因此，你最好能够创建出不易伪造的测试日志，这通常意味着需要使用纸张。

有些人可以伪造纸质日志，但是这不仅需要更大的工作量，而且也很容易被发现。最终，客户可能想要测试日志的纸质拷贝。当他们想要电子版的时候，可能会想要纸质日志的扫描图像。出于法律原因，他们会希望你将这些纸质日志保存起来。

也许最好的解决办法是使用专门为创建测试日志而设计的软件，它会自动将日志记录保存到一个数据库中（这使得伪造数据变得更加困难）。对于客户来说，你可以从数据库中打印一份报告，从而给他们提供一份纸质拷贝（或者，如果他们想要电子拷贝，那么也可以生成一份 PDF 报告）。

无论测试人员如何生成原始的测试日志，大多数组织都会要求他们最终形成一个纸质的测试日志，然后测试人员、观察人员和其他与测试相关的人员必须在上面签字并注明日期，从而保证文档中的信息是正确的和准确的。这时，这个文档就成为一份法律文件，任何试图伪造数据的人都可能会面临严重的法律风险。

12.6.4.4 包含在 RTM 文档中

通常，测试日志不会出现在可追溯性矩阵中，但是你完全可以把它们也包括在内。测试过程（即 STP 文档）和测试日志之间存在一对多的关系。因此，如果你为每个测试报告都分配了一个唯一的标识符（标签），那么就可以将该标识符添加到 RTM 文档的适当列中。

---

1 就我个人而言，我较为反对这种做法。如果你有一个特别大的测试过程，当测试人员每次发现缺陷时，都重新运行整个测试过程，那么这样做的成本可能会非常高。

因为测试日志与测试过程之间存在多对一的关系，所以可以参考本书中介绍的其他标签 ID。例如，你可以使用 *proj*_TL_*xxx*_*yyy* 这样的标签，其中，*xxx* 是来自测试过程的标签（如 005 来自 DAQ_STP_005），*yyy* 是一个数字序列（可能是十进制形式的），它是测试日志的一个唯一的标签。

12.7 异常报告

当测试人员、开发团队成员、客户或任何使用系统的人发现软件缺陷时，正确的方法是记录异常报告（AR），也被称为 Bug 报告或缺陷报告。大多数时候，当发现缺陷时，都是由某人告诉程序员的，“嘿，我在你的代码中发现了一个问题。”然后程序员跑向他们的机器去修复问题，没有文档来跟踪异常。这是非常可惜的，因为跟踪系统中的缺陷对于维护系统的质量是非常重要的。

AR 是跟踪系统缺陷的正式方法。它主要会收集以下信息：

- 缺陷发生的日期和时间。
- 发现缺陷的人（或者至少是为了回应某些用户投诉，而记录缺陷的人）。
- 对缺陷的描述。
- 在系统中重现缺陷的过程（假设问题是确定性的，并且很容易重现）。
- 缺陷对系统的影响（例如，灾难性的、关键性的、不重要的、可忽略的）。
- 缺陷对最终用户的重要性（经济和社会影响），管理人员可以据此考虑优先修复它。
- 任何可能解决缺陷的临时方法（这样在开发团队修复缺陷的同时，用户可以继续使用系统）。
- 对如何修复缺陷的讨论（包括关于缺陷的建议和结论）。
- 异常的当前状态（例如，“新的异常”“开发团队正在进行修复”“正在进行测试”“将在软件版本 *xxx.xxx* 中修复”）。

与之前一样，Std 829 也提供了一个异常报告的建议大纲。然而，大多数组织会使用缺陷跟踪软件来记录缺陷或者异常。如果你不愿意把钱花在商业产品上，那么可以免费获得许多开源产品，比如 Bugzilla。这些产品中的大多数都使用了可以兼容

Std 829 建议的数据库结构：

1 介绍
  1.1 文档标识符
  1.2 范围
  1.3 参考资料
2 详细说明
  2.1 总结
  2.2 发现异常的日期
  2.3 背景
  2.4 对异常的描述
  2.5 影响
  2.6 发现人的紧迫性评估（见 IEEE 1044-1993 [B13]）
  2.7 修复措施描述
  2.8 异常状态
  2.9 结论和建议
3 其他
  3.1 文档变更过程和变更历史

12.7.1 异常报告文档中的介绍

下面将描述 AR 文档中“介绍”一节的内容。

12.7.1.1 文档标识符

这是其他报告（如测试日志和测试报告）可以引用的唯一名称。

12.7.1.2 范围

这一节包括对 AR 中未出现的任何内容的简要描述。

12.7.1.3 参考资料

参考资料包括引用其他相关文档的链接，例如，测试日志和测试过程。

12.7.2 详细说明

本节将介绍下面章节中的内容。

12.7.2.1 总结

在这里对异常进行简要描述。

12.7.2.2 发现异常的日期

列出发现异常的日期（和时间，如果可能的话）。

12.7.2.3 背景

“背景”部分会介绍软件的版本和安装/配置信息。这一节内容还应当参考相关的测试过程和测试日志（如果合适的话），这将有助于识别这种异常。如果对于这种异常不存在对应的测试过程，则考虑添加一个可以捕获异常的测试过程。

12.7.2.4 对异常的描述

这一节将深入描述缺陷，包括如何重现缺陷（如果可能的话）。在这部分内容中可能会包括以下信息：

- 输入数据。
- 实际结果。
- 输出结果（特别是与测试过程不同的结果）。
- 失败的测试过程步骤。
- 环境。
- 缺陷是可重现的吗？
- 任何在之前执行的、可能会导致失败的测试。
- 测试人员。
- 观察人员。

12.7.2.5 影响

描述这个缺陷对系统用户的影响。描述任何可能的临时解决方法，例如，修改文档或者修改系统的使用方式。如果可能的话，评估修复这个缺陷的成本和时间，以及保留它的相关风险。评估修复它的相关风险，包括对系统其他功能的可能影响。

12.7.2.6 发现人的紧迫性评估

说明迅速修复缺陷的紧急程度。12.1.2 节“完整性级别和风险评估”中的完整性级别和风险评估表，是描述修复该缺陷紧迫程度的有效保障机制。

12.7.2.7 修复措施描述

这一节描述了确定缺陷原因所需的时间，修复缺陷所需的时间、成本和风险评估，以及重新测试系统所需的工作量评估。这包括任何必要的回归测试，以确保在修复缺陷时不会破坏系统的其他功能。

12.7.2.8 异常状态

列出当前缺陷的状态。Std 829 推荐的状态包括“打开”、“同意解决”、“已分配解决”、“已修复”和“修复已通过测试”。

12.7.2.9 结论和建议

这一节应该提供对缺陷发生原因的解释，以及对开发过程的修改建议，从而防止将来出现类似的缺陷。本节还可以建议额外的需求、测试用例和（修改）测试过程，以便将来可以捕获异常。如果异常是在测试中偶然发现的，而不是在运行指定的测试过程步骤时所捕获的，那么这一点尤其重要。

12.7.2.10 其他

这通常是 Std 829 文档的结束部分，它提供了变更历史（针对 AR 文档的格式）和变更过程。Std 829 没有建议提供术语表。

12.7.3 对异常报告的几点建议

在处理异常报告时，你最好能够了解以下几点建议。

12.7.3.1 RTM 文档中不会包含 AR

可追溯性矩阵的目的是能够跟踪设计和测试的需求，以确保系统满足所有需求。虽然有人可能会争论说，测试日志属于 RTM 文档，但是大多数人都不会将它们放在那里，他们通常会将测试日志直接附加到已完成的测试过程文档的末尾。

另一方面，你并不是想要证明异常的存在。事实上，只有在完美的世界里才不存在异常。这并不意味着你要放弃 AR。与测试日志一样，保留所有的历史 AR 非常重要，它们提供了有价值的证据，证明你在测试系统时尽到了职责。更重要的是，出于回归测试的目的，你也需要保留历史 AR。有时候，在缺陷被发现和修复了很久之后，它会再次出现在系统中。而有了 AR 的历史记录，你就有可能去检查当初的原因及解决方法。

12.7.3.2 电子 AR 和纸质 AR

正如本章前面所提到的，大多数组织都会使用缺陷跟踪系统来收集和跟踪 AR。虽然 Std 829 没有特别建议或者要求使用纸质文档（实际上，Std 829 指出你可以使用软件来跟踪异常情况），但是大纲的形式更适合使用纸质版。既然大多数组织都已经使用了缺陷跟踪软件，那么为什么还要麻烦地使用纸质 AR 呢？主要原因是便携性，即“你可以随身携带”。对于系统集成测试、工厂验收测试和其他测试来说，使用缺陷跟踪系统是非常合理的，因为缺陷跟踪人员可以很容易访问系统。但是在某些情况下，例如，在现场验收测试的安装阶段，可能无法使用缺陷跟踪系统[1]，这时最好的办法是在纸上创建 AR，然后在适当的时候再将它们录入缺陷跟踪系统中。

12.8 测试报告

当测试完成时，会生成一份测试报告来总结测试结果。相对于其他测试文档来说，Std 829 描述了你可以生成的各种各样的测试报告。Std 829 定义了级别临时测试状态报告（LITSR）、级别测试报告（LTR）和主测试报告（MTR）。当然，你也可以

1 许多缺陷跟踪系统都可以通过网页界面来访问。因此，只要能上网，并且跟踪系统在线，你就可以远程填写 Bug 报告。

使用组件测试、组件集成测试、系统测试和验收测试来代替级别测试（也可以使用其他常见名称）。

对于一个非常大的组织来说，可能需要生成一些临时性的测试报告，以便管理人员能够弄清楚，在一个同样大的系统中正在发生什么。有关 LITSR 的更多信息，请参考 IEEE Std 829-2008。坦率地讲，对于大多数项目来说，他们是为了文档而编写文档，但是大型的政府合同可能会明确要求提供相应的文档。

级别测试报告和主测试报告会根据项目的规模而有所不同。大多数中小型系统（通常）只有一个软件应用程序，因此只有一个 STP 文档和一个测试报告（如果有的话）。

一旦系统发展到包含几个主要软件程序的规模，通常就会有针对每个主要应用程序的测试报告，以及一个 MTR 文档，汇总了来自各个测试报告结果的摘要。然后，MTR 文档会提供所有测试的执行层面审查。

12.8.1 主测试报告的简要介绍

由于 MTR 通常不是一个开发人员就可以完成的文档，本节将简单地给出 Std 829 建议的大纲，但是不做进一步评论，然后集中讨论 LTR 文档。

1 介绍
  1.1 文档标识符
  1.2 范围
  1.3 参考资料
2 主测试报告的详细信息
  2.1 所有测试结果汇总概述
  2.2 决策依据
  2.3 结论和建议
3 其他
  3.1 术语表
  3.2 文档变更过程和变更历史

有关 MTR 文档的更多信息，请参见 IEEE Std 829-2008。

12.8.2 级别测试报告

虽然你可以编写组件/单元测试报告和组件集成测试报告，但是大多数组织都会将单元测试和集成测试留给开发部门来做，因为上层管理人员通常不关心底层的细节。因此，你最常看到的级别测试报告（LTR）是系统（集成）测试报告和验收测试报告，通常包括工厂验收测试报告和现场验收测试报告。Std 829 规定了 LTR 文档的大纲如下：

1 介绍
  1.1 文档标识符
  1.2 范围
  1.3 参考资料
2 详细说明
  2.1 测试结果概述
  2.2 详细的测试结果
  2.3 决策依据
  2.4 结论和建议
3 其他
  3.1 术语表
  3.2 文档变更过程和变更历史

第 1 节（“介绍”）和第 3 节（“其他”）与其他大多数的 Std 829 测试文档相同。测试报告的核心在第 2 节（“详细说明”）中。下面几节描述了它的内容。

12.8.2.1 测试结果概述

这一节内容是测试活动的摘要，简要描述了测试所涵盖的功能、测试环境、软件/硬件版本号，以及与测试有关的任何其他信息。概述中还应该提到，如果在不同的环境（比如工厂环境）中执行测试，那么是否会对测试结果有不同的影响。

12.8.2.2 详细的测试结果

这一节会总结所有的测试结果，列出所有发现的异常及解决方法。如果某个缺陷暂时没有解决方法，那么一定要评估和讨论该缺陷对系统所造成的影响。

如果对测试过程有任何变更，那么都需要对变更进行解释和说明。你需要描述对测试过程的任何变更（红线标记）。

这一节还应该提供测试流程的一个可信级别。例如，如果测试流程是关注代码覆盖率的，那么就应该描述该测试可覆盖代码的百分比。

12.8.2.3 决策依据

如果团队必须在测试流程中做出一些决策，例如，变更测试过程或者未能纠正已知的异常，那么这一节应该提供做出这些决策的依据。本节还可以说明所得到的任何结论（在下一节中）。

12.8.2.4 结论和建议

这一节应该说明从测试中得到的任何结论，讨论产品是否适合发布/生产环境使用，以及一些可能性的建议，例如，禁用某些可能已知的异常功能，从而让系统提前发布。这一节还可以建议暂停发布，等待进一步的开发和可能的调试。

12.9 你真的需要这些吗

IEEE Std 829-2008 中包含了大量的文档。你真的需要为自己在家开发的下一个"杀手级应用程序"编写所有这些文档吗？当然不需要。除了那些大型的（由政府资助的）应用程序，Std 829 中描述的绝大多数文档都是完全多余的。对于普通的项目，你可能只需要 STC、SRL 和 STP 文档[1]。测试日志应当只是 STP 文档的一个附录，而异常报告则属于缺陷跟踪系统中的一些项目（你可以从系统中打印纸质报告）。

1 通过仔细的需求设计，如果你的所有需求都是可测试的，那么可能不需要 SRL 文档。如果你真的很勇敢，则可以将 STC 和 LTP 合并成一个文档，但是将它们分开总是一个更好的主意。

你还可以通过自动化测试来减少 STC 和 STP 文档的大小。你可能无法去掉所有的手工测试，但是可以减少很大一部分。

在较小的项目中，测试报告的内容很容易简化。STP 文档末尾的测试日志不是必需的，除非你有多种级别的管理需求，需要提供完整的文档。

敏捷开发方法似乎是一种很好的降低所有这些文档成本的方法。但是，请记住，开发、确认、验证和维护所有这些自动化测试过程，也是有相关的甚至是等价的成本的。

12.10 获取更多信息

Tirena Dingeldein 编写的 *5 Best Free and Open Source Bug Tracking Software for Cutting IT Costs*，2019 年 9 月 6 日。

IEEE，*IEEE Std 829-2008*: *IEEE Standard for Software and System Test Documentation*，2008 年 7 月 18 日。这个文档也很贵（上次我查的时候是 160 美元），但这是黄金标准。虽然它比 SDD 标准更具可读性，但是仍然需要大量阅读。

Thomas Peham 编写的 *7 Excellent Open Source Bug Tracking Tools Unveiled by Usersnap*，2016 年 5 月 8 日。

Plantation Productions 公司编写的 *Open Source/Open Hardware*: *Digital Data Acquisition & Control System*。在这里你可以找到 DAQ 数据采集软件审查、软件测试用例、软件测试过程和反向可追溯性矩阵。

Software Testing Help 网站编写的 *15 Best Bug Tracking Software: Top Defect/Issue Tracking Tools of 2019*，2019 年 11 月 14 日。

维基百科上的 Bug *Tracking System*，最后一次修改时间是 2020 年 4 月 4 日。

后记：如何设计卓越的代码

在前言中，我解释了为什么这本书没有足够的篇幅来介绍第 2 卷承诺的会在这里包含的许多主题。我将会在第 4~6 卷中来介绍它们。

- 第 4 卷：设计卓越的代码
- 第 5 卷：卓越编程
- 第 6 卷：测试、调试和质量保证

假设我还可以活着完成这个系列，我可能会在这个列表中添加一本关于用户文档的书。我唯一能保证的是，第 3 卷和第 4 卷之间的时间间隔，不会像第 2 卷和第 3 卷之间那么长！

第 4 卷，设计卓越的代码，将从这本书的第二部分开始。在本卷中，你已经学会了如何编写软件开发过程中的文档；在第 4 卷中，你将学习更多有关设计过程的知识，以及如何用已经获得的知识设计出卓越的代码。